·四川大学精品立项教材·

食品分析实验

主　编　曾维才
副主编　任　尧　何贵萍
主　审　孙　群　何　强

四川大学出版社

责任编辑：蒋　玙
责任校对：胡晓燕
封面设计：墨创文化
责任印制：王　炜

图书在版编目(CIP)数据

食品分析实验 / 曾维才主编. —成都：四川大学出版社，2018.4
ISBN 978-7-5690-1776-2

Ⅰ.①食… Ⅱ.①曾… Ⅲ.①食品分析-高等学校-教材②食品检验-高等学校-教材 Ⅳ.①TS207.3

中国版本图书馆 CIP 数据核字（2018）第 092490 号

书名　**食品分析实验**

主　编	曾维才
出　版	四川大学出版社
地　址	成都市一环路南一段 24 号 (610065)
发　行	四川大学出版社
书　号	ISBN 978-7-5690-1776-2
印　刷	郫县犀浦印刷厂
成品尺寸	185 mm×260 mm
印　张	15.75
字　数	384 千字
版　次	2018 年 8 月第 1 版
印　次	2018 年 8 月第 1 次印刷
定　价	45.00 元

◆读者邮购本书，请与本社发行科联系。
电话：(028)85408408/(028)85401670/
(028)85408023　邮政编码：610065
◆本社图书如有印装质量问题，请寄回出版社调换。
◆网址：http://www.scupress.net

前　言

食品分析是专门研究各种食品组成成分的检测方法及其有关理论，进而评价食品品质的一门技术型学科。它主要依据物理、化学、生物化学等学科的基本理论，运用物理检测、化学分析及仪器分析等技术手段，参照不同的技术及检验标准，对食品工业中的原料、辅料、半成品、成品等物料进行分析检测，是食品质量管理的重要环节，起到监测食品品质、保障食品安全，为食品新产品、新技术、新工艺的开发提供科学支撑的重要作用。为了使食品类专业的学生能够了解、学习和掌握食品分析的新方法、新技术，更好地服务于食品工业，作者结合现代分析方法与检测技术的动态变化与发展方向，编写了本书。

本书的特点是注重学生实验能力与创新能力的培养，采用经典的实验案例、实验思考等，便于读者在深入理解实验理论的基础上进行实验操作，让读者举一反三，能真正掌握相关实验的重点与操作要点。全书包括食品分析实验的基本知识、感官检验与物理检验、水分和水分活度的测定、灰分及几种重要矿物元素的测定、酸度的测定、脂类的测定、碳水化合物的测定、蛋白质和氨基酸的测定、维生素的测定、常用食品添加剂的测定、食品中限量元素的测定、食品中有毒有害化合物的测定等内容。

全书共分12章，各章节编写人员如下：

曾维才：第1章、第2章、第5章、第7章、附表。

任　尧：第4章、第8章、第10章（第1、2、5节）、第12章。

何贵萍：第3章、第6章、第9章、第10章（第3、4节）、第11章。

全书由曾维才策划和统稿，四川大学孙群教授和何强教授主审。

本书作为四川大学精品立项教材资助项目，得到学校许多同志的支持与帮助，四川大学轻纺与食品学院在读硕士研究生高麦瑞、高浩祥、卢云浩为本书的文字、图表处理做了大量的工作，在此一并表示衷心的感谢！

由于作者的水平和时间有限，书中难免有谬误和疏漏之处，敬请同行和读者指正。

作　者
2017年12月于四川大学

目　录

第1章　食品分析实验的基本知识

1.1　食品分析实验的任务、内容和检测方法

1. 食品分析实验的任务

食品分析实验的任务是运用物理、化学、生物化学等学科的基本理论及各种科学技术，对食品工业生产中的物料（原料、辅助材料、半成品、成品、副产品等）的主要成分及其含量和有关工艺参数进行检测。

2. 食品分析实验的内容

食品分析实验就是专门研究各类食品组成成分（图1－1）的检测方法及有关理论，进而评价食品品质的一项技术性手段。它是食品质量管理过程中的一个重要环节，在确保原材料供应方面起着保障作用，在生产过程中起着“眼睛”的作用，在最终产品检验方面起着监督和标示作用，贯穿于食品开发、研制、生产和销售的全过程。食品分析实验的内容主要涉及食品安全性检测、食品营养组分检测及食品感官检验。

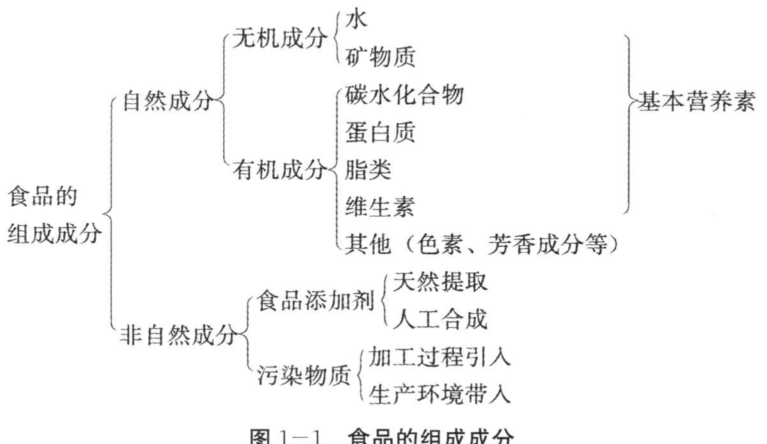

图1－1　食品的组成成分

（1）食品安全性检测。

食品安全性检测包括对食品添加剂使用情况，食品中限量或有害元素含量，各种农药、兽药、渔药残留，环境污染物，包装材料有害物质，微生物污染，食品加工中形成

的有害物质，以及食品原材料中固有的某些有毒有害物质的定性定量分析与检测。食品安全性检测是食品分析的一项重要内容。

（2）食品营养组分检测。

食品中能供给人用于构成机体和维持正常生命活动所需的有效成分称为营养成分或营养素，它主要包括蛋白质、碳水化合物、脂类、维生素、矿物质和水。食品中营养组分的检测包括对上述六大营养素以及食品营养标签所要求项目的检测。此外，也包括对保健食品中功能性成分及特殊成分的检测。食品营养组分检测是食品分析的经常性项目和主要内容。

（3）食品感官检验。

食品感官检验是通过人的感觉，即视觉、嗅觉、味觉、触觉，对食品的质量状况做出客观的评价。也就是通过眼观、鼻嗅、口尝以及手触等方式，对食品的色、香、味、形进行综合性鉴别分析，最后以文字、符号或数据的形式做出评判。根据检验时利用的感觉器官，感官检验可分为视觉检验、嗅觉检验、味觉检验和触觉检验。尽管目前已开发出电子鼻、电子舌等先进仪器，但其始终代替不了人的感觉器官。最可靠、直接、快速的食品品质分析仍然是人的感官评价。食品感官检验是食品分析检验的第一项内容，如果感官检验不合格，即可判定该食品不合格，无须再进行其他理化检验。食品感官检验是食品分析的重要组成部分。

3. 食品分析实验常用的检测方法

（1）物理检测法。

物理检测法是根据食品的物理常数与食品组成成分及含量之间的关系，对食品的相关物理常数或物理量进行检测，从而评价食品品质的方法。该方法可大致分为两类：第一类是根据食品的某些物理常数（如密度、相对密度、折射率、旋光度等）与食品的组成成分及其含量之间存在的数学关系，通过对物理常数的测定，从而间接地检测食品的组成成分及其含量；第二类是基于某些物理量为食品质量指标的重要组成部分，由此对该物理量的测定可直接评价食品的品质，如罐头的真空度，饮料的透明度、色度、黏度，面包的硬度、咀嚼性，冰激凌的膨胀度等。

（2）化学检测法。

化学检测法又称化学分析法，是利用物质的化学反应及其计量关系测定物质组分含量的方法，可分为容量法、重量法和比色法三类，它是目前食品分析中最基本、最重要的手段，承担着日常分析工作总量中约60%的分析任务，在生产实践和科学研究中被广泛使用。目前，食品中六大营养素的常规检测仍然主要依靠化学检测法。

（3）仪器检测法。

仪器检测法是一种利用分析仪器半自动或全自动地分离、纯化、分析和鉴定物质组分的方法，被广泛应用于食品分析领域，如高效液相色谱法、气相色谱—质谱联用法、氨基酸自动分析仪法、傅立叶红外变换光谱法、紫外—可见分光光度法等。这类技术和方法的灵敏度和精密度高，样品需要量少，分析速度快，测定结果可电子化，具有强大的生命力，是食品分析中发展最快的一种检测方法。

1.2　食品分析实验室的要求与管理

食品分析实验室除从事食品分析实验教学外，还应具备能从事以现行国家标准及地方、行业、企业等标准规定的检测方法，对食品的质量、安全进行分析评价的功能，并且能承担科研、课外科技创新活动及综合性、设计性实验等任务。

食品分析实验室应采光良好、排风好、上下水畅通，实验教学场地一次性可容纳15～30人，每个学生应独立拥有一套基本的仪器设备，实验台应具有合适的各类电源插口。条件允许的情况下，可设立独立的若干功能室，如气相色谱室、高效液相色谱室、原子吸收室、荧光分析室、电化学分析室等。同时，食品分析实验室还应具有防震、防潮、防腐蚀、防尘，以及防有害、易燃、易爆气体的特点，室内温度保持在15℃～30℃、湿度为65％～75％。

食品分析实验室应配备专职的实验室管理人员，负责实验室的日常管理和具体的实验教学工作。具体管理要求如下：

（1）实验室管理人员应具有相应的学历和职称，熟悉业务范围内的试剂药品和仪器设备的性能、使用和维护等知识，能指导教学大纲要求的全部实验项目以及课外科技创新活动。

（2）实验室内有完善的管理规章制度，包括“实验室工作守则”“实验室安全、防火、卫生守则”“实验室物品管理守则”“仪器使用说明”“仪器使用记录”“实验室日志”“实验准备记录”等管理记录资料，并按照相应的管理规定进行日常的检查和管理。

（3）实验室应逐级对单位、学校和社会开放，不断提高实验室的综合利用效率，使之成为教学、科研、课程实习和毕业实习的重要人才培养基地。

1.3　常用溶液的配制、标定与使用

1. 1 mol/L 盐酸标准滴定溶液

（1）配制。

量取 90 mL 盐酸，加适量水稀释至 1000 mL。

溴甲酚绿—甲基红指示液：0.2％溴甲酚绿乙醇溶液 30 mL，加入 0.1％甲基红乙醇溶液 20 mL。

（2）标定。

精密称取约 1.5 g 在 270℃～300℃干燥至恒量的基准无水碳酸钠，加 50 mL 水使之溶解。加 10 滴溴甲酚绿—甲基红指示液，用盐酸标准滴定溶液滴定至溶液由绿色转为暗紫色。同时做试剂空白实验。

（3）计算。

$$c(\text{HCl})=\frac{m}{(V_1-V_2)\times 0.0530}$$

式中，$c(HCl)$——盐酸标准滴定溶液的实际浓度，单位为摩尔/升（mol/L）；

m——基准无水碳酸钠的质量，单位为克（g）；

V_1——盐酸标准滴定溶液的用量，单位为毫升（mL）；

V_2——试剂空白实验中盐酸标准滴定溶液的用量，单位为毫升（mL）；

0.0530——与1 mL盐酸标准滴定溶液相当的无水碳酸钠的质量，单位为克（g）。

2. 1 mol/L 硫酸标准滴定溶液

（1）配制。

量取30 mL硫酸，缓缓注入适量水中，冷却至室温后用水稀释至1000 mL，混匀。

（2）标定。

精密称取约1.5 g在270℃～300℃干燥至恒量的基准无水碳酸钠，加50 mL水使之溶解。加10滴溴甲酚绿—甲基红指示液，用硫酸标准滴定溶液滴定至溶液由绿色转为暗紫色。同时做试剂空白实验。

（3）计算。

$$c(\frac{1}{2}H_2SO_4) = \frac{m}{(V_1 - V_2) \times 0.0530}$$

式中，$c(\frac{1}{2}H_2SO_4)$——硫酸标准滴定溶液的实际浓度，单位为摩尔/升（mol/L）；

m——基准无水碳酸钠的质量，单位为克（g）；

V_1——硫酸标准滴定溶液的用量，单位为毫升（mL）；

V_2——试剂空白实验中硫酸标准滴定溶液的用量，单位为毫升（mL）；

0.0530——与1 mL硫酸标准滴定溶液相当的无水碳酸钠的质量，单位为克（g）。

3. 1 mol/L 氢氧化钠标准滴定溶液

（1）配制。

氢氧化钠饱和溶液：称取120 g氢氧化钠，加100 mL水，振摇使之溶解成饱和溶液，冷却后置于聚乙烯塑料瓶中，密封，放置数日，澄清后备用。

氢氧化钠标准滴定溶液：量取56 mL澄清的氢氧化钠饱和溶液，加适量新煮沸过的冷水至1000 mL，摇匀。

酚酞指示液：10 g/L乙醇溶液。

（2）标定。

精密称取约6 g在105℃～110℃干燥至恒量的基准邻苯二甲酸氢钾，加80 mL新煮沸过的冷水，使之尽量溶解。加2滴酚酞指示液，用氢氧化钠标准滴定溶液滴定至溶液呈粉红色，0.5 min不褪色。同时做试剂空白实验。

（3）计算。

$$c(NaOH) = \frac{m}{(V_1 - V_2) \times 0.2042}$$

式中，$c(NaOH)$——氢氧化钠标准滴定溶液的实际浓度，单位为摩尔/升（mol/L）；

m——基准邻苯二甲酸氢钾的质量，单位为克（g）；

V_1——氢氧化钠标准滴定溶液的用量，单位为毫升（mL）；

V_2——试剂空白试验中氢氧化钠标准滴定溶液的用量，单位为毫升（mL）；

0.2042——与1 mL氢氧化钠标准滴定溶液相当的邻苯二甲酸氢钾的质量，单位为克（g）。

4. 0.1 mol/L氢氧化钾标准滴定溶液

（1）配制。

称取6 g氢氧化钾，加入新煮沸过的冷水溶解，并稀释至1000 mL，混匀。

（2）标定。

精密称取约0.6 g在105℃～110℃干燥至恒量的基准邻苯二甲酸氢钾，加50 mL新煮沸过的冷水，溶解。加2滴酚酞指示液，用氢氧化钾标准滴定溶液滴定至溶液呈粉红色，0.5 min不褪色。同时做试剂空白试验。

（3）计算。

$$c(\mathrm{KOH}) = \frac{m}{(V_1 - V_2) \times 0.2042}$$

式中，$c(\mathrm{KOH})$——氢氧化钾标准滴定溶液的实际浓度，单位为摩尔/升（mol/L）；

m——基准邻苯二甲酸氢钾的质量，单位为克（g）；

V_1——氢氧化钾标准滴定溶液的用量，单位为毫升（mL）；

V_2——试剂空白实验中氢氧化钾标准滴定溶液的用量，单位为毫升（mL）；

0.2042——与1 mL氢氧化钾标准滴定溶液相当的邻苯二甲酸氢钾的质量，单位为克（g）。

5. 0.1 mol/L高锰酸钾标准滴定溶液

（1）配制。

称取约3.3 g高锰酸钾，加1000 mL水，煮沸15 min，加塞静置2 d以上，用垂熔漏斗过滤，置于具玻璃塞的棕色瓶中密塞保存。

（2）标定。

精密称取约0.2 g在110℃干燥至恒量的基准草酸钠，加入250 mL新煮沸过的冷水，10 mL硫酸，搅拌使之溶解。迅速加入约25 mL高锰酸钾标准滴定溶液，待褪色后，加热至65℃，继续用高锰酸钾标准滴定溶液滴定至溶液呈微红色，保持30 s不褪色。在滴定终了时，溶液温度不低于55℃。同时做试剂空白实验。

（3）计算。

$$c\left(\frac{1}{5}\mathrm{KMnO_4}\right) = \frac{m}{(V_1 - V_2) \times 0.067}$$

式中，$c\left(\frac{1}{5}\mathrm{KMnO_4}\right)$——高锰酸钾标准滴定溶液的实际浓度，单位为摩尔/升（mol/L）；

m——基准草酸钠的质量，单位为克（g）；

V_1——高锰酸钾标准滴定溶液的用量，单位为毫升（mL）；

V_2——试剂空白实验中高锰酸钾标准滴定溶液的用量，单位为毫升（mL）；

0.067——与 1 mL 高锰酸钾标准滴定溶液相当的草酸钠的质量，单位为克（g）。

6. 0.1 mol/L 硝酸银标准滴定溶液

（1）配制。

称取 17.5 g 硝酸银，加入适量水使之溶解，并稀释至 1000 mL，混匀，避光保存。

淀粉指示液：称取 0.5 g 可溶性淀粉，加入 5 mL 水，搅匀后缓缓倾入95 mL沸水中，随加随搅拌，煮沸 2 min，放冷，稀释至 100 mL 备用。此指示液应现配现用。

荧光黄指示液：5 g/L 乙醇溶液。

（2）标定。

精密称取约 0.2 g 在 270℃干燥至恒量的基准氯化钠，加入 50 mL 水使之溶解。加入淀粉指示液 5 mL，边摇动边用硝酸银标准滴定溶液避光滴定，近终点时，加入 3 滴荧光黄指示液，继续滴定至混浊液由黄色变为粉红色。

（3）计算。

$$c(AgNO_3) = \frac{m}{V \times 0.05844}$$

式中，$c(AgNO_3)$——硝酸银标准滴定溶液的实际浓度，单位为摩尔/升（mol/L）；

m——基准氯化钠的质量，单位为克（g）；

V——硝酸银标准滴定溶液的用量，单位为毫升（mL）；

0.05844——与 1 mL 硝酸银标准滴定溶液相当的氯化钠的质量，单位为克（g）。

7. 0.1 mol/L 碘标准滴定溶液

（1）配制。

称取 13.5 g 碘，加 36 g 碘化钾、50 mL 水，溶解后加入 3 滴盐酸及适量水稀释至 1000 mL。用垂熔漏斗过滤，置于阴凉处，密闭、避光保存。

酚酞指示液：10 g/L 乙醇溶液。

淀粉指示液：同 6。

（2）标定。

精密称取约 0.15 g 在 105℃干燥 1 h 的基准三氧化二砷，加入 1 mol/L 氢氧化钠溶液 10 mL，微热使之溶解。加入 20 mL 水及 2 滴酚酞指示液，加入适量 1 mol/L 硫酸溶液至红色消失，再加 2 g 碳酸氢钠、50 mL 水及 2 mL 淀粉指示液，用碘标准滴定溶液滴定至溶液呈浅蓝色。同时做试剂空白实验。

（3）计算。

$$c = \frac{m}{(V_1 - V_2) \times 0.04946}$$

式中，c——碘标准滴定溶液的实际浓度，单位为摩尔/升（mol/L）；

m——基准三氧化二砷的质量，单位为克（g）；

V_1——碘标准滴定溶液的用量，单位为毫升（mL）；

V_2——试剂空白实验中碘标准滴定溶液的用量，单位为毫升（mL）；

0.04946——与1 mL碘标准滴定溶液相当的三氧化二砷的质量，单位为克（g）。

8. 0.1 mol/L 硫代硫酸钠标准滴定溶液

（1）配制。

称取26 g硫代硫酸钠及0.2 g碳酸钠，加入适量新煮沸过的冷水使之溶解，并稀释至1000 mL，混匀，放置一个月后过滤备用。

淀粉指示液：同6。

硫酸（1+8）：量取10 mL硫酸，慢慢倒入80 mL水中。

（2）标定。

精密称取约0.15 g在120℃干燥至恒量的基准重铬酸钾，置于500 mL碘量瓶中，加入50 mL水使之溶解。加入2 g碘化钾，轻轻振摇使之溶解。再加入硫酸（1+8）20 mL，密封，摇匀，放置暗处10 min后用250 mL水稀释。用硫代硫酸钠标准滴定溶液滴定至溶液呈浅黄绿色，再加入淀粉指示液3 mL，继续滴定至蓝色消失而呈亮绿色。反应液及稀释用水的温度不应高于20℃。同时做试剂空白实验。

（3）计算。

$$c(Na_2S_2O_3 \cdot 5H_2O) = \frac{m}{(V_1 - V_2) \times 0.04903}$$

式中，$c(Na_2S_2O_3 \cdot 5H_2O)$——硫代硫酸钠标准滴定溶液的实际浓度，单位为摩尔/升（mol/L）；

m——基准重铬酸钾的质量，单位为克（g）；

V_1——硫代硫酸钠标准滴定溶液的用量，单位为毫升（mL）；

V_2——试剂空白实验中硫代硫酸钠标准滴定溶液的用量，单位为毫升（mL）；

0.04903——与1 mL硫代硫酸钠标准滴定溶液相当的重铬酸钾的质量，单位为克（g）。

1.4 常用玻璃仪器的洗涤、干燥与保管

1. 仪器的洗涤

洗涤仪器是一项很重要的操作。仪器洗得是否合格，会直接影响分析结果的可靠性。虽然不同的分析任务对仪器洁净程度的要求可能有所不同，但至少要达到倾去水后器壁上不挂水珠的程度。仪器应该如何洗，并无严格的程序，通常主要根据污垢的性质、程度进行，一般应遵循以下几个步骤：

（1）倾尽仪器内原有物质。这个步骤切不可忽略，它除了有利于后续的洗涤外，还可防止事故发生。例如曾经有因未倾尽仪器内残余的金属钠，清洗时遇水爆炸，伤及人身安全的事故发生过。

（2）用水洗。根据仪器的种类和规格，选择合适的毛刷，蘸水刷洗，洗去灰尘和可

溶性物质。

(3) 用洗涤剂洗。用毛刷蘸取洗涤剂溶液，先反复刷洗，然后边刷边用水冲洗，倾去水后器壁上不挂水珠，则已洗净。

(2)、(3) 两个步骤如在超声波清洗器中进行，则既省时、省事，效率又高。用超声波清洗器时，可依照洗涤容器的大小，装满待洗仪器，启动超声波发生器后，即可自动清洗。

经 (2)、(3) 两步洗涤后，再用纯水（蒸馏水）少量分数次涮洗，洗去所沾的自来水，最少需涮洗 3 次。

用上述方法仍难洗净的仪器，或不使用毛刷刷洗的仪器，可根据污物的性质，选用相应的洗液浸洗。洗液的种类有很多，应根据不同的污物选用不同的洗液。洗液一般能重复使用，用毕立即倒回瓶中，下次再用。洗液的种类、适用范围及配方见表 1-1。

表 1-1　洗液的种类、适用范围及配方

污物种类	洗液	常用浓度（或配方）
铁锈、水垢、$BaCO_3$	稀盐酸、稀硝酸	1∶3 工业用酸
油脂	重铬酸钾—硫酸	50 g 工业用重铬酸钾溶于 100 mL 热水，冷却后将 900 mL工业用浓硫酸缓缓注入，边注入边搅拌
	碱性高锰酸钾	4 g 高锰酸钾溶于 100 mL 水中，另加 10 g 氢氧化钠，搅匀
	碱性酒精	工业用酒精与 30% NaOH 溶液等体积混合
	洗涤剂	常规浓度
MnO_2（盛高锰酸钾后遗留物）	草酸—稀硫酸	5 g 草酸溶于 1 L 10%工业用硫酸中
钼酸（MoO_3）	稀碱	2% NaOH 溶液
	稀氨水	1∶1 氨水
指示剂	酒精	工业用
	稀酸	1∶3 盐酸
	稀碱	2% NaOH 溶液
银盐（AgCl、Ag_2O 等）	稀硝酸	1∶3 硝酸
	稀氨水	1∶1 氨水
	硫代硫酸钠	1 mmol/L 硫代硫酸钠溶液

2. 仪器的干燥

不同的化验操作，对所用仪器是否干燥及干燥的程度要求不同。有些可以是湿的，如容量瓶，有些则要求是干燥的，如滴定管、吸管（如有水，可用操作溶液涮洗除去）；有时只要求没有水痕，有时则要求完全无水。所以应根据实验要求来干燥仪器。常用的干燥方法有以下几种：

（1）倒置滴干。把洗净的仪器倒置在干净的架子上或专用橱内，任其自然滴水、晾干。

（2）烘干。洗净的仪器控出水后，放入105℃～110℃的烘箱中烘干。

（3）热（冷）风吹干。急于干燥的仪器或不适合烘干的仪器（如量器）可用吹风机吹干。

3. 仪器的保管

洗净、干燥的仪器还存在保管的问题，若保管不好，会使清洁的仪器重新被污染。应本着方便、实用、有序、安全的原则对仪器进行摆放和保管。

仪器宜按种类、规格顺序存放，尽可能倒置，这样做既可自然控干，又能防尘。如烧杯等，可倒扣于仪器柜内；烧瓶、量筒、容量瓶、锥形瓶等，可在柜子的隔板上打孔，将仪器倒插于孔中。

滴定管用完洗净后，可装满纯水，夹在滴定管夹上，并在管口戴一塑料帽，或倒夹于滴定管夹上。吸管可用纸包住两端，置于模式吸管架上；如为竖式吸管架，可给整个架子加防尘罩。

成套的专用仪器，如索氏提取器、蒸馏水器等，用毕洗净后，放回原用的包装盒中。

小件仪器，可放在带盖的托盘中。最好是塑料托盘，盘内要垫层洁净滤纸。已烘干并需在干燥状态使用的小件仪器，如称量皿、接收瓶，要存放于干燥器内。

1.5　食品分析实验常用仪器的使用与维护

1. 玻璃仪器使用常识

（1）烧杯、烧瓶、锥形瓶、试管、蒸发皿等烧器可用于加热操作。除试管外，其余器具加热时需垫石棉网。

（2）容量瓶、量筒、移液管等量器不可用于加热操作，无须烘干，不能盛放或吸取热溶液，也不可用作储液器。

（3）酸式滴定管、容量瓶、比色管、分液漏斗等具塞磨口仪器，其玻璃塞应与仪器主体配套使用，使用前应检查、匹配，使用后应及时洗净并在磨口夹上纸条，避免磨口黏合。此外，玻璃磨口仪器不可存放强碱溶液。

（4）玻璃磨口仪器的磨口打不开时，可用温水、稀酸或有机溶剂（甲醇、丙酮）等浸泡，或用木锤、塑料锤轻敲，有助于打开粘连处。

2. 滴定管的使用

滴定管是化学分析中用来精确测量滴定溶液体积的仪器，分为酸式滴定管和碱式滴定管，如图1－2所示。酸式滴定管下端为活塞，盛装除碱性溶液以外的溶剂；碱式滴定管下端为含玻璃珠的胶管，盛装除氧化性溶液以外的溶剂。

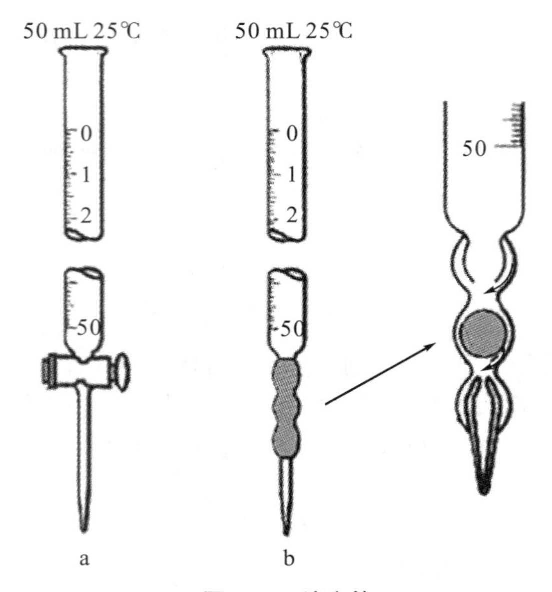

图 1－2 滴定管

a—酸式滴定管；b—碱式滴定管

滴定管的常见使用程序如图 1－3 所示。

润洗 ⇨ 装液 ⇨ 排气 ⇨ 滴定 ⇨ 读数

图 1－3 滴定管的常见使用程序

各步骤的常见注意事项如下：

（1）润洗。用待装液润洗三次，第一次 10 mL，后两次各 5 mL；润洗液应直接倒入，不可使用漏斗、烧杯等中介器皿；应使液体与管壁充分接触并润遍全管；需排尽每次的润洗液并洗尽管尖。

（2）装液。左手持管，右手持瓶，将溶液沿管壁缓慢倒入，至“0”刻度线以上。

（3）排气。酸式滴定管应在倾斜状态下突然打开旋塞排气，碱式滴定管应弯曲胶管向上排气，具体操作如图 1－4 所示。

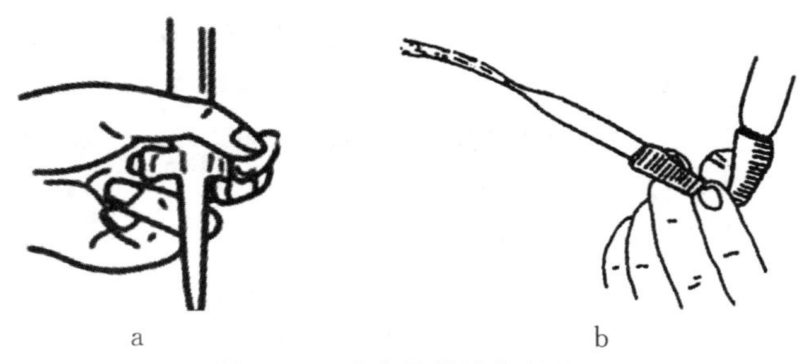

图 1－4 滴定管的排气操作

a—酸式滴定管；b—碱式滴定管

（4）滴定。左手控管，右手持瓶，管尖距瓶口 3～5 cm，按“先快后慢”的原则滴定，临近终点时应半滴缓慢加入，具体操作如图 1—5 所示。

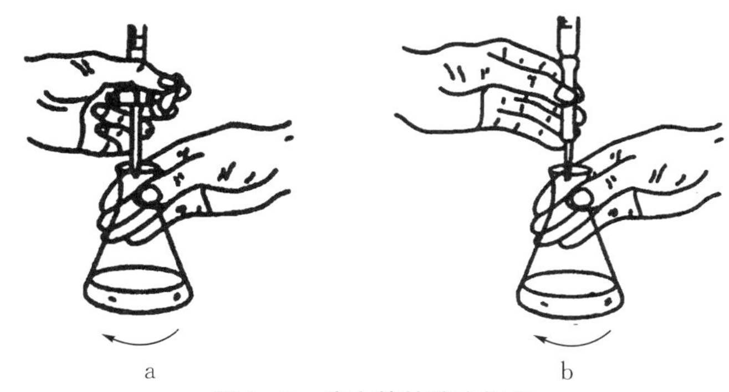

图 1—5　滴定管的滴定操作

a—酸式滴定管；b—碱式滴定管

(5) 读数。滴定管应垂直，视线需与凹液面下缘水平，具体操作如图 1—6 所示。

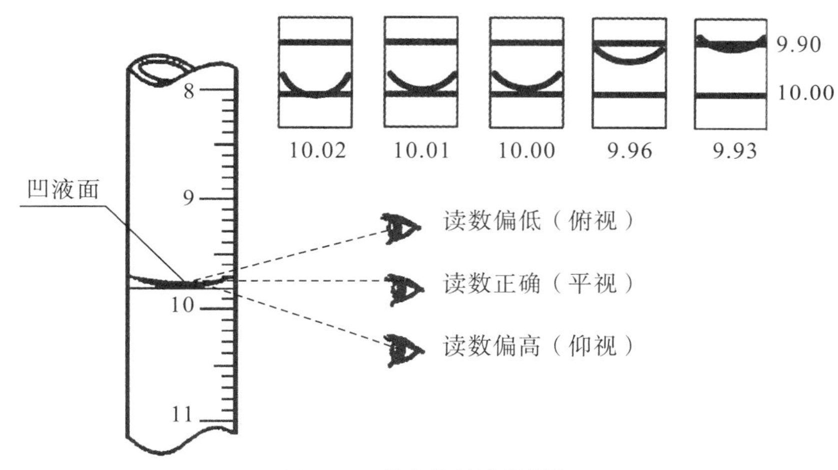

图 1—6　滴定管的读数操作

3. 移液管的使用

移液管的常见结构如图 1—7 所示。

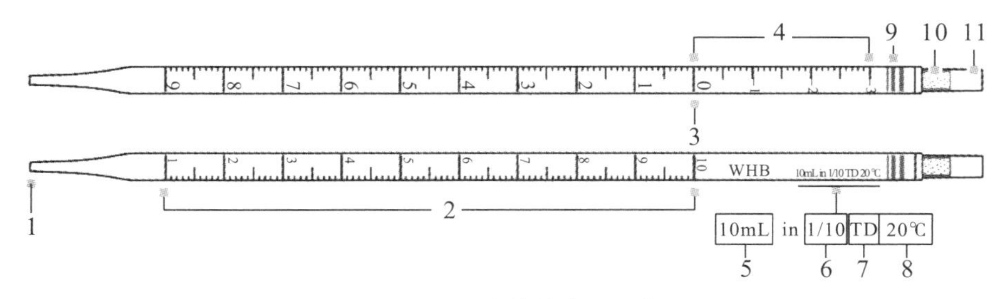

图 1—7　移液管的常见结构

1—出液口；2—刻度线；3—零点刻度；4—负刻度线；5—公称容积；6—增量；7—吸管式；8—实验温度；9—色标；10—滤芯；11—吸引头

移液管的常见使用程序如图 1－8 所示。

吸取溶液 ⇨ 调节液面 ⇨ 放出溶液

图 1－8 移液管的常见使用程序

具体步骤如下：

（1）吸取溶液。

先吹尽管尖残留的水，外壁用干净滤纸擦干，将管尖插入待吸取的溶液中，左手持洗耳球，右手中指、拇指捏住吸管上端无刻度处，用洗耳球尖头对准移液管管口小心吸取溶液。当吸入移液管容量的 1/4 左右时，立即用右手食指堵死移液管管口，取出移液管，横持并转动移液管，使溶液流遍全管，之后由排液嘴流出、弃去。如此润洗至少 3 次，才可正式吸取溶液。

管尖插入溶液不要太深或太浅。太浅可能吸空，将溶液吸入洗耳球内；太深，则吸管外壁会吸附过多溶液，甚至污染溶液。最佳的操作是插入深度为 1～2 cm，并能边吸边继续插入，始终保持这一插入深度。这需要操作很熟练，若操作不够熟练，宁可插入深一些也要防止吸空。

（2）调节液面。

正式移取溶液时，先吸取溶液至刻度以上，将移液管上提，离开液面，管尖仍靠在储液瓶内壁上，保持管身垂直。用右手拇指和中指捻动管身，食指稍稍松动，使管内液面均匀缓慢下降，直至弯月面下缘与刻度线相切，立即用食指压紧管口，将管尖上的液滴在器壁上靠一下去掉。移出吸管至承接溶液的容器中。

为便于调节液面，右手食指要潮而不湿，指面太干或太湿操作起来都很不方便。有人用右手满把握住移液管上端，用拇指去调控液面，这种做法是错误的，应当改为用食指调控。

（3）放出溶液。

移液管保持垂直，管尖紧贴承接容器的内壁（承接容器可适度倾斜），松开食指，使溶液沿器壁流下。液体流完后，移液管尖端仍靠在器壁上，等待 15 s，再将移液管取出。

移液管分为无分度移液管和分度移液管两类。分度移液管从使用上又分为完全流出式、不完全流出式及吹出式三种。对于完全流出式，使用时，管内的溶液要全部自然流出，最后管尖残留的部分不包含在标称容量范围内，残留量的控制是以等待 15 s、管尖靠过器壁后仍流不出的量为准。吹出式及不完全流出式一般多为 1 mL 以下的吸管。吹出式的标线方式与完全流出式相同，但使用时，管尖最后残留的溶液要吹出，它是包含在标称容量范围内的；不完全流出式，标线方法不同，其标称容量是指起点到终点两标线之间的体积，因此，放出溶液时切记注意终点刻度线，溶液以放至此线为准。

4. 容量瓶的使用

容量瓶在使用前要先检查其是否漏水、刻度线离瓶口的距离是否太近。漏水的容量瓶不能使用，标线距瓶口太近的也不宜使用。

检漏的方法：加水至刻度，将瓶口、瓶塞擦干，紧紧盖好（不涂油脂），以手指轻压瓶塞，反复颠倒 10 次，将瓶口向下，用滤纸擦拭瓶塞处，检查是否有水渗出。每次颠倒时，反置的时间应不少于 10 s。

经检验合格的容量瓶，先要充分洗涤，洗涤达到要求后才能使用。洗涤方法同滴定管。洗好后，把瓶塞拴在瓶颈上，以后要配套使用。因容量瓶瓶口、瓶塞不是标准磨口，不是配套的就很难严而不漏。

容量瓶配制溶液的操作如图 1－9 所示。

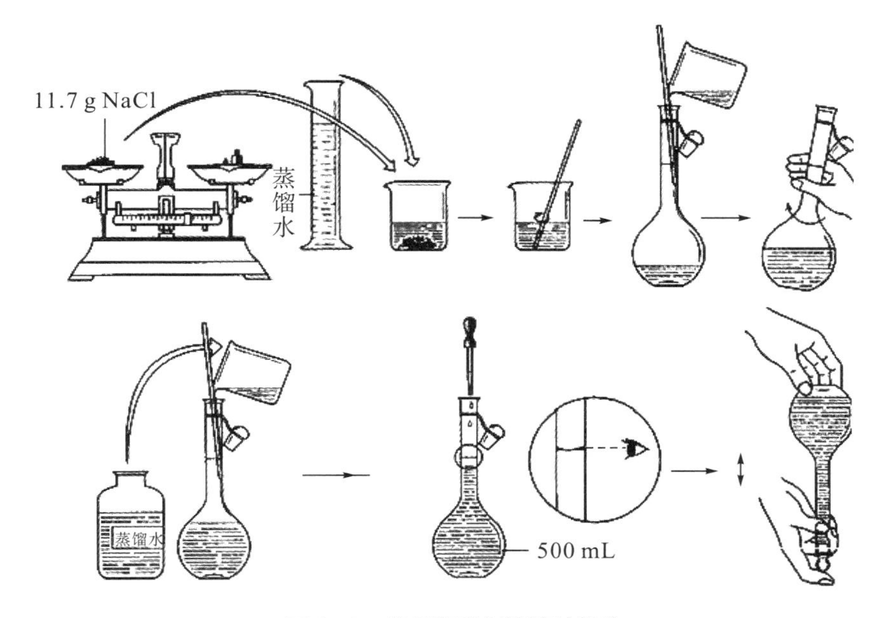

图 1－9　容量瓶配制溶液的操作

具体操作如下：

（1）将固体试剂或试样置于小烧杯中，加少量水溶解（必要时可加热）。小心地将溶液转入容量瓶中，转移时，烧杯嘴要紧靠玻璃棒，玻璃棒下端要紧靠容量瓶瓶颈内壁，使溶液沿玻璃棒及瓶颈流入瓶内。待溶液全部流完后，将玻璃棒稍向上提，同时将烧杯直立。用洗瓶水小心冲洗烧杯及玻璃棒，每次用水约 10 mL。将此洗涤液也按上法转移到容量瓶中。如此重复操作，至少 3 次，以达到定量转移。

（2）转移完毕，向容量瓶中加水，待水快加至瓶颈时，先将溶液摇匀，然后再慢慢加水至接近刻度，最后把容量瓶放在桌面上（或用手捏住刻度线上部瓶颈），用滴管小心加水，使凹液面最低点恰好与刻度线相切。

（3）盖好瓶塞，左手握持容量瓶底部，右手抵紧瓶塞，摇匀溶液，将容量瓶倒立、振摇；正立，待瓶颈内的溶液全部流下来后，再次倒立、振摇。如此反复多次（10～20 次），直到瓶内溶液完全混匀为止。

5. 干燥器的使用

干燥器是具磨口盖子的可密闭的厚壁玻璃器皿，其中有洁净的带孔瓷板。磨口边缘涂极薄一层凡士林，使其密闭，干燥器底部放干燥剂。最常用的干燥剂是变色硅胶和无水氯化钙。使用干燥器时应注意以下四点：

（1）干燥剂不宜放得太多，并要确保其吸水性能。失效后可再生。

（2）搬动干燥器时，要用双手拿着，拇指要扣住盖子，绝不可抱着。

（3）打开干燥器的盖子时，要一手朝身体方向抱住干燥器，另一手握住盖顶的圆球，以手掌托推住盖子的拱顶部位，均匀用力向外推移。要注意绝不可向上掀盖子（一般也掀不开），推移时只能推盖子，绝不可推干燥器本体；取下的盖子必须仰放在桌子上，不可正着放置。

（4）将热物体放入干燥器中时，空气受热膨胀会将盖子顶起来，为了防止盖子被掀跌，可稍等一会再盖严，或者先用手按住盖子，不时把盖子稍微推开几次，以放出热空气。

6. PHS－3C 型 pH 计的使用

将电源适配器插入 220 V 交流电源上，直流输出插头插入仪器后面板上的“DC9V”电源插孔。把电极装在电极架上，取下仪器电极插口上的短路插头，插上电极。注意电极插头在使用前应保持清洁干燥，切忌被污染。PHS－3C 型 pH 计控制按键说明图如图 1－10 所示。

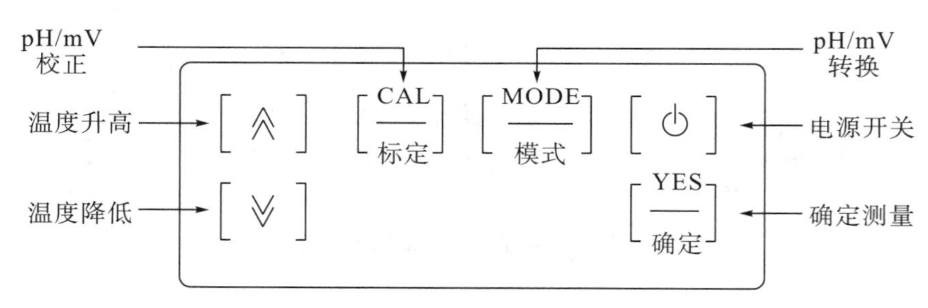

图 1－10　PHS－3C 型 pH 计控制按键说明图

按⏻电源开关键，接通电源，预热 5 min 左右。

在测量 pH 值之前，首先需要对仪器进行标定。为取得精确的测量结果，标定时所用标准缓冲溶液应保证准确可靠。

特别提示：本仪器必须使用 4.00，6.86，9.18 三种标准缓冲溶液标定。

标定方法如下：

（1）一点标定。

按动“MODE”键，使仪器处于 pH 值测量方式（此时显示屏上“pH”灯亮），按“⩓”或“⩔”键将温度显示调节到标准缓冲溶液的温度值。如果使用温度自动补偿功能，则将温度传感器插头插入仪器后面板上的“ATC”孔内（PHS－3C＋有此功能），此时显示屏上“ATC”灯亮，“⩓”和“⩔”键失去作用。

用蒸馏水冲洗电极和温度传感器探头，并用滤纸吸干或甩干，然后浸入一已知 pH 值的标准缓冲溶液中（该缓冲溶液的选择以其 pH 值接近被测溶液 pH 值为宜）。摇动烧杯或搅拌溶液，使电极前端球泡与标准缓冲溶液均匀接触。

按动“CAL”键，显示屏上“CAL”“AUTO”灯均闪烁，仪器此时正自动识别标准缓冲溶液的pH值；到达测量终点时，屏幕显示出相应标准缓冲溶液的标准pH值，对应的标准缓冲溶液“4”“7”“9”之一指示灯亮，“CAL”灯熄灭而“AUTO”灯停止闪烁。

到此一点标定结束，即可进行样品测试。

注意：此时电极性能指示器所显示的电极性能为其理想状态，并不反映电极的实际性能。电极实际性能需通过二点标定或三点标定的方式才可反映。

(2) 二点标定。

任选一种标准缓冲溶液，依照上述一点标定方法操作。此时相应的标准缓冲溶液指示灯亮。

再选用另一种标准缓冲溶液（此缓冲溶液的选择以其pH值接近被测样品的pH值为宜）。同样依照上述一点标定的方法操作。此时相对应的标准缓冲溶液指示灯亮，电极性能指示灯显示出电极的性能。

到此二点标定结束，可进行样品测试。

(3) 三点标定。

在二点标定的基础上，选用第三种标准缓冲溶液，再次依照上述一点标定的方法操作，此时标准缓冲液指示灯“4”“7”“9”全亮。

到此三点标定结束，可进行样品测试。

注意：经标定的仪器，一般在24 h内不需再标定。除非遇到下列情况：

①电极干燥过久；

②更换了新电极（此时最好关机后再开机，对仪器重新进行标定）；

③测量过pH<2或pH>12的样品溶液之后；

④测量过含有氟化物而pH<7的溶液之后和较浓的有机溶液之后。

经过标定的仪器，即可测量被测溶液的pH值。对于精密测量法，被测溶液的温度最好保持与标定溶液的温度一致。测定方法如下：

用蒸馏水冲洗电极，并用滤纸吸干；把电极和温度传感器浸入被测溶液，将温度调节至被测溶液的温度值；摇动烧杯或搅拌溶液，待示值稳定后即可读取被测溶液的pH值；若要确认测试的值（重复测试），可按动“YES”键，此时“pH”指示灯闪烁，当“pH”指示灯停止闪烁时，即可读取被测溶液的pH值。

7. 101A系列电热鼓风干燥箱的使用

接通电源后超温报警指示灯亮，表示电源供电正常。按下绿色按钮，温度显示屏上显示出温度值。将状态开关拨至“预置”处，旋转设定旋钮，注意显示屏上所显示的数字，直至旋到所需要的工作温度值时为止。再将状态开关拨至“测温”处，此时显示屏显示工作室温度。将转换开关旋至“2”位置，此时为全功率加热，使工作室温度快速上升。闭合鼓风机（超温铃）开关，此时鼓风机运转，且超温时会声（铃声响）、光（超温指示灯亮）报警。待工作室温度接近设定温度时，可将转换开关旋至“1”位置，减小加热功率，以免引起热量过冲。使用（实验）完毕后，按下红色按钮，并断开闸刀开关。

8. UV－2000 型紫外—可见分光光度计的使用

接通电源，使仪器预热 30 min。用波长选择旋钮设置所需的分析波长。

用“MODE”键设置测试方式为透射比（TRANSMITTANCE），将校具（黑体）置入光路中，按“0%”键，此时显示器显示“000. 0”。

将参比样品溶液和待测样品溶液分别倒入比色皿中，打开样品室盖，将比色皿插入比色皿槽中，盖上样品室盖。将参比样品溶液置于光路中，用“MODE”键设置测试方式为吸光度（ABSORBANCE），按“100%”键，此时显示器显示“BLA”，等待至显示“0. 000”为止。当显示器显示“0. 000”后，将被测样品拉入光路，从显示器上得到待测样品的吸光度值。

1.6 样品的采集、制备与保存

1. 样品的采集

样品的采集是分析检验的第一步。从大量的分析对象中抽取具有代表性的一部分作为分析样品的工作称为样品的采集，简称采样。

采样是一个困难且谨慎的操作过程。正确采样必须遵循以下原则：第一，采集的样品必须具有代表性；第二，采样的方法必须与分析目的一致；第三，采样及样品的制备过程中设法保持原有的理化指标，避免预测组分发生化学变化或丢失；第四，要防止和避免预测组分被玷污；第五，样品处理过程尽可能简单易行。

采样一般分三步，依次获得检样、原始样品和平均样品。由分析对象大批物料的各个部分采集的少量物料称为检样；许多份检样综合在一起称为原始样品；原始样品经过技术处理，从中抽取的一部分供分析检验用的样品称为平均样品。

随机取样，即按照随机原则，从大批物料中抽取部分样品。操作时，应使所有物料的各个部分都有被抽到的机会。代表性取样，是用系统抽样法进行采样，即已经了解样品随空间（位置）和时间而变化的规律，按此规律进行采样，以便采集的样品能代表其相应部分的组成和质量，如分层取样、随生产过程的各环节采样、定期抽取货架上陈列不同时间的食品的采样等。

随机取样可以避免人为的倾向性，但在有些情况下，如难以混匀的食品（如黏稠液体、蔬菜等）的采样，仅仅用随机取样法是不行的，必须结合代表性取样，从有代表性的各个部分分别取样。因此，采样通常采用随机取样与代表性取样相结合的方式。

具体的取样方法，因分析对象的性质而异。

（1）均匀固体物料（如粮食、粉状食品）。

① 有完整包装（袋、桶、箱等）的物料：可先按 $\sqrt{\text{总件数}/2}$ 确定采样件数，然后从样品堆放的不同部位，按采样件数确定具体采样袋（桶、箱），再用双套回转取样管采样。将取样管插入包装中，回转 180°取出样品，每一包装须由上、中、下三层取出

3份检样；把许多检样综合起来成为原始样品；用四分法将原始样品做成平均样品，即将原始样品充分混合均匀后堆集在清洁的玻璃板上，压平成厚度在3 cm以下的图形，并划成“十”字线；将样品分成4份，取对角的2份混合，再如上分为4份，取对角的2份混合。这样操作直至取得所需数量为止，即是平均样品。

② 无包装的做堆物料：先划分成若干等体积层，然后在每层的四角和中心点用双套回转取样器各取少量样品，得检样，再按上法处理得平均样品。

（2）较稠的半固体物料（如稀奶油、动物油脂、果酱等）。

这类物料不易充分混匀，可先按$\sqrt{总件数/2}$确定采样件（桶、罐）数。开启包装，用采样器从各桶（罐）中分层（一般分上、中、下三层）分别取出检样，然后混合分取缩减到所需数量的平均样品。

（3）液体物料（如植物油、鲜乳等）。

① 包装体积不太大的物料：可先按$\sqrt{总件数/2}$确定采样件数。开启包装，充分混合。混合时可用混合器。如果容器内被检物量较少，可用由一个容器转移到另一个容器的方法混合。然后从每个包装中取一定量综合到一起，充分混合均匀后，分取缩减到所需数量。

② 大桶装的或散（池）装的物料：这类物料不便混匀，可用虹吸法分层（大池的还应分四角及中心五点）取样，每层500 mL左右，充分混合后，分取缩减到所需数量。

（4）组成不均匀的固体食品（如肉、鱼、果品、蔬菜等）。

这类食品各部位极不均匀，个体大小及成熟程度差异很大，取样更应注意代表性，可按下述方法采样：

① 肉类：根据不同的分析目的和要求而定。有时从不同部位取样，混合后代表该动物的情况；有时从一只或很多只动物的同一部位取样，混合后代表某一部位的情况。

② 水产品：小鱼、小虾可随机取多个样品，切碎、混匀后分取缩减到所需数量；对个体较大的鱼，可从若干个体上切割少量可食部分，切碎、混匀后分取缩减到所需数量。

③ 果蔬：体积较小的（如山楂、葡萄等），随机取若干整体，切碎、混匀，分取缩减到所需数量。体积较大的（如西瓜、苹果、萝卜等），可按成熟度及个体大小的组成比例选取若干个体，对每个个体按生长轴纵剖分成4份或8份，取对角线2份，切碎、混匀，分取缩减到所需数量。体积蓬松的叶菜类（如菠菜、小白菜等），由多个包装（一筐、一捆）分别抽取一定数量，混合后捣碎、混匀，分取缩减到所需数量。

（5）小包装食品（罐头、袋或听装奶粉，瓶装饮料等）。

这类食品一般按班次或者批号连同包装一起采样。如果小包装外还有大包装（如纸箱），可在堆放的不同部位抽取一定量大包装，打开包装，从每箱中抽取小包装（瓶、袋等），再分取缩减到所需数量。

在实际采样过程中，样品的采集有相应的要求以及注意事项，为保证采样的公正性和严肃性，确保分析数据的可靠，《食品卫生检验方法 理化部分 总则》（GB/T 5009.1）对采样过程提出了要求，在实际操作过程中可做参考。

2. 样品的制备

按采样规程采取的样品往往数量过多，颗粒太大，组成不均匀。因此，为了确保分析结果的正确性，必须对样品进行粉碎、混匀、缩分，这项工作即为样品制备。样品制备的目的是要保证样品十分均匀，使在分析时取任何部分都能代表全部样品的成分。

样品的制备方法因产品类型不同而异。

(1) 液体、浆体或悬浮液体。

一般将样品充分搅拌。常用的简便搅拌工具是玻璃搅拌棒，还有带变速器的电动搅拌器，可以任意调节搅拌速度。

(2) 互不相溶的液体（如油与水的混合物）。

应首先使不相溶的成分分离，再分别进行采样。

(3) 固体样品。

应用切细、粉碎、捣碎、研磨等方法将样品制成均匀可检状态。水分含量少、硬度较大的固体样品（如谷类）可用粉碎法，水分含量较高、质地软的样品（如水果、蔬菜）可用匀浆法，韧性较强的样品（如肉类）可用研磨法。常用的工具有粉碎机、组织捣碎机、研钵等。

(4) 罐头。

水果罐头在捣碎前须清除果核；肉类罐头应预先清除骨头，鱼类罐头要将调味品（葱、辣椒及其他）分出后再捣碎。常用捣碎工具有高速组织捣碎机等。

在样品制备过程中，应注意防止易挥发性成分的逸散和避免样品组成和理化性质发生变化。做微生物检验的样品，必须根据微生物学的要求，按照无菌操作规程制备。

3. 样品的保存

采取的样品，为了防止其水分或挥发性成分散失以及其他待测成分含量的变化（如光解、高温分解、发酵等），应在短时间内进行分析。如果不能立即分析，则应妥善保存。

制备好的样品应放在密封、洁净的容器内，置于阴暗处保存。易腐败变质的样品应保存在0℃～5℃的冰箱里，但保存时间也不宜过长。有些成分，如胡萝卜素、黄曲霉毒素 B_1、维生素 B_1，容易发生光解，以这些成分为分析项目的样品，必须在避光条件下保存。特殊情况下，样品中可加入适量的不影响分析结果的防腐剂，或将样品置于冷冻干燥器内进行升华干燥来保存。

此外，样品保存环境要清洁干燥，存放的样品要按日期、批号、编号摆放，以便查找。

1.7 样品的预处理

在食品分析中，由于食品或食品原料种类繁多、组成复杂，且组分之间又以复杂的结合形式存在，常给食品分析带来干扰，因此，就需要在正式测试之前对样品进行适当的预处理。样品预处理的原则有三点：消除干扰因素，完整保留被测组分，使被测组分浓缩。

样品预处理的方法一般根据项目测定的需要和样品的组成及性质而定。常用的方法有以下几种。

1. 粉碎法

样品的尺寸对食品分析的结果影响很大，所以在很多情况下，对样品进行分析前会考虑样品的尺寸是否符合分析要求。如果不符合，就要对样品进行处理。常用的处理手段是粉碎。

不同类型的样品所使用的粉碎方式不同。对于干样品，常用的仪器设备有研钵、粉碎机和球磨机。研钵主要用于少量样品的研磨，它的特点是体积小、价格低、容易操作。粉碎机是目前最常用的样品粉碎仪器，比研钵更加方便，但是粉碎机粉碎后的颗粒不均匀，因此不能满足高要求的粉碎。球磨机粉碎效果较好，粉碎颗粒均匀，但是需要长时间的研磨。在研磨过程中，所使用的工具与样品接触的部分应是耐磨无污染的材料，目的是防止样品被污染。对于湿样品，粉碎的设备可以有很多种选择，常用的有绞肉机。

2. 有机物破坏法

有机物破碎法主要用于食品中无机元素的测定。食品中的无机元素有的是构成食物中蛋白质等高分子有机化合物本身的成分；有的则是因受污染而引入的，并常常与有机物紧密结合在一起。预测定食品中无机元素的含量，须在测定前破坏有机结合体，释放出被测组分。通常采用高温或高温加强氧化条件，使有机物质分解，呈气态逸散，而使被测组分残留下来。根据具体操作条件不同，有机物破坏法可分为以下几种方法：

（1）干法灰化法。

干法灰化法是一种用高温灼烧的方式破坏样品中有机物的方法，因而又称灼烧法。除汞外的大多数金属元素和部分非金属元素的测定都可用此法处理样品。

干法灰化法是将一定量的样品置于坩埚中加热，使其中的有机物脱水、炭化、分解、氧化，再置于高温电炉中（500℃～600℃）灼烧灰化，直至残灰为白色或浅灰色为止，所得的残渣即为无机成分，可供测定用。

干法灰化法的优点是有机物分解彻底，操作简单，不需工作者经常看管；基本不加或加入很少的试剂，故空白值低；多数食品经灼烧后灰分体积很小，因而能处理较多的样品，可富集被测组分，降低检测下限。此法的缺点是所需时间长；因温度高易造成某些易挥发元素的损失；坩埚对被测组分有吸留作用，致使测定结果和回收率降低。

（2）湿法消化法。

湿法消化法也称消解法，是向样品中加入强氧化剂，并加热消煮，使样品中的有机物质完全分解、氧化，呈气态逸出，待测成分转化为无机物状态存在于消化液中，供测试用。常用的强氧化剂有浓硝酸、浓硫酸、高氯酸、高锰酸钾、过氧化氢等。

湿法消化法的优点是有机物分解速度快，所需时间短；由于加热温度较干法灰化法低，故可减少金属挥发逸散的损失，容器吸留也少。此法的缺点是在消化过程中常产生大量有害气体，因此操作过程需在通风橱内进行；消化初期，易产生大量泡沫外溢，故需操作人员随时照管；试剂用量较大，在做样品消化的同时，必须做空白实验。

（3）紫外光分解法。

紫外光分解法也是消解样品中的有机物从而测定其中的无机离子的氧化分解法。紫外光由高压汞灯提供，在（85±5）℃的温度下进行光解。为了加速有机物的降解，在光解过程中通常加入双氧水。光解时间可根据样品的类型和有机物的量而改变。

（4）微波消解法。

微波消解法是一种利用微波能量对样品进行消解的新技术，包括溶解、干燥、灰化、浸取等。该法适用于处理大批量样品及萃取极性与热稳定性不稳定的化合物。微波消解法以其快速、溶解用量少、节省能源、易于实现自动化等优点而被广泛应用。美国公共卫生组织已将该法作为测定金属离子时消解植物样品的标准方法。

3. 蒸馏法

蒸馏法是利用液体混合物中各组分挥发度不同而进行分离的方法，可用于除去干扰组分，也可用于将待测组分蒸馏选出，收集馏出液进行分析。此法具有分离和净化的双重效果。其缺点是仪器装置和操作较为复杂。

根据样品中待测定成分性质的不同，可采取常压蒸馏、减压蒸馏、水蒸气蒸馏等蒸馏方式。

（1）常压蒸馏。

当被蒸馏的物质受热后不发生分解或沸点不太高时，可在常压下进行蒸馏。加热方式可根据被蒸馏物质的沸点和特性选择水浴、油浴或直接加热。

（2）减压蒸馏。

当常压蒸馏容易使蒸馏物质分解，或其沸点太高时，可以采用减压蒸馏。

（3）水蒸气蒸馏。

某些物质沸点较高，直接加热蒸馏时，因受热不均易引起局部炭化；还有些被测组分，当加热到沸点时可能发生分解。这些成分的提取，可用水蒸气蒸馏。水蒸气蒸馏易用水蒸气来加热混合液体，使具有一定挥发度的被测组分与水蒸气分压成比例地自溶液中一起蒸馏出来。

4. 溶剂提取法

在同一溶剂中，不同的物质具有不同的溶解度。利用样品各组分在某一溶剂中溶解度的差异，将各组分完全或部分地分离的方法，称为溶剂提取法。此法常用于维生素、重金属、农药及黄曲霉毒素的测定。

溶剂提取法又分为浸提法、溶剂萃取法。

（1）浸提法。

用适当的溶剂将固体样品中的某种待测成分浸提出来的方法称为浸提法，又称液—固萃取法。

一般来说，提取效果符合相似相溶的原则，故应根据该提取物的极性强弱选择提取剂。对极性较弱的成分（如有机氯农药），可用极性小的溶剂（如正己烷、石油醚）提取；对极性较强的成分（如黄曲霉毒素 B_1），可用极性大的溶剂（如甲醇与水的混合溶液）提取。溶剂沸点宜在 45℃～80℃之间，沸点太低易挥发，沸点太高则不易浓缩，且对热稳定性差的被提取成分不利。此外，溶剂要稳定，不与样品发生作用。常用方法如下：

①振荡浸渍法。将样品切碎，放在一合适的溶剂系统中浸渍、振荡一定时间，即可从样品中提取出被测成分。此法简便易行，但回收率较低。

②捣碎法。将切碎的样品放入捣碎机中，加溶剂捣碎一定时间，即可将被测成分提取出来。此法回收率较高，但干扰杂质溶出较多。

③索氏提取法。将一定量样品放入索氏提取器中，加入溶剂加热回流一定时间，即可将被测成分提取出来。此法溶剂用量少，提取完全，回收率高，但操作较麻烦，且需专用的索氏提取器。

（2）溶剂萃取法。

利用某组分在两种互不相溶的溶剂中分配系数的不同，使其从一种溶剂转移到另一种溶剂中，而与其他组分分离的方法，叫作溶剂萃取法。此法操作迅速，分离效果好，应用广泛。但萃取试剂通常易燃、易挥发，且有毒性。

萃取用溶剂应与原溶剂不互溶，对被测组分有最大溶解度，而对杂质有最小溶解度，即被测组分在萃取溶剂中有最大的分配系数，而杂质只有最小的分配系数。经萃取后，被测组分进入萃取溶剂中，即同仍留在原溶剂中的杂质分离开。此外，还应考虑两种溶剂分层的难易以及是否会产生泡沫等问题。

萃取通常在分液漏斗中进行，一般需经 4～5 次萃取才能达到完全分离的目的。当用较水轻的溶剂从水溶液中提取分配系数小或振荡后易乳化的物质时，采用连续液体萃取器较分液漏斗效果更好。

5. 色层分离法

色层分离法又称色谱分离法，是一种在载体上进行物质分离的一系列方法的总称。根据分离原理的不同，色层分离法可分为吸附色谱分离法、分配色谱分离法和离子交换色谱分离法等。此类分离方法分离效果好，近年来在食品分析中应用越来越广泛。

（1）吸附色谱分离法。

利用聚酰胺、硅胶、硅藻土、氧化铝等吸附剂经活化处理后所具有的适当的吸附能力，对被测组分或干扰组分进行选择性吸附而进行分离的方法称为吸附色谱分离法。例如，聚酰胺对色素有强大的吸附力，而其他组分则难以被其吸附，在测定食品中色素含量时，常用聚酰胺吸附色素，经过过滤洗涤，再用适当溶剂解吸，可以得到较纯净的色素溶液，供测试用。

（2）分配色谱分离法。

分配色谱分离法是以分配作用为主的色谱分离法，是根据不同物质在两相间的分配比不同而进行分离的方法。两相中的一相是流动的（称为流动相），另一相是固定的

(称为固定相)。被分离的组分在流动相沿着固定相移动的过程中，由于不同物质在两相中具有不同的分配比，当溶剂渗透在固定相中并向上渗展时，这些物质在两相中的分配作用反复进行，从而达到分离的目的。例如，多糖类样品的纸上层析。

(3) 离子交换色谱分离法。

离子交换色谱分离法是利用离子交换剂与溶液中的离子之间所发生的交换反应来进行分离的方法，分为阳离子交换和阴离子交换两种。交换作用可用下列反应式表示：

$$\text{阳离子交换：} R-H+MX \xlongequal{} R-M+HX$$

$$\text{阴离子交换：} R-OH+MX \xlongequal{} R-X+MOH$$

式中，R——离子交换剂的母体；

MX——溶液中被交换的物质。

当将被测离子溶液与离子交换剂一起混合振荡，或将样液缓缓通过用离子交换剂做成的离子交换柱时，被测离子或干扰离子即与离子交换剂上的 H^+ 或 OH^- 发生交换，被测离子或干扰离子留在离子交换剂上，被交换出的 H^+ 或 OH^- 以及不发生交换反应的其他物质留在溶液里，从而达到分离的目的。在食品分析中，可应用离子交换色谱分离法制备无氨水、无铅水。离子交换色谱分离法还常用于分离较复杂的样品。

6. 化学分离法

(1) 磺化法和皂化法。

磺化法和皂化法是除去油脂的一种方法，常用于农药分析中样品的净化。

①硫酸磺化法。

硫酸磺化法是用浓硫酸处理样品提取液，有效地除去脂肪、色素等干扰杂质。其原理是浓硫酸能使脂肪磺化，并与脂肪和色素中的不饱和键起加成作用，形成可溶于硫酸和水的强极性化合物，不再被弱极性的有机溶剂所溶解，从而达到分离净化的目的。此法简单、快速、净化效果好，但用于农药分析时，仅限于在强酸介质中稳定的农药（如有机氯农药中的六六六、DDT）提取液的净化，其回收率在80%以上。

②皂化法。

皂化法是用热碱溶液处理样品提取液，以除去脂肪等干扰杂质。其原理是利用KOH—乙醇溶液将脂肪等杂质皂化除去，以达到净化目的。此法仅适用于对碱稳定的农药提取液的净化。

(2) 沉淀分离法。

沉淀分离法是利用沉淀反应进行分离的方法。在试样中加入适当的沉淀剂，使被测组分沉淀下来，或将干扰组分沉淀下来，经过过滤或离心将沉淀与母液分开，从而达到分离目的。例如，测定冷饮中糖精钠的含量时，可在试剂中加入碱性硫酸铜，将蛋白质等干扰杂质沉淀下来，而糖精钠仍留在试液中，经过滤除去沉淀后，取滤液进行分析。

(3) 掩蔽法。

掩蔽法是利用掩蔽剂与样液中干扰组分作用，使干扰组分转变为不干扰测定状态，即被掩蔽起来。运用这种方法可以不经过分离干扰组分的操作而消除其干扰作用，简化分析步骤，因而在食品分析中应用十分广泛，常用于金属元素的测定，如用二硫腙比色法测定铅时，在测定条件（pH=9）下，Cu^{2+}、Cd^{2+}等离子对测定有干扰，可加入氰化钾和柠檬酸铵掩蔽，消除它们的干扰。

7. 浓缩法

食品样品经提取、净化后，有时净化液的体积较大，在测定前需进行浓缩，以提高被测成分的浓度。常用的浓缩方法有常压浓缩法和减压浓缩法两种。

（1）常压浓缩法。

常压浓缩法主要用于待测组分为非挥发性的样品净化液的浓缩，通常采用蒸发皿直接挥发。若要回收溶剂，则可用一般蒸馏装置或旋转蒸发器。该法简便、快速，是常用的方法。

（2）减压浓缩法。

减压浓缩法主要用于待测组分为热不稳定或易挥发的样品净化液的浓缩，通常采用K－D浓缩器。浓缩时，水浴加热并抽气减压。此法浓缩温度低、速度快、被测组分损失少，特别适用于农药残留量分析中样品净化液的浓缩（AOAC即用此法浓缩样品净化液）。

1.8　误差与数据处理

1. 误差来源

一个客观存在的具有一定数值的被测成分的物理量称为真实值。测定值与真实值之差称为误差。

根据产生原因，误差通常分为两类，即系统误差和偶然误差。系统误差是由固定原因造成的误差，在测定的过程中按一定的规律重复出现，一般有一定的方向性，即测定值总是偏高或总是偏低。这种误差的大小是可测的，所以又称可测误差。它来源于分析方法误差、仪器误差、试剂误差和主观误差（如分析人员掌握操作规程与操作条件等因素）。偶然误差是由于一些偶然的外因所引起的误差，产生的原因往往是不固定、未知的，且大小不一，或正或负，其大小是不可测的。这类误差的来源往往一时难以觉察，可能是由于环境（气压、温度、湿度）的偶然波动或仪器的性能、分析人员对备份试样处理时不一致所产生的。

2. 控制和消除误差的方法

误差的大小直接关系到分析结果的精密度和准确度，要得到正确的分析结果，必须采取相应的措施，以减少误差。

（1）正确选取样品量。

样品量的多少与分析结果的准确度关系很大。在常量分析中，滴定量或重量过多或过少都会直接影响准确度；在比色分析中，含量与吸光度值之间往往只在一定范围内呈线性关系，这就要求测定时读数在此范围内，并尽可能在仪器读数较灵敏的范围内，以提高准确度。可通过增减取样量或改变稀释倍数以达到上述目的。

（2）增加平行测定次数，减少偶然误差。

测定次数越多，则平均值就越接近真实值，偶然误差亦可抵消，所以分析结果就越可靠。一般要求每个样品的测定次数不应少于两次，如要更精确的测定结果，分析次数应更多些。

（3）对照实验。

对照实验是检查系统误差的有效方法。在进行对照实验时，常常用已知结果的试样与被测试样一起按完全相同的步骤操作，或由不同单位、不同人员进行测定，最后将结果进行比较。这样可以抵消许多不明因素引起的误差。

（4）空白实验。

在进行样品测定的同时，采用完全相同的操作方法和试剂，唯独不加被测定的物质，进行空白实验。在测定值中扣除空白值，就可以抵消由于试剂中的杂质干扰等因素造成的系统误差。

（5）校正仪器和标定溶液。

各种计量测试仪器，如天平、旋光仪、分光光度计，以及移液管、滴定管、容量瓶等，在精确的分析中必须进行校准，并在计算时采用校正值。各种标准溶液（尤其是容易变化的试剂）应按规定定期标定，以保证标准溶液的浓度和质量。

（6）严格遵守操作规程。

分析方法所规定的技术条件应严格遵守。经国家或主管部门规定的分析方法，在未经有关部门同意前，不应随意改动。

3. 数据处理

通过测定工作获得一系列有关分析数据以后，需按以下原则记录、运算和处理：

（1）记录与运算规则。

食品分析中数据记录与计算均按有效数字计算法则进行，即：

①除有特殊规定外，一般可疑数为最后一位，有1个单位的误差。

②复杂运算时，其中间过程可多保留一位，最后结果须取应有的位数。

③加减法计算的结果，其小数点以后保留的位数，应与参加运算各数中小数点后位数最小的相同。

④乘除法计算的结果，其有效数字保留的位数，应与参加运算各数中有效数字位数最少者相同。

（2）可疑值的取舍。

同一样品进行多次测定，常发现个别数据与其他数据相差较大，对这些不如意的数据不能任意弃去，除非分析者有足够的理由确证这些极端值是由于某种偶然过失或因外来干扰而造成的，否则都应当依据误差理论来确定这些数据的取舍。

（3）标准曲线的绘制。

用吸光光度法、荧光光度法、原子吸收光谱法、色谱分析法对某些成分进行测定时，常常需要制备一套具有一定梯度的系列标准溶液，测定其系数（吸光度值、荧光强度、峰高），绘制标准曲线。在正常情况下，此标准曲线应该是一条通过原点的直线，但在实际测定时，常出现一两个点偏离直线的情况，这时用最小二乘法绘制标准曲线，就能得到最合理的图形。

（4）测定结果的校正。

在食品分析中，常常因为系统误差使测定结果高于或低于检测对象的实际含量，即回收率不是 100%，所以需要在样品测定的同时用加入回收法测定回收率，再利用回收率按下式对样品的测定结果加以校正：

$$X = X_0/p$$

式中，X——样品中被测组分的含量，单位为%；

X_0——样品中被测组分测得的含量，单位为%；

p——回收率。

（曾维才）

第 2 章　感官检验与物理检验

2.1　感官检验

实验 1　基本味觉的测试

1. 实验目的

(1) 掌握对四种基本味道的识别能力。
(2) 掌握对味觉敏感度的测定方法。

2. 实验原理

酸、甜、苦、咸是人类的四种基本味觉，取四种标准味感物质按两种系列（几何系列和代数系列）稀释，以浓度递增的顺序向评价员提供样品，品尝后记录味感，测定评价员对四种基本味道的识别能力及其察觉阈、识别阈和差别阈。

3. 实验材料与试剂

水，为 GB/T 6682 规定的二级水；四种标准味感物质的基液按表 2－1 进行制备。

表 2－1　四种标准味感物质的基液

基本味道	味感物质	浓度（g/L）
酸	DL－酒石酸（结晶），$M_w = 150.1$ Da	2
	柠檬酸（一水化合物结晶），$M_w = 210.1$ Da	1
甜	蔗糖，$M_w = 342.3$ Da	34
苦	盐酸奎宁（二水化合物），$M_w = 196.9$ Da	0.020
	咖啡因（一水化合物结晶），$M_w = 212.12$ Da	0.20
咸	无水氯化钠，$M_w = 58.46$ Da	6

注：1 Da=1 g/mol。

四种标准味感物质的稀释溶液：用上述基液分别按照表 2－2 和表 2－3 制备两种系

列的稀释液用于实验。

（1）几何系列。

表 2—2　以几何系列稀释的标准味感物质的实验溶液

稀释液	成分		实验溶液浓度（g/L）					
	基液（mL）	蒸馏水（mL）	酸		苦		咸	甜
			酒石酸	柠檬酸	盐酸奎宁	咖啡因	无水氯化钠	蔗糖
G_6	500	稀释至1000	1.000	0.500	0.010	0.100	3.000	16
G_5	250		0.500	0.250	0.005	0.050	1.500	8
G_4	125		0.250	0.125	0.0025	0.025	0.750	4
G_3	62		0.120	0.062	0.0012	0.012	0.370	2
G_2	31		0.060	0.030	0.0006	0.006	0.180	1
G_1	16		0.030	0.015	0.0003	0.003	0.090	0.5

（2）代数系列。

表 2—3　以代数系列稀释的标准味感物质的实验溶液

稀释液	成分		实验溶液浓度（g/L）					
	基液（mL）	蒸馏水（mL）	酸		苦		咸	甜
			酒石酸	柠檬酸	盐酸奎宁	咖啡因	无水氯化钠	蔗糖
A_9	250	稀释至1000	0.50	0.250	0.0050	0.050	1.50	8.0
A_8	225		0.45	0.225	0.0045	0.045	1.35	7.2
A_7	200		0.40	0.200	0.0040	0.040	120	6.4
A_6	175		0.35	0.175	0.0035	0.035	1.05	5.6
A_5	150		0.30	0.150	0.0030	0.030	0.90	4.8
A_4	125		0.25	0.125	0.0025	0.025	0.75	4.0
A_3	100		0.20	0.100	0.0020	0.020	0.60	3.2
A_2	75		0.15	0.075	0.0015	0.015	0.45	2.4
A_1	50		0.10	0.050	0.0010	0.010	0.30	1.6

4. 实验仪器

烧杯、容量瓶、量筒、玻璃棒、玻璃杯、分析天平。

5. 实验步骤

（1）将各种标准味感物质的稀释溶液分别放置在已编号的玻璃杯内，另外用一个玻璃杯盛放蒸馏水。

（2）将各实验溶液依次从低浓度到高浓度逐个提交给评价员品尝，每次 7 杯，其中一杯为蒸馏水。每杯约 15 mL，玻璃杯按照随机数表编号。评价员品尝后填写如表 2−4所示的测定结果记录表。

表 2−4　四种基本味觉测定结果记录表（按照代数系列稀释）

姓名：________　时间：________年________月________日						
	未知	酸味	苦味	咸味	甜味	蒸馏水
一						
二						
三						
四						
五						
六						
七						
八						
九						

6. 实验结果的分析与计算

根据评价员的品评结果，分析并统计得到不同评价员对四种基本味道的识别能力及其察觉阈、识别阈和差别阈。

7. 注意事项

（1）每种溶液需细心品尝且在口中停留一段时间，每次品尝后应用水漱口。若要连续品尝，需等待 1 min 后再品尝。

（2）实验期间，样品和水温尽量保持在 20℃。

（3）实验样品的组合可以是同一浓度的不同样品，也可以是同一样品的不同浓度，只需保证每次样品数量一致（如均为 7 个）。

（4）样品需以随机数编号，各种浓度的样品都应品评，且品评浓度顺序应由低到高。

8. 思考题

评价过程中，由于操作失误，实验人员先将高浓度的溶液交给评价员品尝，后将低浓度的溶液交给评价员品尝，这会对实验结果造成什么样的影响？为什么？

实验2 基本嗅觉的测试

1. 实验目的

（1）掌握对各种气味的识别能力。
（2）掌握对嗅觉敏感度的测定方法。

2. 实验原理

嗅觉属于化学感觉，是辨别各种气味的感觉。嗅觉的感受器位于鼻腔上端的嗅上皮内，嗅觉的感受物质必须具有挥发性和可溶性的特点。嗅觉的个体差异很大，有敏锐和迟钝的区别。但嗅觉敏锐者也并非对所有气味都敏感，因不同气味而异，且易受身体状况和生理条件的影响。

3. 实验材料与试剂

乙醇、丙二醇、二甲基亚砜、标准香精样品（柠檬、苹果、茉莉、玫瑰、菠萝、草莓、香蕉、乙酸乙酯、丙酸戊酯等），均为分析纯；水，为GB/T 6682规定的二级水。

4. 实验仪器

具塞棕色玻璃小瓶、气味嗅闻纸、胶头滴管、分析天平等。

5. 实验步骤

（1）基础测试：挑选3～4个不同香型的香精，用无色的溶剂稀释配制成浓度为1%的溶液。以随机数编码，让每个评价员得到4个样品，其中有2个相同，1个不同，外加1个溶剂对照。评价员应有100%的选择正确率。
（2）辨香测试：挑选10个不同香型的香精（其中有2～3个比较接近且容易混淆的香型），适当稀释至相同香气强度，分装入干净的棕色玻璃瓶并标注名称，让评价员充分辨别和熟悉它们的香气特征。
（3）等级测试：将上述辨香实验的10个香精制成两份样品，一份写明香精名称，一份只写编号，让评价员对20瓶样品进行分辨评香，完成后填写如表2－5所示的等级测试结果记录表。

表2－5 等级测试结果记录表

标明香精名称的样品号码	1	2	3	4	5	6	7	8	9	10
你认为香型相同的样品编号										

（4）配对实验：在评价员经过辨香实验熟悉了评价的样品之后，任取上述香精中5个不同香型的香精稀释制备成外观完全一致的两份样品，分别写明随机数编号。让评价员对10个样品进行配对实验，并填写如表2－6所示的配对实验结果统计表。

表 2-6 配对实验结果统计表

<table>
<tr><td colspan="6">实验名称：辨香配对实验　　　　实验日期：_______年_______月_______日
实验员：___________
经仔细辨香后，填入上下对应你认为二者相同的香精编号，并简单描述其香气特征。</td></tr>
<tr><td rowspan="2">相同的两种香精的编号</td><td></td><td></td><td></td><td></td><td></td></tr>
<tr><td></td><td></td><td></td><td></td><td></td></tr>
<tr><td>它的香气特征</td><td></td><td></td><td></td><td></td><td></td></tr>
</table>

6. 实验结果的分析与计算

(1) 参加基础测试的评价员应该有100%的选择正确率，若经过多次反复的实验还不能察觉出差别，则不能入选评价员。

(2) 等级测试中采用评分法对评价员进行初评，总分为100分，答对一个香型得10分。30分以下者为不及格，30～70分者为一般评香员，70～100分者为优秀评香员。

(3) 配对实验可用差别实验中的配偶实验法进行评估。

7. 注意事项

(1) 评香实验室应有足够的换气设备，以1 min内可换室内容积2倍量空气的换气能力为最好。

(2) 香气评定方法可参考国家标准GB/T 14454.2—1993。

8. 思考题

评价员做了以下事项再进行实验，会对实验结果有何影响？为什么？

(1) 进行剧烈运动之后；

(2) 食用辛辣食物之后；

(3) 饮酒之后。

实验3 可乐饮料感官品质的差别检验

1. 实验目的

(1) 掌握差别检验的方法。

(2) 了解对食品进行差别检验的流程。

2. 实验原理

三点检验法是差别检验当中最常用的一种方法。在感官评定中，三点检验法是一种专门的方法，可用于两种产品样品间的差异分析。实验时，同时提供三个已编码的样品，其中两个样品相同，要求实验人员挑选出每一组中的奇数样品。具体来说，将A，

B两种样品组合成AAB，ABA，BAA，ABB，BAB，BBA等形式，让检验人员判断每种形式中哪一个为奇数样品。

3. 实验材料与试剂

可乐饮料，市售；蔗糖、α—苦味酸，均为分析纯；水，为GB/T 6682规定的二级水。

4. 实验仪器

50 mL洁净的玻璃烧杯、胶头滴管、分析天平等。

5. 实验步骤

（1）样品的制备。

①标准样品：市售可乐饮料原液。

②稀释样品：以蒸馏水为稀释剂，以10%为间隔对可乐饮料的原液进行稀释，制备一系列不同浓度的样品。

③甜度样品：以蔗糖为甜味剂，以4 g/L为间隔添加到可乐饮料的原液中，制备一系列不同甜度的样品。

④苦味样品：以α—苦味酸为苦味剂，以4 mg/L为间隔添加到可乐饮料的原液中，制备一系列不同苦味的样品。

（2）样品编号。

采用随机数表对不同样品进行编码。

（3）供样顺序。

每次检验提供三个样品，保证其中有两个样品是相同的。

（4）样品检验。

每次检验实验，每个检验员获得一组三个已随机编号的样品，依次对样品进行品尝检验，并填好如表2—7所示的检验结果统计表，每个检验员应检验评价10次以上。

表2—7　样品差别检验结果统计表

检验样品：可乐饮料 检验人员：________	检验方法：差别检验之三点检验法 检验日期：________________
请认真检验所得样品组的三个样品，其中有两个是相同的，请判断： 相同的两个样品的编号是________________________________ 不同的一个样品的编号是________________________________	

6. 实验结果的分析与计算

统计每个检验人员的检验结果，根据差别检验之三点检验法检验表，判断每个检验人员的检验水平。

7. 注意事项

实验用的可乐饮料在检验前应做除气处理，并确保样品的温度在20℃左右。除气方法：取约 500 mL 可乐饮料样品，置于 1000 mL 碘量瓶中，用手堵住瓶口并摇动约 30 s，不时松手排气，多次重复操作，后加塞静置、备用。

8. 思考题

若使用的可乐饮料样品在检验前未除气，会对检验结果有什么影响？为什么？

实验 4 巧克力感官品质的排列检验

1. 实验目的

(1) 掌握排列检验的基本检验方法。
(2) 掌握利用排列检验分析巧克力感官品质的方法。

2. 实验原理

排列检验是将一系列样品按某种特性或整体印象的顺序进行排列，可用于确定食品加工过程中不同原料、加工、处理、包装和储藏等条件对产品一个或多个感官指标强度水平的影响。该方法只能排出样品的次序，表明样品之间的相对强度大小、好坏等，不能评价样品间差异的大小。

具体来讲，就是以随机均衡的顺序让检验人员同时接受三个或三个以上随机排列的样品，按要求（如从弱到强或从差到好等）对样品的某一特性或整体印象进行排序，给出每个样品的序位，然后进行统计比较。

排列检验用于食品感官分析的优点在于可以同时比较两个以上的样品，但是当样品品种较多或样品间相关品质特征差异较小时，就不宜使用该方法了。

3. 实验材料与试剂

巧克力，市售；水，为 GB/T 6682 规定的二级水。

4. 实验仪器

白色的搪瓷样品托盘、大量洁净的一次性食品纸杯和纸碟。

5. 实验步骤

(1) 样品编号。

使用随机数表给每个样品编号，且每个样品编号三次，即一个样品具有三个完全不同的随机编码，用于三次重复的检验。

(2) 样品检验。

将已随机编码的全部种类的巧克力样品各取一个，以随机的顺序送检验人员检验，检验后填写如表 2-8 所示的检验结果统计分析表。重复检验 3 次，每一次送样顺序需保持不同。

表 2-8　排列检验结果统计分析表

样品名称：__________	检验日期：______年______月______日					
检验人员：__________	检验条件：温度__________；湿度__________					
仔细检验后，请根据不同样品的______________________等综合指标给样品排序，最好的排在左边第一位，以此类推。						
样品排序：（最好）	1	2	3	4	5	6 （最差）
样品编号：	____	____	____	____	____	____

6. 实验结果的分析与计算

统计分析每一个检验人员检验结果的重复性，并采用 Friedman 检验法和 Page 检验法对受试样品的感官品质之间是否有差异进行判定。

7. 注意事项

排列检验实验中对食品感官品质的判断情况取决于检验人员的感官分辨能力，因此，有感官缺失和缺陷的人员不宜进行该实验。

8. 思考题

若选用黑、白两种巧克力样品对其香味进行排列检验，为防止样品本身的颜色对检验人员检验过程及其检验结果的影响，该如何进行样品的准备？

实验 5　浓香型白酒感官品质的评分检验

1. 实验目的

（1）掌握评分检验的基本检验方法。
（2）掌握利用评分检验分析浓香型白酒感官品质的方法。

2. 实验原理

食品感官品质的评分检验是检验人员以数字标度的形式来评价样品的品质特性。实验检验中，所使用的数字标度可以是等距的标度，也可以是不等距的比率标度。该检验方法具有绝对性判断的特点，即实验是根据检验人员各自的检验基准进行的判断，其实验检验的误差需要通过增加检验人员的数量来减小。评分检验可同时用于一种或多种产品的一个或多个指标的强度及其差异的检验判断，应用较为广泛，特别适合于新产品感官品质的检验。

3. 实验材料与试剂

浓香型白酒样品，市售不同品牌的浓香型白酒；水，为 GB/T 6682 规定的二级水。

4. 实验仪器

白色的搪瓷样品托盘、大量洁净的白酒品评杯（无色透明的郁金香型玻璃杯，详见GB/T 10345—2007 的要求）。

5. 实验步骤

（1）实验检验前，使所有检验人员掌握统一的浓香型白酒感官指标要求（表2－9）和计分标准（表 2－10），并按照白酒分析方法的国家标准（GB/T 10345—2007）讲解评酒的要求。

表 2－9 浓香型白酒感官指标要求

评价项目	感官指标要求
色泽	无色透明或微黄，无悬浮物、无沉淀
香气	窖香浓郁，具有乙酸乙酯为主体的纯正、协调的酯类香气
口味	甜绵爽净，香味协调，余味悠长
风味	具有本品固有的独特风格

表 2－10 计分标准

项目	计分标准
色泽	1. 符合感官指标要求，得 10 分
	2. 凡混浊、有沉淀、有悬浮物等，酌情扣 1～4 分
	3. 有恶性沉淀或悬浮物者，不得分
香气	1. 符合感官指标要求，得 25 分
	2. 放香不足、香气欠纯正、带有异香等，酌情扣 1～6 分
	3. 香气不协调，且邪杂气重，扣 6 分以上
口味	1. 符合感官指标要求，得 50 分
	2. 味欠绵软协调、口味淡薄、后味欠净、味苦涩、有辛辣感、有其他杂味等，酌情扣 1～10分
	3. 酒体不协调，尾不净，杂味重，扣 1～10 分
风格	1. 具有本品固有的独特风格，得 15 分
	2. 基本具有本品风格，但欠协调或风格不突出，酌情扣 1～5 分
	3. 不具备本品风格要求，扣 5 分以上

（2）白酒样品采用随机数表进行编号，分发给检验人员，每次不超过 5 个样品。若样品较多，可多次分发检验。

（3）检验人员根据检验标准独立品评并打分，计分表见表 2－11。

表 2-11　浓香型白酒品评计分表

项目＼编号	______	______	______	______	______
色泽					
香气					
口味					
风格					
合计					
评语					

6. 实验结果的分析与计算

（1）统计各检验人员对不同样品的检验分值，采用方差分析法对不同白酒样品间的差异进行分析。

（2）采用方差分析法分析不同检验人员对同一样品的分析结果之间的差异。

7. 注意事项

品评过程中，各检验人员应独立检验，不得在检验过程中相互交流和讨论，减少相互间的干扰，也不得将白酒样品咽下。

8. 思考题

根据食品分析的知识，在检验过程中，为何每次分发给检验人员的白酒样品不宜超过 5 个？

实验 6　炼乳感官品质的描述性检验

1. 实验目的

（1）掌握描述性检验的基本检验方法。

（2）掌握利用描述性检验分析炼乳感官品质的方法。

2. 实验原理

根据产品的不同感官检验项目（如风味、色泽、组织状态等）和不同特性的质量描述制定出分数范围，再根据不同样品的具体质量情况，在评定后给出合适的描述和分数。结合相应的性质描述，通过计算不同样品的分数，对食品的感官品质进行检验。

3. 实验材料与试剂

炼乳样品，市售不同品牌的炼乳；水，为 GB/T 6682 规定的二级水。

4. 实验仪器

白色的搪瓷样品托盘、足够量的碟和匙、大量的一次性水杯。

5. 实验步骤

（1）样品编号。

使用随机数表给不同样品进行编号，每个编号包含三个编码。

（2）样品检验。

将已随机编码的样品按照随机方式分发给检验人员，且确保每个检验人员每一次都能获得全部的不同种类的样品。检验人员按照表2－12对每一个样品进行检验、描述和打分。重复检验3次，每一次送样顺序需保持不同。

表2－12　炼乳评分表

项目	特性	评分
风味（60分）	1. 甜而纯净，消毒牛乳滋味，无异味	60
	2. 滋味稍差，但无杂味	59～56
	3. 无乳味	55～53
	4. 有不纯的滋味或杂味	52～48
	5. 有较重的杂味	47～35
组织（35分）	1. 浓度均匀一致，黏度适中	35
	2. 黏性过度	34～33
	3. 在舌头上呈粉状	32～30
	4. 呈粉状，瓶底有少量沉淀	29～27
	5. 呈砂状或有个别大结晶	26～20
	6. 稍呈稠密状或软膏状	19～15
色泽（5分）	1. 白色中带奶油色或淡黄绿色，色泽均匀	5
	2. 肉桂色、淡褐色	2～0

6. 实验结果的分析与计算

（1）统计各检验人员对不同样品的检验分值，采用方差分析法对不同炼乳样品间的差异进行分析。

（2）采用方差分析法分析不同检验人员对同一样品的分析结果之间的差异。

7. 注意事项

品评过程中，各检验人员应独立检验，不得在检验过程中相互交流和讨论，减少相互间的干扰，也不得将炼乳样品咽下。

8. 思考题

请简述食品的感官检验中评分检验与描述性检验的异同。

2.2　物理检验

实验 7　牛乳相对密度的测定

1. 实验目的

（1）掌握使用密度瓶测定牛乳相对密度的程序。
（2）掌握使用密度瓶测定牛乳相对密度的方法。

2. 实验原理

在 20℃时分别测定充满同一密度瓶的水及牛乳的质量，由水的质量可确定密度瓶的容积即牛乳的体积，根据牛乳的质量及体积可计算牛乳的密度，牛乳密度与水密度的比值为牛乳的相对密度。

3. 实验材料与试剂

新鲜牛乳，市售；水，为 GB/T 6682 规定的二级水。

4. 实验仪器

精密密度瓶（图 2—1）、恒温水浴锅、分析天平等。

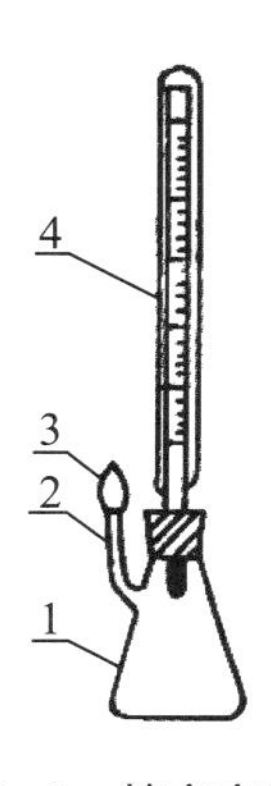

图 2—1　精密密度瓶

1—密度瓶体；2—支管标线；3—支管上的小帽；4—附温度计的瓶盖

5. 实验步骤

（1）取洁净、干燥、恒重、准确称量的密度瓶，装满牛乳试样后，置 20℃水浴中浸0.5 h，使内容物的温度达到 20℃，盖上瓶盖，并用细滤纸条吸去支管标线上的试样，盖好小帽后取出，用滤纸将密度瓶外擦干，置于天平室内0.5 h，称量，记录质量

(m_2)。

(2) 倾出密度瓶中的牛乳试样，洗净密度瓶，装满蒸馏水，置 20℃水浴中浸0.5 h，使内容物的温度达到 20℃，盖上瓶盖，并用细滤纸条吸去支管标线上的蒸馏水，盖好小帽后取出，用滤纸将密度瓶外擦干，置于天平室内 0.5 h，称量，记录质量 (m_1)。

6. 实验结果的分析与计算

牛乳试样在 20℃时的相对密度按下式计算：

$$d = \frac{m_2 - m_0}{m_1 - m_0}$$

式中，d——牛乳试样在 20℃时的相对密度；

m_0——密度瓶的质量，单位为克 (g)；

m_1——密度瓶加水的质量，单位为克 (g)；

m_2——密度瓶加牛乳试样的质量，单位为克 (g)；

计算结果表示到称量天平的精度的有效数位（精确至 0.001）。

7. 注意事项

(1) 实验中，向密度瓶内注入牛乳和蒸馏水时密度瓶内不应有气泡。

(2) 拿取已达恒温的密度瓶时，不得用手直接接触密度瓶瓶体部分，应戴隔热手套去拿瓶颈或用工具夹取。

(3) 恒温水浴锅中的水必须清洁无油污，防止瓶外壁被污染。

(4) 天平室内应保持 20℃的恒温条件，保持干燥。

8. 思考题

密度瓶支管上的小帽在测定中起什么作用？若在测定过程中小帽掉落，会对实验结果有什么影响？

实验 8　果汁中可溶性固形物含量的测定

1. 实验目的

(1) 掌握果汁中可溶性固形物含量测定的方法与流程。

(2) 掌握手持式折射仪的使用方法。

2. 实验原理

室温 20℃的条件下，在折射仪上测定样品的折射率，读取折射值或直接读取样品中可溶性固体的含量，以蔗糖的质量百分数表示。

3. 实验材料与试剂

果汁，市售；无水乙醇，分析纯；水，为 GB/T 6682 规定的二级水。

4. 实验仪器

折射仪（糖度刻度为 0.1%）、玻璃烧杯、胶头滴管、折射仪调节螺丝刀等。

5. 实验步骤

（1）折射仪在测定前按说明书进行校正：室温 20℃的条件下，用蒸馏水将折射仪上的读数调整为 0；若环境温度不为 20℃，则按照附表 4 中的数值进行校准。

（2）分开折射仪的两面棱镜，以脱脂棉蘸取无水乙醇擦拭干净。

（3）用玻璃棒蘸取果汁液 2～3 滴，仔细滴于折射仪棱镜平面的中央（注意勿使玻璃棒触及棱镜）。

（4）迅速闭合上、下二棱镜，静置 1 min，要求液体均匀无气泡并充满视野。

（5）对准光源，由目镜观察，调节指示旋钮，使视野分成明、暗两部。再旋动微调螺旋，使两部界限明晰。

（6）读取折射仪读数标尺刻度上的百分数，即为可溶性固形物的百分率，按可溶性固形物对温度校正换算成 20℃时标准的可溶性固形物百分率。

6. 实验结果的分析与计算

未经稀释的试样，折射仪读数即为试样中可溶性固形物的含量。若试样中加入蒸馏水稀释，其可溶性固形物的含量可按下式计算：

$$X = P \times \frac{m_0 + m_1}{m_0}$$

式中，X——试样中可溶性固形物的含量，单位为%；

P——样液中可溶性固形物的含量，单位为%；

m_0——试样的质量，单位为克（g）；

m_1——试样中加入蒸馏水的质量，单位为克（g）。常温下蒸馏水的质量按 1 g/mL计。

最后的测定结果以多次平行测定结果的算术平均值表示，保留一位小数。

7. 注意事项

（1）使用折射仪时，严禁用带有油或汗的手直接接触折射仪；使用前后需用光学仪器专用试镜纸将折射仪棱镜擦拭干净，不得使用一般的吸水纸或滤纸擦拭。

（2）需严格测试和记录实验时的环境温度。

8. 思考题

在使用折射仪测定食物样品中可溶性固形物的含量时，为何需要严格记录实验时的环境温度？

实验 9　旋光法测定红薯粉中淀粉的含量

1. 实验目的

（1）掌握旋光法测定食品中淀粉含量的原理与操作。

（2）掌握旋光仪的操作方法与流程。

2. 实验原理

（1）第一部分样品用稀盐酸水解，在澄清和过滤后用旋光法测定。

（2）第二部分样品用体积分数为 40％的乙醇溶液萃取出可溶性糖和相对分子量低的多糖。滤液按照第（1）步中给出的步骤操作。第（1）和第（2）两步方法的测量结果的差值，乘以一个系数，得出样品中淀粉的含量。

3. 实验材料与试剂

市售红薯淀粉；稀盐酸溶液（7.7 mol/L）：取 63.70 mL 浓盐酸，用蒸馏水定容至 100 mL；稀盐酸溶液（0.309 mol/L）：取 25.60 mL 浓盐酸，用蒸馏水定容至1000 mL；乙醇溶液（40％，*V*/*V*）：取 40 mL 无水乙醇与 60 mL 蒸馏水混合；卡莱兹溶液Ⅰ：取 10.6 g亚铁氰化钾（三水合物）溶于蒸馏水，并定容至 100 mL；卡莱兹溶液Ⅱ：取21.9 g 醋酸锌（二水合物）溶于蒸馏水，再加入冰醋酸 3.0 g，蒸馏水定容至 100 mL。

4. 实验仪器

旋光仪、分析天平、容量瓶、滤纸等。

5. 实验步骤

（1）称取（2.5±0.05）g（m_1）待测样品，置于容量瓶中，加入 25 mL 稀盐酸（0.309 mol/L），搅拌至较好的分散状态，再加入 25 mL 稀盐酸（0.309 mol/L）。

（2）将容量瓶放入沸水浴中并不断振摇，保持 15 min，取出前停止振摇，立刻加入 30 mL 冷水，后用自来水快速冷却至（20±2)℃。

（3）加入 5 mL 卡莱兹溶液Ⅰ，振摇 1 min；后加入 5 mL 卡莱兹溶液Ⅱ，振摇 1 min。

（4）用蒸馏水定容至 100 mL，摇匀后用滤纸过滤。若滤液不完全澄清，再重复步骤（3）的操作至滤液完全澄清。

（5）在 200 nm 旋光管中用旋光仪测定溶液的旋光度（α_1）。

（6）称取（5.0±0.1）g（m_2）待测样品，置于容量瓶中，加入大约 80 mL 乙醇溶液，摇匀后在室温下放置 1 h，在此 1 h 中剧烈摇动 6 次，以保证样品与乙醇充分混合，后用乙醇溶液定容，摇匀后过滤。

（7）吸取 50 mL 滤液放入容量瓶，加入 2.1 mL 稀盐酸溶液（7.7 mol/L），剧烈振摇，接上回流冷凝管后容量瓶至沸水浴15 min，取出后冷却至（20±2)℃。

（8）按步骤（3）分别加入卡莱兹溶液，然后按照步骤（4）继续操作。

（9）按步骤（5）测定溶液的旋光度（α_2）。

6. 实验结果的分析与计算

试样中淀粉的质量分数用下式计算：

$$w=\frac{2000}{\alpha_D^{20}}\times\left(\frac{2.5\alpha_1}{m_1}-\frac{5\alpha_2}{m_2}\right)\times\frac{100}{w_1}$$

式中，α_1——步骤（5）中测定的旋光度，单位为度；

α_2——步骤（9）中测定的醇溶性物质的旋光度，单位为度；

m_1——步骤（1）中测定的样品的质量，单位为克（g）；

m_2——步骤（6）中测定的样品的质量，单位为克（g）；

w_1——试样中干物质的质量（需要用总质量减去样品中水分的含量），单位为%；

α_D^{20}——纯淀粉在589.3 nm波长下测得的比旋光度，单位为度。常用淀粉的比旋光度见表2−13。

表2−13　常用淀粉的比旋光度（589.3 nm）

淀粉类型	比旋光度（度）	淀粉类型	比旋光度（度）
大米淀粉	＋185.9	小麦淀粉	＋182.7
马铃薯淀粉	＋185.7	大麦淀粉	＋181.5
玉米淀粉	＋184.6	其他淀粉	＋184.0

7. 注意事项

（1）提取时瓶中溶液必须微沸时才可计时。

（2）测定时旋光仪需预热30 min后与样品在同一温度下测定，旋光管注满溶液时不可有气泡，若有气泡，必须排除后方可测定，否则会影响测定值的准确度。

8. 思考题

淀粉样品在加酸水解时，煮沸时间少于或者多于15 min会对实验测定结果有什么样的影响？为什么？

实验10　不同成熟度香蕉外皮的色度测定

1. 实验目的

（1）掌握色度的测定原理及表达方法。

（2）掌握利用色差色度仪测定食品色度的方法与流程。

2. 实验原理

色差色度仪是一种简单的颜色偏差测试仪器，利用内部的标准光源照射被测物品，在整个可见光波长范围内进行测量，得到物体色的三刺激值和色品坐标，并通过专用微机系统给出两个被测样品之间的色差值。

测量原理：采用 CIE1976 $L^*a^*b^*$ 色度系统，借助均匀色的立体表示方法将所有的颜色用 L^*，a^*，b^* 三个轴的坐标来定义。L^* 为垂直轴，即中轴，代表明度，上白下黑，其值从底部 0（黑）到顶部 100（白），中间为亮度不同的灰色过渡，有 100 个等级。a^*，b^* 坐标组成的色度平面是一个圆，表示不同的色彩方向，a^* 代表红绿轴上颜色的饱和度，其中“－”为绿，“＋”为红；b^* 代表蓝黄轴上颜色的饱和度，其中“－”为蓝，“＋”为黄。a^*，b^* 都是水平轴。色差是用数值的方法表示两种颜色给人色彩感觉上的差别。

3. 实验材料与试剂

香蕉：市售不同成熟度的香蕉，无虫害和明显损伤。

4. 实验仪器

CM－5 型色差色度仪。

5. 实验步骤

（1）启动色差计，将“POWER”键调整到 1 位。

（2）选择所需的色彩系统 Lab 或 LCH 坐标，例如，按下“Lab”键则表示采用 $L^*a^*b^*$ 色度坐标。

（3）将色差计轻放在目标颜色上，并按下测量键，听到“哔”的一声后即表示目标测量完成，并同时显示出色彩值。如果在测量目标颜色时有错误，可以按“TARGET”键回到目标颜色测量显示屏，再重复步骤（2）。

（4）将色差计的测量口轻放在样品上后，按下测量键，听到“哔”的一声后表示测量完成，获得样品的 L^*，a^*，b^* 及总色差 ΔE。

6. 实验结果的分析与计算

根据色差计测色后显示的数据结果，进行如下分析：

测定颜色参数分别为亮度值 L^*、红绿值 a^*、黄蓝值 b^*，L^* 值表示白度和亮度的综合值，该值越大，表明被测物越白亮。a^* 值和 b^* 值代表一个直角坐标的两个方向：$+a^*$ 表示红色方向，$-a^*$ 表示绿色方向；$+b^*$ 表示黄色方向，$-b^*$ 表示蓝色方向。用 L^*，a^*，b^* 值可以计算得出总色差 ΔE 值，计算公式如下：

$$\Delta E = (\Delta L^2+\Delta a^2+\Delta b^2)^{1/2} = [(L^*-L_0^*)^2+(a^*-a_0^*)^2+(b^*-b_0^*)^2]^{1/2}$$

式中，L^*，a^*，b^* 分别为样品的亮度值、红绿值和黄蓝值；L_0^*，a_0^*，b_0^* 分别为

空白对照的亮度值、红绿值和黄蓝值。取 3 次测定的 ΔL，Δa，Δb，ΔE 的平均值作为结果对样品的颜色进行描述和分析。

7. 注意事项

（1）使用色差色度仪进行颜色测定时，由于样品表面本身存在颜色的差异，需在样品上取至少 3 个不同部位，每个部位测定 3 次及以上，以减少测定的误差。
（2）测定前必须使用标准白板和黑板对色差色度仪进行校准。

8. 思考题

Lab 色度空间与 CMKY 及 RGB 色度系统的区别是什么？为何选用 Lab 色度空间对食品的颜色进行表征？

实验 11　面包质构特性的测定

1. 实验目的

（1）了解质构仪分析食品质构的操作过程。
（2）掌握食品的质构测试过程及分析。

2. 实验原理

质构仪测定是通过模拟人的触觉，分析检测触觉中的物理特征。一般质构仪是在计算机程序的控制下，安装不同传感器的探头在设定速度下上下移动，当传感器与被测物体接触达到设定的触发力或触发深度时，计算机以设定的记录速度开始记录，绘制出传感器受力与其移动时间或距离的曲线。由于探头是在设定的速度下匀速移动的，因此，横坐标时间和距离可以自由转换，并可以进一步计算应力与应变的关系。由于质构仪配有多种型号的探头，因此可以检测食品多种质构特征参数。

3. 实验材料与试剂

面包：市售吐司面包，切成约 25 mm 厚的面包片备用。

4. 实验仪器

质构仪：TA. XT. Plus 型质构仪。

5. 实验步骤

（1）开启电脑和质构仪的电源开关。质构仪无须预热，等待指示灯由红色变为绿色时方可继续操作。
（2）点击电脑桌面上的“Texture Exponent”程序，进入“程序导读”窗口，在“Content”栏目里找到“Food”，点击后选择相关实验方法。

（3）使用仪器前先进行校正，根据要求需要按照程序的提示进行“力量校正”和“高度校正”。

（4）点击工具栏中的“T. A.”选项，找到“T. A. Setting”，选择“Library”中的“Special Tests”选项，选择测试的方法，然后可在界面显示的“Sequence Menu”菜单中设置探头升降时间、返回时间等参数，设置好后点击“确定”保存。

（5）点击“Run a Test”进行实验，实验结束后点击“Run Macro”，生成图中相应数据。

（6）关闭电脑及质构仪的电源开关，完成实验。

6. 实验结果的分析与计算

可根据测试方法对样品的凝聚性（cohesiveness）、咀嚼性（chewiness）、硬度（hardness）、酥脆性（brittleness）、胶黏性（gumminess）和黏附性（adhesiveness）进行分析。

7. 注意事项

（1）测试过程中勿将手、其他物体放入或靠近测试台面，以免造成人体伤害或损坏质构仪。

（2）实验过程中应尽量保证测试条件的一致性，如样品的形状大小、质构测试的参数等。

（3）TPA 测试中探头面积应该大于样品面积。

8. 思考题

同一次质构测试中，是否能获取样品所有的质构指标？若是，请给出理由；若不是，请举出不能同时测定的指标。

（曾维才）

第3章　水分和水分活度的测定

3.1　水分的测定

实验12　常压干燥法测定曲奇饼干中水分的含量

1. 实验目的

(1) 了解食品中水分含量测定的意义。
(2) 掌握常压干燥法测定食品中水分含量的原理与操作。
(3) 掌握恒温干燥箱的使用方法。

2. 实验原理

利用食品中水分的物理性质，在101.3 kPa（一个大气压），101℃～105℃下采用挥发的方法测定食品中干燥减失的重量，包括吸湿水、部分结晶水和该条件下能挥发的物质，再通过干燥前后的称量数值计算出食品中水分的含量。

3. 实验材料与试剂

曲奇饼干：粉碎，过40目筛，取筛下的曲奇饼干粉末进行实验。

4. 实验仪器

铝制或玻璃制扁形称量瓶、电热恒温干燥箱、干燥器、分析天平等。

5. 实验步骤

(1) 取洁净的铝制或玻璃制扁形称量瓶，用记号笔编号，后将其置于101℃～105℃的电热恒温干燥箱中，瓶盖斜支于瓶边，加热干燥1.0 h，盖好取出，移入干燥器内冷却0.5 h，取出称量，然后重新放入电热恒温干燥箱重复上述干燥操作至前后两次质量差不超过2 mg，完成称量瓶的恒重。

(2) 称取2～10 g曲奇饼干粉末（精确至0.0001 g）放入已恒重的称量瓶中，铺平，使样品在称量瓶中的厚度不超过5 mm，加盖盖好，精密称量其质量。将盛放好曲奇饼干样品的称量瓶置于101℃～105℃的电热恒温干燥箱中，瓶盖斜支于瓶边，加热干燥2～4 h，盖好取出，移入干燥器内冷却0.5 h，取出称量，然后再放入101℃～105℃的电热恒温干燥箱中干燥1 h左右，取出，移入干燥器内冷却0.5 h后再称量。重复上述干燥操作至前后两次质量差不超过2 mg，完成曲奇饼干样品的恒重。

6. 实验结果的分析与计算

试样中水分的含量按照下式计算：

$$X = \frac{m_1 - m_2}{m_1 - m_3} \times 100$$

式中，X——试样中水分的含量，单位为克/百克（g /100 g）；

m_1——称量瓶和试样的质量，单位为克（g）；

m_2——称量瓶和试样干燥后的质量，单位为克（g）；

m_3——称量瓶的质量，单位为克（g）；

100——单位换算系数。

注：水分含量≥1 g/100 g时，计算结果保留三位有效数字；水分含量<1 g/100 g时，计算结果保留两位有效数字。在重复性条件下获得的两次独立测定结果的绝对差值不得超过算术平均值的10％。

7. 注意事项

（1）本方法适用于在101℃～105℃下，蔬菜、谷物及其制品、水产品、豆制品、乳制品、肉制品、卤菜制品、粮食（水分含量低于18％）、油料（水分含量低于13％）、淀粉及茶叶类等食品中水分含量的测定，不适用于水分含量小于0.5 g/100 g的样品分析。

（2）曲奇饼干样品必须磨碎，全部过40目筛，混合均匀后方可用于测定。

（3）若所测试的曲奇饼干样品水分含量较大，可适当延长第一次干燥时间。

（4）测定水分含量后的曲奇饼干粉末，可供测定脂肪、灰分含量用。

8. 思考题

（1）在水分含量测定过程中，干燥器有什么作用？怎样正确使用和维护干燥器？

（2）解释恒重的概念。在水分含量测定过程中应怎样进行恒重操作？

（3）在下列情况下，曲奇饼干样品中水分含量测定的结果是偏高还是偏低？并给出合理的解释：①曲奇饼干样品粉碎不充分；②曲奇饼干样品中的脂肪发生氧化；③曲奇饼干样品表面结了硬皮；④装有曲奇饼干样品的干燥器未密封好；⑤干燥器中的硅胶已受潮。

实验13 减压干燥法测定蜂蜜中水分的含量

1. 实验目的

（1）掌握减压干燥法测定食品中水分含量的原理与操作。

（2）掌握真空干燥箱的使用方法。

2. 实验原理

利用食品中水分的物理性质，在达到 40～53 kPa 压力后加热至（60±5）℃，采用减压烘干方法去除试样中的水分，再通过烘干前后的称量数值计算出水分的含量。

3. 实验材料与试剂

蜂蜜：市售。

4. 实验仪器

铝制或玻璃制扁形称量瓶、真空干燥箱、干燥器、分析天平等。

5. 实验步骤

（1）试样的制备。

将未结晶的蜂蜜样品搅拌均匀。有结晶的蜂蜜样品，可将样品盖塞紧后，置于不超过 60℃的水浴或恒温器中温热，待样品全部融化后，搅拌，迅速冷却至室温，以备检验用。在融化时必须注意防止水分侵入。

（2）测定。

取已编号并恒重的称量瓶（见常压干燥法），称取 2～10 g蜂蜜（精确至0.0001 g），放入真空干燥箱内，将真空干燥箱连接真空泵，抽出真空干燥箱内的空气（所需压力一般为 40～53 kPa），并同时加热至所需温度（60±5）℃。关闭真空泵上的活塞，停止抽气，使真空干燥箱内保持一定的温度和压力，经 4 h 后，打开活塞，使空气经干燥装置缓缓通入真空干燥箱内，待压力恢复正常后再打开。取出称量瓶，移入干燥器内冷却 0.5 h 后再称量，重复上述干燥操作至前后两次质量差不超过 2 mg，完成蜂蜜样品的恒重。

6. 实验结果的分析与计算

同常压干燥法。

7. 注意事项

（1）减压干燥法适用于高温易分解的样品及水分较多的样品（如糖、味精等食品）中水分含量的测定，不适用于添加了其他原料的糖果（如奶糖、软糖等食品）中水分含量的测定，不适用于水分含量小于 0.5 g/100 g 的样品（糖和味精除外）中水分含量的测定。

（2）测定蜂蜜中水分的含量应保证样品的均匀性，同时注意结晶样品融化时的温度控制，才能保证检验结果的准确性。

8. 思考题

减压干燥法测定蜂蜜样品中水分含量的结果准确性受哪些因素影响？请举例说明。

实验 14　蒸馏法测定新鲜花椒中水分的含量

1. 实验目的

（1）掌握蒸馏法测定食品中水分含量的原理与操作。
（2）掌握水分测定器的使用方法。

2. 实验原理

利用食品中水分的物理化学性质，使用水分测定器将食品中的水分与甲苯或二甲苯共同蒸出，根据接收的水的体积计算出试样中水分的含量。

3. 实验材料与试剂

新鲜花椒，市售；甲苯或二甲苯，均为分析纯；水，为 GB/T 6682 规定的二级水。

4. 实验仪器

分析天平、水分测定器（图 3－1）。

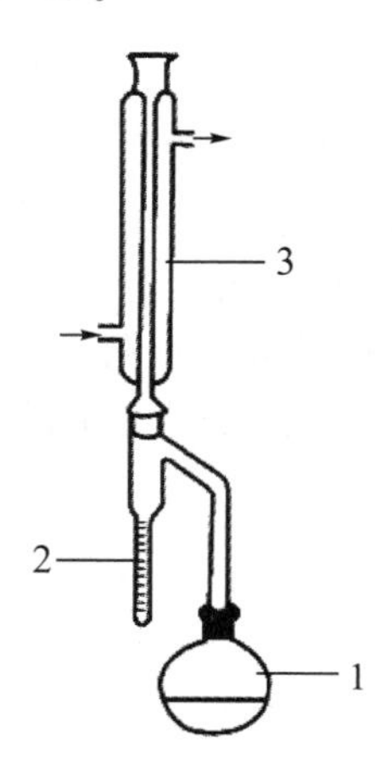

图 3－1　水分测定器

1－250 mL 蒸馏瓶；2－水分接收管，有刻度；3－冷凝管

5. 实验步骤

（1）准确称取适量鲜花椒（应使最终蒸出的水在 2～5 mL，但取样量最多不得超过蒸馏瓶的 2/3），放入 250 mL 蒸馏瓶中，加入新蒸馏的甲苯（或二甲苯）75 mL，连接冷凝管与水分接收管，从冷凝管顶端注入甲苯，装满水分接收管。同时做甲苯（或二甲苯）的试剂空白实验。

（2）加热慢慢蒸馏，使每秒钟的馏出液为 2 滴，待大部分水分蒸出后，加速蒸馏约每秒钟馏出液为 4 滴，当水分全部蒸出后，接收管内的水分体积不再增加时，从冷凝管顶端加入甲苯冲洗。如冷凝管壁附有水滴，可用附有小橡皮头的铜丝擦掉，再蒸馏片刻至接收管上部及冷凝管壁无水滴附着，接收管水平面保持10 min不变为蒸馏终点，读取接收管水层的容积。

6. 实验结果的分析与计算

试样中水分的含量按照下式计算：

$$X = \frac{V - V_0}{m} \times 100$$

式中，X——试样中水分的含量，单位为毫升/百克（mL /100 g）（或按水在20℃的相对密度0.9982 g/mL计算质量）；

V——接收管内水的体积，单位为毫升（mL）；

V_0——做试剂空白实验时接收管内水的体积，单位为毫升（mL）；

m——试样的质量，单位为克（g）；

100——单位换算系数。

注：结果以重复性条件下获得的两次独立测定结果的算术平均值表示，保留三位有效数字；在重复性条件下获得的两次独立测定结果的绝对差值不得超过算术平均值的10%。

7. 注意事项

（1）本方法适用于含水较多又有较多挥发性成分的水果、香辛料及调味品、肉与肉制品等食品中水分含量的测定，不适用于水分含量小于1 g/100 g的样品中水分含量的测定。

（2）蒸馏法测定水分含量样品用量一般为谷类、豆类约20 g，鱼、肉、蛋、乳制品约5～10 g，蔬菜、水果约5 g。

（3）有机溶剂一般用甲苯，沸点110.7℃。对热敏性样品则用苯作蒸馏溶剂（纯苯沸点80.2℃，水苯沸点则为69.25℃），但蒸馏时间需延长。

（4）加热温度不宜太高，温度太高时冷凝管上端水汽难以全部回收。蒸馏时间一般为2～3 h，样品不同，蒸馏时间各异。

（5）为尽量避免接收管和冷凝管壁附着水滴，仪器必须洗涤干净。

8. 思考题

（1）蒸馏法与干燥法相比有何优缺点?

（2）蒸馏法选择溶剂时需要注意哪些问题?

实验15　卡尔·费休法测定茶叶中水分的含量

1. 实验目的

（1）掌握卡尔·费休法测定食品中水分含量的原理与操作。

(2) 掌握恒温干燥箱的使用方法。

2. 实验原理

根据碘能与水和二氧化硫发生化学反应，在有吡啶和甲醇共存时，1 mol 碘只与1 mol水作用，反应式如下：

$$C_5H_5N\cdot I_2+C_5H_5N\cdot SO_2+C_5H_5N+H_2O+CH_3OH \rightarrow 2C_5H_5N\cdot HI+C_5H_6N[SO_4CH_3]$$

卡尔·费休法又分为库仑法和容量法。其中，容量法测定的碘是作为滴定剂加入的，滴定剂中碘的浓度是已知的，根据消耗滴定剂的体积，计算消耗碘的量，从而计量出被测物质水的含量。

3. 实验材料与试剂

茶叶，市售，用粉碎机粉碎后过 40 目筛，取筛下的茶粉进行实验；卡尔·费休试剂、无水甲醇，均为分析纯；水，为 GB/T 6682 规定的二级水。

4. 实验仪器

卡尔·费休水分测定仪、分析天平等。

5. 实验步骤

(1) 卡尔·费休试剂的标定。

在反应瓶中加一定体积（浸没铂电极）的甲醇，在搅拌下用卡尔·费休试剂滴定至终点。加入 10 mg 水（精确至 0.0001 g），滴定至终点并记录卡尔·费休试剂的用量（V）。卡尔·费休试剂的滴定度按下式计算：

$$T=\frac{m}{V}$$

式中，T——卡尔·费休试剂的滴定度，单位为毫克/毫升（mg/mL）；

m——水的质量，单位为毫克（mg）；

V——滴定水时消耗的卡尔·费休试剂的体积，单位为毫升（mL）。

(2) 茶叶中水分含量的测定。

在反应瓶中加一定体积的甲醇或卡尔·费休测定仪中规定的溶剂浸没铂电极，在搅拌下用卡尔·费休试剂滴定至终点。迅速将易溶于甲醇或卡尔·费休测定仪中规定的溶剂的茶叶直接加入滴定杯中；对于不易溶解的试样，应采用对滴定杯进行加热或加入已测定水分的其他溶剂辅助溶解后，用卡尔·费休试剂滴定至终点。建议采用容量法测定试样中的含水量应大于 100 μg/100 g。对于滴定时平衡时间较长且引起漂移的试样，需要扣除其漂移量。

(3) 漂移量的测定。

在滴定杯中加入与测定样品一致的溶剂，并滴定至终点，放置不少于 10 min 后再滴定至终点，两次滴定之间的单位时间内的体积变化即为漂移量（D）。

6. 实验结果的分析与计算

试样中水分的含量按照下式计算：

$$X = \frac{(V_1 - D \times t) \times T}{m} \times 100$$

式中，X——试样中水分的含量，单位为克/百克（g/100 g）；

V_1——滴定样品时消耗的卡尔·费休试剂的体积，单位为毫升（mL）；

D——漂移量，单位为毫升/分钟（mL/min）；

t——滴定时消耗的时间，单位为分钟（min）；

T——卡尔·费休试剂的滴定度，单位为克/毫升（g/mL）；

m——试样的质量，单位为克（g）；

100——单位换算系数。

注：水分含量≥1 g/100 g 时，计算结果保留三位有效数字；水分含量<1 g/100 g 时，计算结果保留两位有效数字。在重复性条件下获得的两次独立测定结果的绝对差值不得超过算术平均值的 10%。

7. 注意事项

（1）卡尔·费休法适用于含微量水分的食品中水分含量的测定，已被应用于面粉、砂糖、人造奶油、可可粉、糖蜜、茶叶、乳粉、炼乳及香料等食品中水分含量的测定，结果的准确度优于直接干燥法，也是测定脂肪和油品中痕量水分的理想方法；不适用于含有氧化剂、还原剂、碱性氧化物、氢氧化物、碳酸盐、硼酸等食品中水分含量的测定。

（2）样品前处理：可粉碎的固体试样要尽量粉碎，使之均匀。不易粉碎的试样可切碎。

（3）卡尔·费休法不仅可测出样品中的自由水，而且可测出其结合水，即此法所得结果能更客观地反映出样品总水分含量。

（4）滴定操作中可用两种方法确定终点：①当用卡尔·费休试剂滴定样品达到化学计量点时，再过量 1 滴卡尔·费休试剂中的游离碘即会使体系呈现浅黄甚至棕黄色，据此即为终点，此法适用于含有 1%以上水分的样品，由其产生的终点误差不大；②双指示电极电流滴定法，也叫永停滴定法，其原理是将两枚相似的微铂电极插在被滴样品溶液中，给两电极间施加 10～25 mV 电压，在开始滴定至化学计量点前，因体系中只存留碘化物而无游离碘，电极间的极化作用使外电路中无电流通过（微安表指针不动），而当过量 1 滴卡尔·费休试剂进入体系后，由于游离碘的出现使体系变为去极化，溶液开始导电，外路有电流通过，微安表指针偏转至一定刻度并稳定不变，即为终点，此法更适宜测定深色样品及微量、痕量水分。

（5）卡尔·费休容量法适用于水分含量大于 100 μg/100 g 的样品中水分含量的测定。

8. 思考题

（1）在下列情况下，茶叶样品中水分含量测定的结果是偏高还是偏低？并给出合理的解释：①玻璃器皿不够干燥；②样品颗粒较大；③样品中含有还原性物质如维生素C；④样品中富含不饱和脂肪酸。

（2）试举例说明在选择某些食品的水分分析方法时需要考虑哪些因素？

3.2 水分活度的测定

实验16 康威氏皿扩散法测定白砂糖的水分活度

1. 实验目的

（1）了解食品水分活度测定的意义。

（2）掌握康威氏皿扩散法测定食品水分活度的原理与操作。

2. 实验原理

在密封、恒温的康威氏皿中，试样中的自由水与水分活度（A_w）较高和较低的标准饱和溶液相互扩散，达到平衡后，根据试样质量的变化量，求得样品的水分活度。

3. 实验材料与试剂

白砂糖，市售；凡士林，为分析纯；水，为GB/T 6682规定的二级水。

标准饱和溶液配制方法：在易于溶解的温度下，准确称取相应质量标准水分活度试剂（表3—1），加入热水200 mL，冷却至形成固液两相的饱和溶液，储于棕色试剂瓶中，常温下放置一周后使用。

表3—1 标准水分活度试剂饱和溶液及其在25℃时的A_w值

试剂	质量（g）	A_w（25℃）	试剂	质量（g）	A_w（25℃）
$LiBr \cdot 2H_2O$	500	0.064	$NaCl$	100	0.753
$LiCl \cdot H_2O$	220	0.113	KBr	200	0.809
$MgCl \cdot 6H_2O$	150	0.328	$(NH_4)_2SO_4$	210	0.81
K_2CO_3	300	0.432	KCl	100	0.843
$Mg(NO_3) \cdot 6H_2O$	200	0.529	$Sr(NO_3)_2$	240	0.851
$NaBr \cdot 2H_2O$	260	0.576	$BaCl_2 \cdot 2H_2O$	100	0.902
$COCl_2 \cdot 6H_2O$	160	0.649	KNO_3	120	0.936
$SiCl \cdot 6H_2O$	200	0.709	K_2SO_4	35	0.973
$NaNO_3$	260	0.743			

4. 实验仪器

康威氏皿（带磨砂玻璃盖，如图 3－2 所示）、称量皿（直径 35 mm，高10 mm）、分析天平、恒温培养箱、电热恒温鼓风干燥箱等。

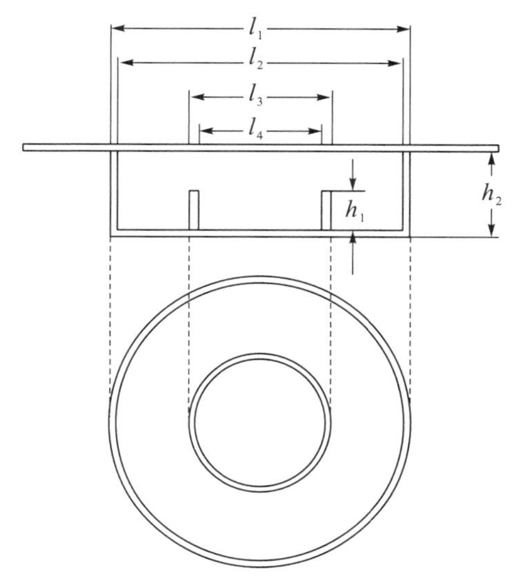

图 3－2　康威氏皿

l_1—外室外直径，100 mm；l_2—外室内直径，92 mm；l_3—内室外直径，53 mm；l_4—内室内直径，5 mm；h_1—内室高度，10 mm；h_2—外室高度，25 mm

5. 实验步骤

（1）试样的制备。

取有代表性的白砂糖至少 200 g，置于密闭的玻璃容器中。

（2）试样预测定。

①预处理：将盛有白砂糖的密闭容器、康威氏皿及称量皿置于恒温培养箱内，于(25±1)℃条件下恒温 30 min。取出后立即使用及测定。

②预测定：分别取 12.0 mL 溴化锂饱和溶液、氯化镁饱和溶液、氯化钴饱和溶液、硫酸钾饱和溶液于 4 只康威氏皿的外室，用经恒温的称量皿，在预先干燥并称量的称量皿（精确至 0.0001 g）中迅速称取 4 份约 1.5 g 白砂糖试样（精确至0.0001 g），放入盛有标准饱和盐溶液的康威氏皿的内室。沿康威氏皿上口平行移动盖好涂有凡士林的磨砂玻璃片，放入 (25±1)℃的恒温培养箱内，恒温 24 h。取出盛有白砂糖试样的称量皿，立即称量（精确至 0.0001 g）。

③预测定结果计算。

a. 试样质量的增减量按下式计算：

$$X=\frac{m_1-m}{m-m_0}$$

式中，X——试样质量的增减量，单位为克/克（g/g）；

m_1——25℃扩散平衡后试样和称量皿的质量，单位为克（g）；

m——25℃扩散平衡前试样和称量皿的质量，单位为克（g）；

m_0——称量皿的质量，单位为克（g）。

b. 绘制二维直线图：以所选饱和盐溶液（25℃）的水分活度（A_w）数值为横坐标，对应标准饱和盐溶液的试样的质量增减数值为纵坐标，绘制二维直线图。取横坐标截距值，即为该样品的水分活度预测值。

示例：某食品样品在溴化锂中增重 7 mg，氯化镁中增重 3 mg，氯化钴中增重 9 mg，硫酸钾中增重 15 mg，如图 3－3 所示，即可求得其 A_w＝0.878。

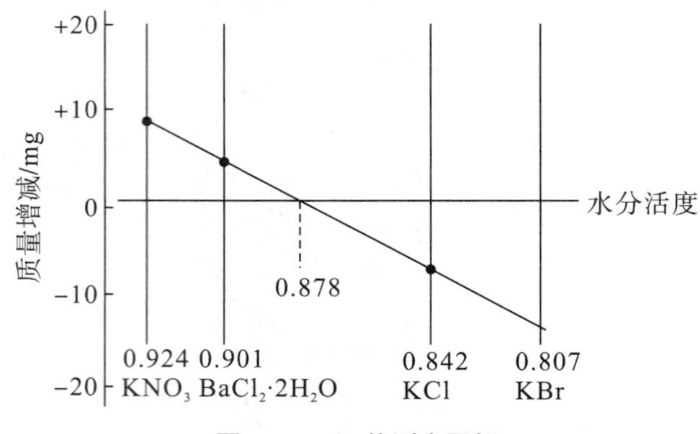

图 3－3　A_w 值测定图解

（3）试样的测定。

依据上述预测定结果，分别选用水分活度数值大于和小于试样预测结果数值的饱和盐溶液各 3 种，各取 12.0 mL，注入康威氏皿的外室用经恒温的称量皿，在预先干燥、称量的称量皿（精确至 0.0001 g）中迅速称取 3 份白砂糖试样约 1.5 g（精确至 0.0001 g）放入盛有标准饱和盐溶液的康威氏皿的内室。沿康威氏皿上口平行移动盖好涂有凡士林的磨砂玻璃片，放入（25±1）℃的恒温培养箱内，恒温 24 h。取出盛有白砂糖试样的称量皿，立即称量（精确至 0.0001 g）。

6. 实验结果的分析与计算

同预测定结果计算。

取横轴截距值，即为该样品的水分活度值，参见图 3－3。当符合精密度所规定的要求时，取三次平行测定的算术平均值作为结果。

注：计算结果保留两位有效数字。在重复性条件下获得的两次独立测定结果的绝对差值不得超过算术平均值的 10％。

7. 注意事项

（1）取样要在同一条件下进行，操作要迅速。

（2）试样的大小和形状对测定结果影响不大。

（3）康威氏微量扩散皿密封性要好。

（4）采用康威氏皿扩散法测定水分活度，绝大多数样品在2 h后测定，但米饭类、油脂类、油浸烟熏鱼类则需4 d左右时间才能测定。因此，需加入样品量0.2%的山梨酸防腐，并以山梨酸的水溶液做空白实验。

8. 思考题

（1）试述水分活度测定在食品工业生产中的应用。

（2）影响白砂糖水分活度测定结果的因素有哪些？并解释原因。

实验17 水分活度测定仪测定新鲜花椒的水分活度

1. 实验目的

（1）了解食品水分活度测定的意义。

（2）掌握水分活度测定仪的操作方法。

2. 实验原理

在密闭、恒温的水分活度测定仪测量舱内，试样中的水分扩散达到平衡，此时水分活度测定仪测量舱内的传感器或数字化探头显示出的响应值（相对湿度对应的数值）即为样品的水分活度（A_w）。

3. 实验材料与试剂

新鲜花椒，市售；其他试剂及配制方法同康威氏皿扩散法。

4. 实验仪器

水分活度测定仪、分析天平、样品皿等。

5. 实验步骤

（1）试样的制备。

取有代表性的样品至少200 g，混匀，置于密闭的玻璃容器中。

（2）试样的测定。

①在室温18℃～25℃、湿度50%～80%的条件下，用饱和盐溶液校正水分活度测定仪。

②称取约1 g样品（精确至0.01 g），迅速放入样品皿中，封闭测量仓，在温度20℃～25℃、相对湿度50%～80%的条件下测定。每间隔5 min记录水分活度测定仪的响应值。当相邻两次响应值之差小于0.005A_w时，即为测定值。仪器充分平衡后，同一样品重复测定值。仪器充分平衡后，同一样品重复测定3次，计算结果保留两位有效数字。在重复性条件下获得的两次独立测定结果的绝对差值不得超过算术平均值

的5%。

6. 注意事项

要经常用氯化钡饱和溶液对水分活度测定仪进行校正。

7. 思考题

为何需要在测定前用氯化钡饱和溶液对水分活度测定仪进行校正?

(何贵萍)

第 4 章　灰分及几种重要矿物元素的测定

4.1　灰分的测定

实验 18　大豆中总灰分的测定

1. 实验目的

（1）了解食品中总灰分测定的意义。
（2）掌握高温炉测定食品中总灰分的方法。
（3）掌握高温炉的使用方法。

2. 实验原理

食品经灼烧后所残留的无机物质称为灰分。灰分数值是经灼烧、称重后计算得出的。

3. 实验材料与试剂

大豆样品，市售；乙酸镁、盐酸，均为分析纯；水，为 GB/T 6682 规定的二级水。
乙酸镁溶液（80 g/L）：称取 8.0 g 乙酸镁，加水溶解并定容至 100 mL，混匀。
乙酸镁溶液（240 g/L）：称取 24.0 g 乙酸镁，加水溶解并定容至 100 mL，混匀。
盐酸溶液（10%）：量取 24 mL 分析纯浓盐酸，用蒸馏水稀释至 100 mL。

4. 实验仪器

高温炉、分析天平、石英坩埚或瓷坩埚、干燥器、电热板、恒温水浴锅等。

5. 实验步骤

（1）坩埚预处理。

取大小适宜的石英坩埚或瓷坩埚置于高温炉中，在（550±25）℃灼烧 30 min，冷却至 200℃左右，取出，放入干燥器中冷却 30 min，准确称量。重复灼烧至前后两次称量相差不超过 0.5 mg 为恒重。

（2）称样。

灰分大于或等于10 g/100 g的试样称取2～3 g（精确至0.0001 g），灰分小于或等于10 g/100 g的试样称取3～10 g（精确至0.0001 g，对于灰分含量更低的样品可适当增加称样量）。

（3）测定。

①称取试样后，加入1.00 mL乙酸镁溶液（240 g/L）或3.00 mL乙酸镁溶液（80 g/L），使试样完全润湿。放置10 min后，在水浴上将水分蒸干，在电热板上以小火加热使试样充分炭化至无烟，然后置于高温炉中，在（550±25）℃灼烧4 h。冷却至200℃左右，取出，放入干燥器中冷却30 min，称量前如果发现灼烧残渣中有炭粒，应向试样中滴入少许水湿润，使结块松散，蒸干水分再次灼烧至无炭粒即表示灰化完全，方可称量。重复灼烧至前后两次称量相差不超过0.5 mg为恒重。

②吸取3份与步骤①相同浓度和体积的乙酸镁溶液，做3次试剂空白实验。当3次实验结果的标准偏差小于0.003 g时，取算术平均值作为空白值。若标准偏差大于或等于0.003 g，应重新做试剂空白实验。

6. 实验结果的分析与计算

（1）试样中灰分的含量（以大豆质量计）按下式计算：

$$X_1 = \frac{m_1 - m_2 - m_0}{m_3 - m_2} \times 100$$

式中，X_1——加了乙酸镁溶液试样中灰分的含量，单位为克/百克（g/100 g）；

m_1——坩埚和灰分的质量，单位为克（g）；

m_2——坩埚的质量，单位为克（g）；

m_0——氧化镁（乙酸镁灼烧后生成物）的质量，单位为克（g）；

m_3——坩埚和试样的质量，单位为克（g）；

100——单位换算系数。

（2）试样中灰分的含量（以大豆干物质计）按下式计算：

$$X_2 = \frac{m_1 - m_2 - m_0}{(m_3 - m_2) \times \omega} \times 100$$

式中，X_2——加了乙酸镁溶液试样中灰分的含量，单位为克/百克（g/100 g）；

m_1——坩埚和灰分的质量，单位为克（g）；

m_2——坩埚的质量，单位为克（g）；

m_0——氧化镁（乙酸镁灼烧后生成物）的质量，单位为克（g）；

m_3——坩埚和试样的质量，单位为克（g）；

ω——试样干物质含量（质量分数），单位为%；

100——单位换算系数。

注：大豆中灰分含量≥10 g/100 g时，保留三位有效数字；大豆中灰分含量<10 g/100 g时，保留两位有效数字。

7. 注意事项

(1) 本方法适用于含磷量较高的豆类及其制品、肉禽及其制品、蛋及其制品、水产及其制品、乳及乳制品，不适用于淀粉类食品，如马铃薯淀粉、小麦淀粉以及大米淀粉。液体和半固体试样应先在沸水浴上进行蒸干处理。

(2) 在重复性条件下获得的两次独立测定结果的绝对差值不得超过算术平均值的 5%。

8. 思考题

淀粉类食品的灰分测定方法有何不同?

实验 19　大豆中水溶性、水不溶性和酸不溶性灰分的测定

1. 实验目的

(1) 了解食品中水溶性、水不溶性和酸不溶性灰分测定的意义。
(2) 掌握高温炉测定食品中各灰分的方法。
(3) 掌握高温炉的使用方法。

2. 实验原理

(1) 用热水提取总灰分，经无灰滤纸过滤、灼烧、称量残留物，测得水不溶性灰分的质量。
(2) 由总灰分和水不溶性灰分的质量计算水溶性灰分的质量。
(3) 用盐酸溶液处理总灰分，过滤、灼烧、称量残留物，测得酸不溶性灰分的质量。

3. 实验材料与试剂

大豆样品，市售；盐酸，为分析纯；水，为 GB/T 6682 规定的二级水。
盐酸溶液（10%）：量取 24 mL 分析纯浓盐酸，用蒸馏水稀释至 100 mL。

4. 实验仪器

高温炉、分析天平、石英坩埚或瓷坩埚、干燥器、无灰滤纸、漏斗、表面皿、烧杯(高型)、恒温水浴锅等。

5. 实验步骤

(1) 坩埚预处理。
见“实验 18，坩埚预处理”。
(2) 称样。
见“实验 18，称样”。

（3）总灰分的测定。

见“实验 18，测定”。

（4）水溶性、水不溶性灰分的测定。

用约 25 mL 热蒸馏水分次将总灰分从坩埚中洗入 100 mL 烧杯中，盖上表面皿，用小火加热至微沸，防止溶液溅出。趁热用无灰滤纸过滤，并用热蒸馏水分次洗涤杯中残渣，直至滤液和洗涤体积约达 150 mL 为止。将滤纸连同残渣移入原坩埚内，放在沸水浴锅上小心地蒸去水分，然后将坩埚烘干并移入高温炉内，在（550±25)℃灼烧至无炭粒（一般需 1 h）。待炉温降至 200℃时，放入干燥器内，冷却至室温，称重（精确至 0.0001 g）。再放入高温炉内，在（550±25)℃灼烧 30 min，如前冷却并称重。如此重复操作，直至连续两次称量相差不超过 0.5 mg 为止，记下最低质量。

（5）酸不溶性灰分的测定。

用 25 mL 盐酸溶液（10%）将总灰分分次洗入 100 mL 烧杯中，盖上表面皿，在沸水浴上小心加热，至溶液由混浊变为透明时，继续加热 5 min，趁热用无灰滤纸过滤，用沸蒸馏水少量反复洗涤烧杯和滤纸上的残留物，直至中性（约 150 mL）。将滤纸连同残渣移入原坩埚内，在沸水浴上小心蒸去水分，移入高温炉内，于（550±25)℃灼烧至无炭粒（一般需 1 h）。待炉温降至 200℃时，取出坩埚，放入干燥器内，冷却至室温，称重（精确至 0.0001 g）。再放入高温炉内，于（550±25)℃灼烧 30 min，如前冷却并称重。如此重复操作，直至连续两次称量相差不超过 0.5 mg 为止，记下最低质量。

6. 实验结果的分析与计算

（1）以大豆质量计。

①试样中水不溶性灰分的含量按下式计算：

$$X_1=\frac{m_1-m_2}{m_3-m_2}\times 100$$

式中，X_1——试样中水不溶性灰分的含量，单位为克/百克（g/100 g）；

m_1——坩埚和水不溶性灰分的质量，单位为克（g）；

m_2——坩埚的质量，单位为克（g）；

m_3——坩埚和试样的质量，单位为克（g）；

100——单位换算系数。

②试样中水溶性灰分的含量按下式计算：

$$X_2=\frac{m_4-m_5}{m_0}\times 100$$

式中，X_2——试样中水溶性灰分的含量，单位为克/百克（g/100 g）；

m_0——试样的质量，单位为克（g）；

m_4——总灰分的质量，单位为克（g）；

m_5——水不溶性灰分的质量，单位为克（g）；

100——单位换算系数。

③试样中酸不溶性灰分的含量按下式计算：

$$X_3 = \frac{m_1 - m_2}{m_3 - m_2} \times 100$$

式中，X_3——试样中酸不溶性灰分的含量，单位为克/百克（g/100 g）；

m_1——坩埚和酸不溶性灰分的质量，单位为克（g）；

m_2——坩埚的质量，单位为克（g）；

m_3——坩埚和试样的质量，单位为克（g）；

100——单位换算系数。

注：大豆中灰分含量≥10 g/100 g 时，保留三位有效数字；大豆中灰分含量<10 g/100 g 时，保留两位有效数字。

（2）以大豆干物质计。

①试样中水不溶性灰分的含量按下式计算：

$$X_1 = \frac{m_1 - m_2}{(m_3 - m_2) \times \omega} \times 100$$

式中，X_1——试样中水不溶性灰分的含量，单位为克/百克（g/100 g）；

m_1——坩埚和水不溶性灰分的质量，单位为克（g）；

m_2——坩埚的质量，单位为克（g）；

m_3——坩埚和试样的质量，单位为克（g）；

ω——试样干物质含量（质量分数），单位为%；

100——单位换算系数。

②试样中水溶性灰分的含量按下式计算：

$$X_2 = \frac{m_4 - m_5}{m_0 \times \omega} \times 100$$

式中，X_2——试样中水溶性灰分的含量，单位为克/百克（g/100 g）；

m_0——试样的质量，单位为克（g）；

m_4——总灰分的质量，单位为克（g）；

m_5——水不溶性灰分的质量，单位为克（g）；

ω——试样干物质含量（质量分数），单位为%；

100——单位换算系数。

③试样中酸不溶性灰分的含量按下式计算：

$$X_3 = \frac{m_1 - m_2}{(m_3 - m_2) \times \omega} \times 100$$

式中，X_3——试样中酸不溶性灰分的含量，单位为克/百克（g/100 g）；

m_1——坩埚和酸不溶性灰分的质量，单位为克（g）；

m_2——坩埚的质量，单位为克（g）；

m_3——坩埚和试样的质量，单位为克（g）；

ω——试样干物质含量（质量分数），单位为%；

100——单位换算系数。

7. 注意事项

（1）大豆中灰分含量≥10 g/100 g 时，保留三位有效数字；大豆中灰分含量<

10 g/100 g 时，保留两位有效数字。

（2）本方法适用于含磷量较高的豆类及其制品、肉禽及其制品、蛋及其制品、水产及其制品、乳及乳制品，不适用于淀粉类食品，如马铃薯淀粉、小麦淀粉以及大米淀粉。液体和半固体试样应先在沸水浴上进行蒸干处理。

（3）在重复性条件下获得的两次独立测定结果的绝对差值不得超过算术平均值的 5%。

8. 思考题

（1）实际测定中，水溶性灰分、水不溶性灰分和总灰分之间的关系是什么？

（2）酸不溶性灰分测定中，高温炉的温度显著低于（550±25）℃，最终测得酸不溶性灰分的含量会怎样？

4.2 几种矿物元素的测定

实验 20 食品中钙含量的测定

1. 实验目的

（1）了解火焰原子吸收光谱仪的工作原理。

（2）掌握火焰原子吸收光谱仪的使用方法。

2. 实验原理

试样经消解处理后，加入镧溶液作为释放剂，经原子吸收火焰原子化，在 422.7 nm处测定的吸光度值在一定浓度范围内与钙含量成正比，与标准系列溶液比较定量。

3. 实验材料与试剂

食品样品，市售；硝酸，为分析纯；水，为 GB/T 6682 规定的二级水。

硝酸溶液Ⅰ：量取 50 mL 硝酸，加入 950 mL 水，混匀。

硝酸溶液Ⅱ：量取 500 mL 硝酸，加入 500 mL 水，混匀。

盐酸溶液：量取 500 mL 盐酸，加入 500 mL 水，混匀。

镧溶液（20 g/L）：称取 23.45 g 氧化镧，先用少量水湿润后再加入75 mL盐酸溶液溶解，转入 1000 mL 容量瓶中，加水定容至刻度，混匀。

钙标准溶液，钙标准储备液（1000 mg/L）：准确称取 2.4963 g 碳酸钙（CAS 号：471−34−1，纯度>99.99%，精确至 0.0001 g），加盐酸溶液溶解，移入 1000 mL 容量瓶中，加水定容至刻度，混匀。

钙标准中间液（100 mg/L）：准确吸取 10 mL 钙标准储备液（1000 mg/L）于

100 mL容量瓶中，加硝酸溶液Ⅰ定容至刻度，混匀。

钙标准系列溶液：分别吸取钙标准中间液（100 mg/L）0 mL，0.500 mL，1.00 mL，2.00 mL，4.00 mL，6.00 mL 于 100 mL 容量瓶中，另在各容量瓶中加入5 mL镧溶液(20 g/L)，最后加硝酸溶液Ⅱ定容至刻度，混匀。此钙标准系列溶液中钙的质量浓度分别为 0 mg/L，0.500 mg/L，1.00 mg/L，2.00 mg/L，4.00 mg/L，6.00 mg/L。

4. 实验仪器

原子吸收光谱仪、分析天平、微波消解系统、可调式电热炉、可调式电热板、压力消解罐、恒温干燥箱、马弗炉。

5. 实验步骤

（1）试样的制备。

①粮食、豆类样品去除杂物后，粉碎，储于塑料瓶中。

②蔬菜、水果、鱼类、肉类等样品用水洗净，晾干，取可食部分，制成匀浆，储于塑料瓶中。

③将饮料、酒、醋、酱油、食用植物油、液态乳等液体样品摇匀。

（2）试样的消解。

①湿法消解。

准确称取固体试样 0.2～3 g（精确至 0.001 g）或准确移取液体试样 0.500～5.00 mL于带刻度消化管中，加入 10 mL 硝酸、0.5 mL 高氯酸，在可调式电热炉上消解（参考条件：120℃/0.5 h～120℃/1 h、升至 180℃/2 h～180℃/4 h、升至 200℃～220℃）。若消化液呈棕褐色，再加硝酸，消解至冒白烟，消化液呈无色透明或略带黄色。取出消化管，冷却后用水定容至 25 mL，再根据实际测定需要稀释，并在稀释液中加入一定体积的镧溶液（20 g/L），使其在最终稀释液中的浓度为 1 g/L，混匀备用，此为试样待测液。同时做试剂空白实验。亦可采用锥形瓶，在可调式电热板上，按上述操作方法进行湿法消解。

②微波消解。

准确称取固体试样 0.2～0.8 g（精确至 0.001 g）或准确移取液体试样 0.500～3.00 mL于微波消解罐中，加入 5 mL 硝酸，按照微波消解的操作步骤消解试样，消解条件见表 4-1。冷却后取出消解罐，在电热板上于 140℃～160℃赶酸至 1 mL 左右。消解罐放冷后，将消化液转移至 25 mL 容量瓶中，用少量水洗涤消解罐 2～3 次，合并洗涤液于容量瓶中并用水定容至刻度。根据实际测定需要稀释，并在稀释液中加入一定体积的镧溶液（20 g/L），使其在最终稀释液中的浓度为 1 g/L，混匀备用，此为试样待测液。同时做试剂空白实验。

表 4-1　微波消解条件

步骤	设定温度（℃）	升温时间（min）	恒温时间（min）
1	120	5	5

续表4－1

步骤	设定温度（℃）	升温时间（min）	恒温时间（min）
2	160	5	10
3	180	5	10

③压力罐消解。

准确称取固体试样 0.2～1 g（精确至 0.001 g）或准确移取液体试样 0.500～5.00 mL于消解内罐中，加入 5 mL 硝酸。盖好内盖，旋紧不锈钢外套，放入恒温干燥箱，于 140℃～160℃下保持 4～5 h。冷却后缓慢旋松外罐，取出消解内罐，放在可调式电热板上于 140℃～160℃赶酸至 1 mL 左右。冷却后将消化液转移至 25 mL 容量瓶中，用少量水洗涤内罐和内盖 2～3 次，合并洗涤液于容量瓶中并用水定容至刻度，混匀备用。根据实际测定需要稀释，并在稀释液中加入一定体积的镧溶液（20 g/L），使其在最终稀释液中的浓度为 1 g/L，混匀备用，此为试样待测液。同时做试剂空白实验。

④干法灰化。

准确称取固体试样 0.5～5 g（精确至 0.001 g）或准确移取液体试样 0.500～10.0 mL于坩埚中，小火加热，炭化至无烟，转移至马弗炉中，于 550℃灰化 3～4 h。冷却，取出。对于灰化不彻底的试样，加数滴硝酸，小火加热，小心蒸干，再转入550℃马弗炉中，继续灰化 1～2 h，至试样呈白灰状，冷却，取出，用适量硝酸溶液Ⅱ溶解转移至刻度管中，用水定容至 25 mL。根据实际测定需要稀释，并在稀释液中加入一定体积的镧溶液，使其在最终稀释液中的浓度为 1 g/L，混匀备用，此为试样待测液。同时做试剂空白实验。

（3）仪器工作条件。

火焰原子吸收光谱法参考条件见表 4－2。

表 4－2　火焰原子吸收光谱法参考条件

元素	波长（nm）	狭缝（nm）	灯电流（mA）	燃烧头高度（mm）	空气流量（L/min）	乙炔流量（L/min）
钙	422.7	1.3	5～15	3	9	—

（4）标准曲线的绘制。

将钙标准系列溶液按浓度由低到高的顺序分别导入火焰原子化器，测定吸光度值，以标准系列溶液中钙的质量浓度为横坐标，相应的吸光度值为纵坐标，绘制标准曲线。

（5）试样溶液的测定。

在与测定标准溶液相同的实验条件下，将空白溶液和试样待测液分别导入原子化器，测定相应的吸光度值，与标准系列溶液比较定量。

6．实验结果的分析与计算

试样中钙的含量按下式计算：

$$X = \frac{(\rho - \rho_0) \times f \times V}{m}$$

式中，X——试样中钙的含量，单位为毫克/千克或毫克/升（mg/kg 或 mg/L）；

ρ——试样溶液中钙的浓度，单位为毫克/升（mg/L）；

ρ_0——空白溶液中钙的浓度，单位为毫克/升（mg/L）；

f——试样消化液的稀释倍数；

V——试样消化液的定容体积，单位为毫升（mL）；

m——试样称取质量或移取体积，单位为克或毫升（g 或 mL）。

7. 注意事项

（1）当钙含量≥10.0 mg/kg 或 10.0 mg/L 时，计算结果保留三位有效数字；当钙含量<10.0 mg/kg 或 10.0 mg/L 时，计算结果保留两位有效数字。

（2）所有玻璃器皿及聚四氟乙烯消解内罐均需硝酸溶液（100 mL 硝酸＋500 mL 水）浸泡过夜，用自来水反复冲洗，最后用水冲洗干净。

（3）在采样和试样制备过程中，应避免试样污染。

（4）可根据仪器的灵敏度及样品中钙的实际含量确定标准系列溶液中元素的具体浓度。

（5）在重复性条件下获得的两次独立测定结果的绝对差值不得超过算术平均值的 10%。

（6）以试样称取质量为 0.5 g 或移取体积为 0.5 mL，定容体积为 25 mL 计算，方法的检出限为0.5 mg/kg 或 0.5 mg/L，定量限为 1.5 mg/kg 或 1.5 mg/L。

8. 思考题

（1）本实验方法中四种试样前处理方法各有什么特点?

（2）除了火焰原子吸收光谱法，还有哪些常见实验方法可用于食品中钙含量的测定?

实验 21 食品中铁含量的测定

1. 实验目的

（1）了解电感耦合等离子体质谱仪的工作原理。

（2）掌握电感耦合等离子体质谱仪的使用方法。

2. 实验原理

试样经消解后，由电感耦合等离子体质谱仪测定，以铁（Fe）元素特定质量数（质荷比，m/z）定性，采用外标法，以待测元素质谱信号与内标元素质谱信号的强度比与待测元素的浓度成正比进行定量分析。

3. 实验材料与试剂

食品样品，市售；硝酸、氩气（≥99.995%）或液氩、氦气（≥99.995%）、金元素（Au）溶液（1000 mg/L），均为分析纯；水，为 GB/T 6682 规定的二级水。

硝酸溶液（5+95）：量取 50 mL 硝酸，缓慢加入 950 mL 水中，混匀。

汞标准稳定剂：量取 2 mL 金元素（Au）溶液，用硝酸溶液（5+95）稀释至 1000 mL，用于汞标准溶液的配制。[注：汞标准稳定剂亦可采用 2 g/L 半胱氨酸盐酸盐+硝酸混合溶液（5+95），或其他等效稳定剂]

元素储备液（1000 mg/L 或 100 mg/L）：铁，采用经国家认证并授予标准物质证书的铁元素标准储备液。

内标元素储备液（1000 mg/L）：钪（Sc）、锗（Ge）等采用经国家认证并授予标准物质证书的单元素内标标准储备液。

混合标准工作溶液：吸取适量铁元素储备液，用硝酸溶液（5+95）逐级稀释配成混合标准系列工作溶液，铁元素的质量浓度分别为 0 mg/L，0.100 mg/L，0.500 mg/L，1.00 mg/L，3.00 mg/L，5.00 mg/L。（注：依据样品消解溶液中元素质量浓度水平，适当调整标准系列工作溶液中各元素质量浓度范围）

汞标准工作溶液：吸取适量汞元素储备液，用汞标准稳定剂逐级稀释配成标准系列工作溶液，汞元素的质量浓度分别是 0 μg/L，0.100 μg/L，0.500 μg/L，1.00 μg/L，1.50 μg/L，2.00 μg/L。

内标使用液：吸取适量内标元素储备液，用硝酸溶液（5+95）配制成合适浓度的内标使用液，内标使用液的质量浓度分别为 0 mg/L，0.250 mg/L，0.100 mg/L，2.50 mg/L，4.00 mg/L，5.00 mg/L。（注：内标溶液既可在配制混合标准工作溶液和样品消化液时手动定量加入，亦可由仪器在线加入）

4. 实验仪器

电感耦合等离子体质谱仪、分析天平、微波消解仪、压力消解罐、恒温干燥箱、控温电热板、超声水浴箱、匀浆机、高速粉碎机。

5. 实验步骤

（1）试样的制备。

①干样。

豆类、谷物、菌类、茶叶、干制水果、焙烤食品等低含水量样品，取可食部分，必要时经高速粉碎机粉碎均匀；固体乳制品、蛋白粉、面粉等呈均匀状的粉状样品，摇匀。

②鲜样。

蔬菜、水果、水产品等高含水量样品必要时洗净，晾干，取可食部分匀浆均匀；肉类、蛋类等样品，取可食部分匀浆均匀。

③速冻及罐头食品。

经解冻的速冻及罐头食品样品，取可食部分匀浆均匀。

④液态样品。

软饮料、调味品等样品摇匀。

⑤半固态样品。

搅拌均匀。

（2）试样的消解。

根据试样中待测元素的含量水平和检测水平要求选择相应的消解方法及消解容器。

①微波消解法。

称取固体样品 0.2～0.5 g（精确至 0.001 g，含水分较多的样品可适当增加取样量至 1 g）或准确移取液体试样 1.00～3.00 mL 于微波消解内罐中，含乙醇或二氧化碳的样品先在电热板上低温加热除去乙醇或二氧化碳，加入 5～10 mL 硝酸，加盖放置 1 h 或过夜，旋紧罐盖，按照微波消解仪标准操作步骤进行消解（微波消解参考条件见表 4－3）。冷却后取出，缓慢打开罐盖排气，用少量水冲洗内盖，将消解罐放在控温电热板上或超声水浴箱中，于 100℃加热 30 min 或超声脱气 2～5 min，用水定容至 25 mL 或 50 mL，混匀备用，同时做空白实验。

表 4－3 微波消解参考条件

步骤	设定温度（℃）	升温时间（min）	恒温时间（min）
1	120	5	5
2	150	5	10
3	190	5	20

②压力罐消解法。

称取固体干样 0.2～1 g（精确至 0.001 g，含水分较多的样品可适当增加取样量至 2 g）或准确移取液体试样 1.00～5.00 mL 于消解内罐中，含乙醇或二氧化碳的样品先在电热板上低温加热除去乙醇或二氧化碳，加入 5 mL 硝酸，放置 1 h 或过夜，旋紧不锈钢外套，放入恒温干燥箱消解（压力罐消解参考条件见表 4－4），于 150℃～170℃消解 4 h，冷却后，缓慢旋松不锈钢外套，将消解内罐取出，在控温电热板上或超声水浴箱中，于 100℃加热 30 min 或超声脱气 2～5 min，用水定容至 25 mL 或 50 mL，混匀备用，同时做空白实验。

表 4－4 压力罐消解参考条件

步骤	设定温度（℃）	升温时间（min）	恒温时间（h）
1	80	—	2
2	120	—	2
3	160～170	—	4

(3) 仪器参考条件。

①操作参考条件：电感耦合等离子体质谱仪操作参考条件见表 4−5，铁元素分析模式采用碰撞反应池。

表 4−5　电感耦合等离子体质谱仪操作参考条件

参数名称	参数	参数名称	参数
射频功率	1500 W	雾化器	高盐/同心雾化器
等离子体气流量	15 L/min	采样锥/截取锥	镍/铂锥
载气流量	0.80 L/min	采样深度	8～10 mm
辅助气流量	0.40 L/min	采集模式	跳峰（Spectrum）
氦气流量	4～5 mL/min	检测方式	自动
雾化室温度	2℃	每峰测定点数	1～3
样品提升速率	0.3 r/s	重复次数	2～3

②测定参考条件：在调谐仪器达到测定要求后，编辑测定方法，根据待测元素的性质选择相应的内标元素，待测元素和内标元素 $^{45}Sc/^{72}Ge$ 的 m/z 是 56/57。

(4) 标准曲线的绘制。

将混合标准溶液注入电感耦合等离子体质谱仪中，测定待测元素和内标元素的信号响应值，以待测元素的浓度为横坐标，待测元素与所选内标元素响应信号值的比值为纵坐标，绘制标准曲线。

(5) 试样溶液的测定。

将空白溶液和试样溶液分别注入电感耦合等离子体质谱仪中，测定待测元素和内标元素的信号响应值，根据标准曲线得到消解液中待测元素的浓度。

6. 实验结果的分析与计算

(1) 试样中低含量待测元素的含量按下式计算：

$$X = \frac{(\rho - \rho_0) \times V \times f}{m \times 1000}$$

式中，X——试样中待测元素的含量，单位为毫克/千克或毫克/升（mg/kg 或 mg/L）；

ρ——试样溶液中被测元素的浓度，单位为微克/升（μg/L）；

ρ_0——空白溶液中被测元素的浓度，单位为微克/升（μg/L）；

V——试样消化液的定容体积，单位为毫升（mL）；

f——试样稀释倍数；

m——试样称取质量或移取体积，单位为克或毫升（g 或 mL）；

1000——单位换算系数。

计算结果保留三位有效数字。

(2) 试样中高含量待测元素的含量按下式计算：

$$X=\frac{(\rho-\rho_0)\times V\times f}{m}$$

式中，X——试样中待测元素的含量，单位为毫克/千克或毫克/升（mg/kg 或 mg/L）；

ρ——试样溶液中被测元素的浓度，单位为毫克/升（mg/L）；

ρ_0——空白溶液中被测元素的浓度，单位为毫克/升（mg/L）；

V——试样消化液的定容体积，单位为毫升（mL）；

f——试样稀释倍数；

m——试样称取质量或移取体积，单位为克或毫升（g 或 mL）。

计算结果保留三位有效数字。

7．注意事项

（1）样品中各元素含量大于 1 mg/kg 时，在重复性条件下获得的两次独立测定结果的绝对差值不得超过算术平均值的 10%；小于或等于 1 mg/kg 且大于 0.1 mg/kg 时，在重复性条件下获得的两次独立测定结果的绝对差值不得超过算术平均值的 15%；小于或等于 0.1 mg/kg 时，在重复性条件下获得的两次独立测定结果的绝对差值不得超过算术平均值的 20%。

（2）固体样品以 0.5 g 定容体积至 50 mL，液体样品以 2 mL 定容体积至 50 mL 计算，本方法铁元素的检出限是 1 mg/kg、0.3 mg/L，定量限是 3 mg/kg、1 mg/L。

8．思考题

（1）本实验的 ICP－MS 法还可用于食品中哪些元素的测定？

（2）本实验中为何选用 Sc、Ge 两种元素作为内标元素？

实验 22　食品中碘含量的测定

1．实验范围

（1）氧化还原滴定法，适用于海带、紫菜、裙带菜等藻类及其制品中碘含量的测定。

（2）砷铈催化分光光度法，适用于粮食、蔬菜、水果、豆类及其制品、乳及其制品、肉类、鱼类、蛋类等食品中碘含量的测定。

（3）气相色谱法，适用于婴幼儿食品和乳品中碘含量的测定。

2．实验目的

（1）了解三种检测方法在食品碘含量测定中的应用。

（2）掌握三种不同的碘含量测定方法。

（3）掌握气相色谱仪的使用方法。

第一法　氧化还原滴定法

1. 实验原理

样品经炭化、灰化后，将有机碘转化为无机碘离子，在酸性介质中，用溴水将碘离子氧化成碘酸根离子，生成的碘酸根离子在碘化钾的酸性溶液中被还原析出碘，用硫代硫酸钠溶液滴定反应中析出的碘。

$$I^- + 3Br_2 + 3H_2O \longrightarrow IO_3^- + 6H^+ + 6Br^-$$

$$IO_3^- + 5I^- + 6H^+ \longrightarrow 3I_2 + 3H_2O$$

$$I_2 + 2S_2O_3^{2-} \longrightarrow 2I^- + S_4O_6^{2-}$$

2. 实验材料与试剂

海带、紫菜、裙带菜等藻类及其制品，市售；无水碳酸钠、液溴、硫酸、甲酸钠、硫代硫酸钠、碘化钾、甲基橙、可溶性淀粉，均为分析纯；水，为 GB/T6682 规定的二级水。

碳酸钠溶液（50 g/L）：称取 5 g 无水碳酸钠，溶于 100 mL 水中。

饱和溴水：量取 5 mL 液溴，倒入塞子涂有凡士林的棕色玻璃瓶中，加水 100 mL，充分振荡，使其成为饱和溶液（溶液底部留有少量溴液，操作应在通风橱内进行）。

硫酸溶液（3 mo1/L）：量取 180 mL 硫酸，缓缓注入盛有 700 mL 水的烧杯中，并不断搅拌，冷却至室温，用水稀释至 1000 mL，混匀。

硫酸溶液（1 mo1/L）：量取 57 mL 硫酸，按上述配制硫酸溶液（3 mol/L）的方法配制。

碘化钾溶液（150 g/L）：称取 15.0 g 碘化钾，用水溶解并稀释至 100 mL，储存于棕色瓶中，现用现配。

甲酸钠溶液（200 g/L）：称取 20.0 g 甲酸钠，用水溶解并稀释至 100 mL。

硫代硫酸钠标准溶液（0.01 mol/L）：按 GB/T 601 中的规定配制及标定。

甲基橙溶液（1 g/L）：称取 0.1 g 甲基橙粉末，溶于 100 mL 水中。

淀粉溶液（5 g/L）：称取 0.5 g 淀粉，置于 200 mL 烧杯中，加入 5 mL 水调成糊状，再倒入 100 mL 沸水，搅拌后再煮沸 0.5 min，冷却备用，现用现配。

3. 实验仪器

组织捣碎机、高速粉碎机、分析天平、电热恒温干燥箱、马弗炉、瓷坩埚、可调式电热炉、碘量瓶、棕色酸式滴定管、微量酸式滴定管。

4. 实验步骤

（1）试样的制备。

干样品经高速粉碎机粉碎，通过孔径为 425 μm 的标准筛，避光密闭保存或低温冷藏。

鲜、冻样品取可食部分匀浆后，密闭冷藏或冷冻保存。

海藻浓缩汁或海藻饮料等液态样品，混匀后取样。

（2）试样的测定。

①称取试样 2～5 g（精确至 0.1 mg），置于 50 mL 瓷坩埚中，加入 5～10 mL 碳酸钠溶液，使试样充分浸润，静置 5 min，于 101℃～105℃电热恒温干燥箱中干燥 3 h，将样品烘干，取出。

②在通风橱内用电炉加热，使试样充分炭化至无烟，置于（550±25）℃马弗炉中灼烧 40 min，冷却至 200℃左右，取出。在坩埚中加入少量水研磨，将溶液及残渣全部转入 250 mL 烧杯中，坩埚用水冲洗数次并入烧杯中，烧杯中溶液总量约为 150 mL～200 mL，煮沸 5 min。

③对于碘含量较高的样品（海带及其制品等），将②得到的溶液及残渣趁热用滤纸过滤至 250 mL 容量瓶中，烧杯及漏斗内残渣用热水反复冲洗，冷却，定容。然后准确移取适量滤液于 250 mL 碘量瓶中，备用。

④对于其他样品，将②得到的溶液及残渣趁热用滤纸过滤至 250 mL 碘量瓶中，备用。

⑤在碘量瓶中加入 2～3 滴甲基橙溶液，用 1 mol/L 硫酸溶液调至红色，在通风橱内加入 5 mL 饱和溴水，加热煮沸至黄色消失。稍冷后加入 5 mL 甲酸钠溶液，在电炉上加热煮沸 2 min，取下，用水浴冷却至 30℃以下，再加入 5 mL 3 mol/L 硫酸溶液、5 mL碘化钾溶液，盖上瓶盖，放置 10 min，用硫代硫酸钠标准溶液滴定至溶液呈浅黄色，加入 1 mL 淀粉溶液，继续滴定至蓝色恰好消失。同时做空白实验，分别记录消耗的硫代硫酸钠标准溶液的体积 V、V_0。

5. 实验结果的分析与计算

（1）试样中碘的含量按下式计算：

$$X_1 = \frac{(V - V_0) \times c \times 21.15 \times V_1}{V_2 \times m_1} \times 1000$$

式中，X_1——试样中碘的含量，单位为毫克/千克（mg/kg）；

V——滴定样液消耗硫代硫酸钠标准溶液的体积，单位为毫升（mL）；

V_0——空白实验时消耗硫代硫酸钠标准溶液的体积，单位为毫升（mL）；

c——硫代硫酸钠标准溶液的浓度，单位为摩尔/升（mol/L）；

21.15——与 1 mL 硫代硫酸钠标准滴定溶液［$c(Na_2S_2O_3)$ =1.000 mol/L］相当的碘的质量，单位为毫克（mg）；

V_1——碘含量较高样液的定容体积，单位为毫升（mL）；

V_2——移取碘含量较高滤液的体积，单位为毫升（mL）；

m_1——试样的质量，单位为克（g）；

1000——单位换算系数。

计算结果保留至小数点后一位。

第二法 砷铈催化分光光度法

1. 实验原理

采用碱灰化处理试样，使用碘催化砷铈反应，反应速度与碘含量成定量关系。

$$H_3AsO_3 + 2Ce^{4+} + H_2O \longrightarrow H_3AsO_4 + 2Ce^{3+} + 2H^+$$

反应体系中，Ce^{4+}为黄色，Ce^{3+}为无色，用分光光度计测定剩余Ce^{4+}的吸光度值，碘含量与吸光度值的对数呈线性关系，计算试样中碘的含量。

2. 实验材料与试剂

粮食、蔬菜、水果、豆类及其制品、乳及其制品、肉类、鱼类、蛋类等，市售；无水碳酸钾、硫酸锌（$ZnSO_4 \cdot 7H_2O$）、氯酸钾（$KClO_3$）、氢氧化钠、三氧化二砷、氯化钠、硫酸铈铵，均为分析纯；硫酸、碘化钾，均为优级纯；水，为 GB/T 6682 规定的二级水。

碳酸钾—氯化钠混合溶液：称取 30 g 无水碳酸钾和 5 g 氯化钠，溶于 100 mL 水中。常温下可保存 6 个月。

硫酸锌—氯酸钾混合溶液：称取 5 g 氯酸钾于烧杯中，加入 100 mL 水，加热溶解，加入 10 g 硫酸锌，搅拌溶解。常温下可保存 6 个月。

硫酸溶液（2.5 mol/L）：量取 140 mL 硫酸，缓缓注入盛有 700 mL 水的烧杯中，并不断搅拌，冷却至室温，用水稀释至 1000 mL，混匀。

亚砷酸溶液（0.054 mol/L）：称取 5.3 g 三氧化二砷、12.5 g 氯化钠和 2.0 g 氢氧化钠，置于 1 L 烧杯中，加水约 500 mL，加热至完全溶解后冷却至室温，再缓慢加入 400 mL 2.5 mol/L 硫酸溶液，冷却至室温后用水稀释至 1 L，储存于棕色瓶中。常温下可保存 6 个月。（三氧化二砷以及配制的亚砷酸溶液均为剧毒品，应遵守有关剧毒品的操作规程）

硫酸铈铵溶液（0.015 mol/L）：称取 9.5 g 硫酸铈铵［$Ce(NH_4)_4(SO_4)_4 \cdot 2H_2O$］或 10.0 g［$Ce(NH_4)_4(SO_4)_4 \cdot 4H_2O$］，溶于 500 mL 2.5 mol/L 硫酸溶液中，用水稀释至 1 L，储存于棕色瓶中。常温下可避光保存 3 个月。

氢氧化钠溶液（2 g/L）：称取 4.0 g 氢氧化钠，溶于 2000 mL 水中。

碘标准储备液（100 μg/mL）：准确称取 0.1308 g 碘化钾（优级纯，经硅胶干燥器干燥 24 h），置于 500 mL 烧杯中，用氢氧化钠溶液溶解后全部移入 1000 mL 容量瓶中，用氢氧化钠溶液定容。置于 4℃冰箱内可保存 6 个月。

碘标准中间溶液（10 μg/mL）：准确吸取 10.00 mL 碘标准储备液，置于 100 mL 容量瓶中，用氢氧化钠溶液定容。置于 4℃冰箱内可保存 3 个月。

碘标准系列工作液：准确吸取碘标准中间溶液 0 mL，0.5 mL，1.0 mL，2.0 mL，3.0 mL，4.0 mL，5.0 mL，分别置于 100 mL 容量瓶中，用氢氧化钠溶液定容，碘含量分别为 0 μg/L，50 μg/L，100 μg/L，200 μg/L，300 μg/L，400 μg/L，500 μg/L。置于 4℃冰箱内可保存 1 个月。

3. 实验仪器

马弗炉、恒温水浴箱、分光光度计、瓷坩埚、电热恒温干燥箱、可调式电热炉、涡旋混合器、分析天平等。

4. 实验步骤

（1）试样的制备。

粮食试样：稻谷去壳，其他粮食除去可见杂质，取有代表性试样 20～50 g，粉碎，通过孔径为 425 μm 的标准筛。

蔬菜、水果：取可食部分，洗净、晾干、切碎、混匀，称取 100～200 g 试样，制备成匀浆或经 105℃干燥 5 h，粉碎，通过孔径为 425 μm 的标准筛。

奶粉、牛奶：直接称样。

肉、鱼、禽和蛋类：制备成匀浆。

如需将湿样的碘含量换算成干样的碘含量，应按照 GB 5009.3—2016 的规定测定食品中水分的含量。

（2）试样前处理。

分别移取 0.5 mL 碘标准系列工作液（含碘量分别为 0 ng，25 ng，50 ng，100 ng，150 ng，200 ng，250 ng）和称取 0.3～1.0 g 试样（精确至 0.1 mg）于瓷坩埚中，固体试样加 1～2 mL 水（液体样、匀浆样和标准溶液不需加水），各加入 1 mL 碳酸钾—氯化钠混合溶液，1 mL 硫酸锌—氯酸钾混合溶液，充分搅拌均匀。将碘标准系列工作液和试样置于 105℃电热恒温干燥箱中干燥 3 h。在通风橱中将干燥后的试样在可调式电热炉上炭化约 30 min，炭化时瓷坩埚加盖留缝，直到试样不再冒烟为止。碘标准系列工作液不需炭化。将碘标准系列工作液和炭化后的试样加盖置于马弗炉中，调节温度至 600℃灰化 4 h，待炉温降至 200℃后取出。灰化好的试样应呈现均匀的白色或浅灰白色。

（3）标准曲线的绘制及试样溶液的测定。

向灰化后的坩埚中各加入 8 mL 水，静置 1 h，使烧结在坩埚上的灰分充分浸润，搅拌溶解盐类物质，再静置至少 1 h 使灰分沉淀完全（静置时间不得超过 4 h）。小心吸取上清液 2.0 mL 于试管中（注意不要吸入沉淀物）。碘标准系列工作液按照从高浓度到低浓度的顺序排列，向各管加入 1.5 mL 亚砷酸溶液，用涡旋混合器充分混匀，使气体放出，然后置于（30±0.2）℃恒温水浴箱中温浴 15 min。

使用秒表计时，每管间隔时间相同（一般为 30 s 或 20 s），依顺序向各管准确加入 0.5 mL硫酸铈铵溶液，立即用涡旋混合器混匀，放回水浴中。自第一管加入硫酸铈铵溶液后准确反应 30 min 时，依顺序每管间隔相同时间（一般为 30 s 或 20 s），用 1 cm 比色杯于 405 nm 波长处，用水作参比，测定各管的吸光度值。以吸光度值的对数值为横坐标，以碘质量为纵坐标，绘制标准曲线。根据标准曲线计算试样中碘的质量（m_2）。

5. 实验结果的分析与计算

试样中碘的含量按下式计算：

$$X_2 = \frac{m_2}{m_3}$$

式中，X_2——试样中碘的含量，单位为微克/千克（μg/kg）；

m_2——从标准曲线中查得的试样中碘的质量，单位为纳克（ng）；

m_3——试样的质量，单位为克（g）。

计算结果保留至小数点后一位。

第三法　气相色谱法

1. 实验原理

试样中的碘在硫酸条件下与丁酮反应生成丁酮与碘的衍生物，经气相色谱分离，电子捕获检测器检测，外标法定量。

2. 实验材料与试剂

婴幼儿食品和乳品等，市售；淀粉酶（酶活力≥1.5 U/mg）、过氧化氢（体积分数为30%）、亚铁氰化钾［$K_4Fe(CN)_6 \cdot 3H_2O$］、乙酸锌、无水硫酸钠，均为分析纯；丁酮、正己烷，均为色谱纯；硫酸、碘化钾或碘酸钾，均为优级纯；水，为GB/T 6682规定的二级水。

过氧化氢（3.5%）：量取11.7 mL过氧化氢，用水稀释至100 mL。

亚铁氰化钾溶液（109 g/L）：称取109 g亚铁氰化钾，用水溶解并定容至1000 mL容量瓶中。

乙酸锌溶液（219 g/L）：称取219 g乙酸锌，用水溶解并定容至1000 mL容量瓶中。

碘标准储备液（1.0 mg/mL）：称取131.0 mg碘化钾（优级纯，精确至0.1 mg）或168.5 mg碘酸钾（优级纯，精确至0.1 mg），用水溶解并定容至100 mL。(5±1)℃冷藏可保存1周。

碘标准工作液（1.0 μg/mL）：准确移取10.0 mL碘标准储备液，用水定容至100 mL混匀，再移取1.0 mL浓度为100 μg/mL的碘溶液，用水定容至100 mL，混匀，临用前配制。

3. 实验仪器

气相色谱仪、分析天平、恒温箱等。

4. 实验步骤

（1）试样预处理。

①不含淀粉的试样。

称取混合均匀的固体试样5 g，液体试样20 g（精确至0.1 mg）于150 mL锥形瓶中，固体试样用25 mL约40℃的热水溶解。

②含淀粉的试样。

称取混合均匀的固体试样 5 g，液体试样 20 g（精确至 0.1 mg）于 150 mL 锥形瓶中，加入 0.2 g 淀粉酶，固体试样用 25 mL 约 40℃的热水充分溶解，置于 60℃恒温箱中酶解 30 min，取出冷却。

（2）试样测定液的制备。

①沉淀。

将上述处理过的试样溶液转入 100 mL 容量瓶中，加入 5 mL 亚铁氰化钾溶液和 5 mL乙酸锌溶液，用水定容，充分振摇后静置 10 min，过滤，吸取滤液 10 mL 于 100 mL分液漏斗中，加入 10 mL 水。

②衍生与提取。

向分液漏斗中加入 0.7 mL 硫酸、0.5 mL 丁酮、2.0 mL 过氧化氢（3.5%），充分混匀，室温下保持 20 min，加入 20 mL 正己烷，振荡萃取 2 min。静置分层后，将水相移入另一分液漏斗中，再进行第二次萃取。合并有机相，用水洗涤 2～3 次。通过无水硫酸钠过滤脱水后移入 50 mL 容量瓶中，用正己烷定容，此为试样测定液。

③碘标准系列溶液的制备。

分别移取 1.0 mL，2.0 mL，4.0 mL，8.0 mL，12.0 mL 碘标准工作液，相当于 1.0 μg，2.0 μg，4.0 μg，8.0 μg，12.0 μg 的碘，其他分析步骤同上述②。

（3）仪器参考条件。

色谱柱：DB－5 石英毛细管柱（柱长 30 m，内径 0.32 mm，膜厚 0.25 μm），或具同等性能的色谱柱。

进样口温度：260℃。

ECD 检测器温度：300℃。

分流比：1∶1。

进样量：1.0 μL。

参考程序升温，见表 4－6。

表 4－6　程序升温

升温速率（℃/min）	温度（℃）	持续时间（min）
—	50	9
30	220	3

（4）标准曲线的绘制。

将碘标准系列溶液分别注入气相色谱仪中得到相应的峰面积（或峰高），以碘标准系列溶液中碘的质量为横坐标，以相应的峰面积（或峰高）为纵坐标，绘制标准曲线。

（5）试样溶液的测定。

将试样溶液注入气相色谱仪中得到峰面积（或峰高），从标准曲线中获得试样中碘的质量（m_4）。

5. 实验结果的分析与计算

试样中碘的含量按下式计算：

$$X_3 = \frac{m_4}{m_5} \times f$$

式中，X_3——试样中碘的含量，单位为毫克/千克（mg/kg）；

m_4——从标准曲线中查得的试样中碘的质量，单位为微克（μg）；

m_5——试样的质量，单位为克（g）；

f——试样稀释倍数。

计算结果保留至小数点后两位。

6. 注意事项

（1）在重复性条件下获得的两次独立测定结果的绝对差值不得超过算术平均值的 10％。

（2）氧化还原滴定法的检出限为 1.4 mg/kg；砷铈催化分光光度法的检出限为 3 μg/kg；气相色谱法的检出限为 0.02 mg/kg，定量限为 0.07 mg/kg。

7. 思考题

氧化还原滴定法是否适用于婴幼儿食品中碘含量的测定？气相色谱法是否适用于水果制品中碘含量的测定？为什么？

实验 23　食品中锌含量的测定

1. 实验目的

（1）了解食品中锌含量的测定方法。

（2）掌握电感耦合等离子体发射光谱仪的使用方法。

（3）区分电感耦合等离子体发射光谱法（ICP－OES）和电感耦合等离子体质谱法（ICP－MS）。

2. 实验原理

食品样品消解后，由电感耦合等离子体发射光谱仪测定，以元素的特征谱线波长定性；待测元素谱线信号强度与元素浓度成正比进行定量分析。

3. 实验材料与试剂

食品样品，市售；硝酸、高氯酸、氩气（≥99.995％或液氩），均为分析纯；水，为 GB/T 6682 规定的二级水。

硝酸溶液（5＋95）：取 50 mL 硝酸，缓慢加入 950 mL 水中，混匀。

硝酸—高氯酸混合溶液（10+1）：取 10 mL 高氯酸，缓慢加入 100 mL 硝酸中，混匀。

元素储备液（1000 mg/L 或 10000 mg/L）：锌，采用经国家认证并授予标准物质证书的锌元素标准储备液。

锌标准系列溶液：精确吸取适量锌元素标准储备液，用硝酸溶液（5+95）逐级稀释配成混合标准系列溶液，该系列溶液中锌的质量浓度分别为 0.250 mg/L，1.00 mg/L，2.50 mg/L，4.00 mg/L，5.00 mg/L。

注：依据样品溶液中元素质量浓度水平，可适当调整标准系列溶液中元素质量浓度范围。

4. 实验仪器

电感耦合等离子体发射光谱仪、分析天平、微波消解仪、压力消解器、恒温干燥箱、可调式电热板、马弗炉、可调式电热炉、匀浆机、高速粉碎机等。

5. 实验步骤

（1）试样的制备。

①固态样品。

干样：豆类、谷物、菌类、茶叶、干制水果、焙烤食品等低含水量样品，取可食部分，必要时经高速粉碎机粉碎均匀；固体乳制品、蛋白粉、面粉等呈均匀状的粉状样品，摇匀。

鲜样：蔬菜、水果、水产品等高含水量样品必要时洗净，晾干，取可食部分匀浆均匀；肉类、蛋类等样品，取可食部分匀浆均匀。

速冻及罐头食品：经解冻的速冻及罐头食品样品，取可食部分匀浆均匀。

②液态样品：软饮料、调味品等样品摇匀。

③半固态样品：搅拌均匀。

（2）试样的消解。（注：可根据试样中待测元素的含量水平和检测水平要求选择相应的消解方法及消解容器）

①微波消解法。

称取固体样品 0.2～0.5 g（精确至 0.001 g，含水分较多的样品可适当增加取样量至 1 g）或准确移取液体试样 1.00～3.00 mL 于微波消解内罐中，含乙醇或二氧化碳的样品先在电热板上低温加热除去乙醇或二氧化碳，加入 5～10 mL 硝酸，加盖放置 1 h 或过夜，旋紧罐盖，按照微波消解仪标准操作步骤进行消解（微波消解参考条件见表 4-7）。冷却后取出，缓慢打开罐盖排气，用少量水冲洗内盖，将消解罐放在控温电热板上或超声水浴箱中，于 100℃加热 30 min 或超声脱气 2～5 min，用水定容至25 mL 或50 mL，混匀备用，同时做空白实验。

表 4-7　微波消解参考条件

步骤	设定温度（℃）	升温时间（min）	恒温时间（min）
1	120	5	5

续表4－7

步骤	设定温度（℃）	升温时间（min）	恒温时间（min）
2	150	5	10
3	190	5	20

②压力罐消解法。

称取固体干样 0.2～1 g（精确至 0.001 g，含水分较多的样品可适当增加取样量至 2 g）或准确移取液体试样 1.00～5.00 mL 于消解内罐中，含乙醇或二氧化碳的样品先在电热板上低温加热除去乙醇或二氧化碳，加入 5 mL 硝酸，放置 1 h 或过夜，旋紧不锈钢外套，放入恒温干燥箱消解（压力罐消解参考条件见表 4－8），于 150℃～170℃消解 4 h，冷却后，缓慢旋松不锈钢外套，将消解内罐取出，在控温电热板上或超声水浴箱中，于 100℃加热 30 min 或超声脱气 2～5 min，用水定容至 25 mL 或 50 mL，混匀备用，同时做空白实验。

表 4－8　压力罐消解参考条件

步骤	设定温度（℃）	升温时间（min）	恒温时间（h）
1	80	—	2
2	120	—	2
3	160～170	—	4

③湿式消解法。

准确称取 0.5～5 g（精确至 0.001 g）或准确移取 2.00～10.0 mL 试样于玻璃或聚四氟乙烯消解器皿中，含乙醇或二氧化碳的样品先在电热板上低温加热除去乙醇或二氧化碳，加 10 mL 硝酸—高氯酸混合溶液（10+1），于电热板上或石墨消解装置上消解，消解过程中消解液若变为棕黑色，可适当补加少量混合酸，直至冒白烟，消化液呈无色透明或略带黄色，冷却，用水定容至 25 mL 或 50 mL，混匀备用，同时做空白实验。

④干式消解法。

准确称取 1～5 g（精确至 0.01 g）或准确移取 10.0～15.0 mL 试样于坩埚中，置于 500℃～550℃的马弗炉中灰化 5～8 h，冷却。若灰化不彻底有黑色炭粒，则冷却后滴加少许硝酸湿润，在电热板上干燥后，移入马弗炉中继续灰化成白色灰烬，冷却取出，加入 10 mL 硝酸溶液溶解，并用水定容至 25 mL 或 50 mL，混匀备用；同时做空白实验。

（3）仪器参考条件。

优化仪器操作条件，使待测元素的灵敏度等指标达到分析要求，编辑测定方法，选择各待测元素合适分析谱线。仪器操作参考条件如下：

①观测方式：垂直观测。若仪器具有双向观测方式，高浓度元素，如钾、钠、钙、镁等元素采用垂直观测方式，其余采用水平观测方式。

②功率：1150 W；等离子气流量：15 L/min；辅助气流量：0.5 L/min；雾化气气体流量：0.65 L/min；分析泵速：50 r/min。

③待测锌元素推荐分析谱线是206.2/213.8 nm。

（4）标准曲线的绘制。

将标准系列工作溶液注入电感耦合等离子体发射光谱仪中，测定待测元素分析谱线的强度信号响应值，以待测元素的浓度为横坐标，其分析谱线强度响应值为纵坐标，绘制标准曲线。

（5）试样溶液的测定。

将空白溶液和试样溶液分别注入电感耦合等离子体发射光谱仪中，测定待测元素分析谱线强度的信号响应值，根据标准曲线得到消解液中待测元素的浓度。

6. 实验结果的分析与计算

试样中待测元素的含量按下式计算：

$$X = \frac{(\rho - \rho_0) \times V \times f}{m}$$

式中，X——试样中待测元素的含量，单位为毫克/千克或毫克/升（mg/kg或mg/L）；

ρ——试样溶液中被测元素的浓度，单位为毫克/升（mg/L）；

ρ_0——空白溶液中被测元素的浓度，单位为毫克/升（mg/L）；

V——试样消化液的定容体积，单位为毫升（mL）；

f——试样稀释倍数；

m——试样称取质量或移取体积，单位为克或毫升（g或mL）。

计算结果保留三位有效数字。

7. 注意事项

（1）样品中各元素含量大于1 mg/kg时，在重复性条件下获得的两次独立测定结果的绝对差值不得超过算术平均值的10%；小于或等于1 mg/kg且大于0.1 mg/kg时，在重复性条件下获得的两次独立测定结果的绝对差值不得超过算术平均值的15%；小于或等于0.1 mg/kg时，在重复性条件下获得的两次独立测定结果的绝对差值不得超过算术平均值的20%。

（2）固体样品以0.5 g定容体积至50 mL，液体样品以2 mL定容体积至50 mL计算。本方法各元素的检出限1是0.5 mg/kg，检出限2是0.2 mg/L，定量限1是2 mg/kg，定量限2是0.5 mg/L。样品前处理方法为微波消解法及压力罐消解法。

8. 思考题

（1）简述ICP−OES与ICP−MS的相同点与不同点。

（2）ICP−OES还可用于检测食品中的哪些元素？

实验 24 食品中硒含量的测定

1. 实验目的

(1) 了解食品中硒含量的测定方法。
(2) 掌握氢化物原子荧光光谱仪的使用方法。

2. 实验原理

试样经酸加热消化后，在 6 mol/L 盐酸介质中，将试样中的六价硒还原成四价硒，用硼氢化钠或硼氢化钾作还原剂，将四价硒在盐酸介质中还原成硒化氢，由载气（氩气）带入原子化器中进行原子化，在硒空心阴极灯照射下，基态硒原子被激发至高能态，在去活化回到基态时，发射出特征波长的荧光，其荧光强度与硒含量成正比，与标准系列溶液比较定量。

3. 实验材料与试剂

食品样品，市售；硝酸、高氯酸、盐酸、氢氧化钠、过氧化氢、硼氢化钠、铁氰化钾，均为分析纯；水，为 GB/T 6682 规定的二级水。

硝酸—高氯酸混合酸（9+1）：将 900 mL 硝酸与 100 mL 高氯酸混匀。

氢氧化钠溶液（5 g/L）：称取 5 g 氢氧化钠，溶于 1000 mL 水中，混匀。

硼氢化钠碱溶液（8 g/L）：称取 8 g 硼氢化钠，溶于氢氧化钠溶液（5 g/L）中，混匀，现配现用。

盐酸溶液（6 mol/L）：量取 50 mL 盐酸，缓慢加入 40 mL 水中，冷却后用水定容至 100 mL，混匀。

铁氰化钾溶液（100g/L）：称取 10 g 铁氰化钾，溶于 100 mL 水中，混匀。

盐酸溶液（5+95）：量取 25 mL 盐酸，缓慢加入 475 mL 水中，混匀。

硒标准溶液：1000 mg/L，或经国家认证并授予标准物质证书的一定浓度的硒标准溶液。

硒标准中间液（100 mg/L）：准确吸取 1.00 mL 硒标准溶液（1000 mg/L）于 10 mL容量瓶中，用盐酸溶液（5+95）定容至刻度，混匀。

硒标准使用液（1.00 mg/L）：准确吸取硒标准中间液（100 mg/L）1.00 mL 于 100 mL 容量瓶中，用盐酸溶液（5+95）定容至刻度，混匀。

硒标准系列溶液：分别准确吸取硒标准使用液（1.00 mg/L）0 mL，0.500 mL，1.00 mL，2.00 mL，3.00 mL 于 100 mL 容量瓶中，加入 10 mL 铁氰化钾溶液（100 g/L），用盐酸溶液（5+95）定容至刻度，混匀待测。此硒标准系列溶液中硒的质量浓度分别为 0 μg/L，5.00 μg/L，10.0 μg/L，20.0 μg/L，30.0 μg/L。

注：可根据仪器的灵敏度及样品中硒的实际含量确定标准系列溶液中硒的质量浓度。

4. 实验仪器

原子荧光光谱仪、分析天平、电热板、微波消解系统。

注：所有玻璃器皿及聚四氟乙烯消解内罐均需用硝酸溶液（1+5）浸泡过夜，用自来水反复冲洗，最后用水冲洗干净。

5. 实验步骤

（1）试样的制备。

粮食、豆类：样品去除杂物后，粉碎，储于塑料瓶中。

蔬菜、水果、鱼类、肉类等：样品用水洗净，晾干，取可食部分制成匀浆，储于塑料瓶中。

饮料、酒、醋、酱油、食用植物油、液态乳等液体：将样品摇匀。

（2）试样的消解。

①湿法消解。

称取固体试样 0.5～3 g（精确至 0.001 g）或准确移取液体试样 1.00～5.00 mL，置于锥形瓶中，加 10 mL 硝酸—高氯酸混合酸（9+1）及几粒玻璃珠，盖上表面皿消化过夜。次日于电热板上加热，并及时补加硝酸。当溶液变为清亮无色并伴有白烟产生时，再继续加热至剩余体积为 2 mL 左右，切不可蒸干。冷却，再加 5 mL 盐酸溶液（6 mol/L），继续加热至溶液变为清亮无色并伴有白烟出现。冷却后转移至 10 mL 容量瓶中，加入 2.5 mL 铁氰化钾溶液（100 g/L），用水定容，混匀待测。同时做试剂空白实验。

②微波消解。

称取固体试样 0.2～0.8 g（精确至 0.001 g）或准确移取液体试样 1.00～ 3.00 mL，置于消化管中，加 10 mL 硝酸、2 mL 过氧化氢，振摇混合均匀，于微波消解仪中消化，微波消解参考条件见表 4－9（可根据不同的仪器自行设定消解条件）。消解结束待冷却后，将消化液转入锥形烧瓶中，加几粒玻璃珠，在电热板上继续加热至近干，切不可蒸干。再加 5 mL 盐酸溶液（6 mol/L），继续加热至溶液变为清亮无色并伴有白烟产生，冷却，转移至 10 mL 容量瓶中，加入 2.5 mL 铁氰化钾溶液（100 g/L），用水定容，混匀待测。同时做试剂空白实验。

表 4－9　微波消解参考条件

步骤	设定温度（℃）	升温时间（min）	恒温时间（min）
1	120	6	1
2	150	3	5
3	200	5	10

（3）仪器参考条件。

根据各自仪器性能调至最佳状态。

参考条件：负高压，340 V；灯电流，100 mA；原子化温度，800℃；炉高，8 mm；载气流速，500 mL/min；屏蔽气流速，1000 mL/min；测量方式，标准曲线法；读数方式，峰面积；延迟时间，1 s；读数时间，15 s；加液时间，8 s；进样体积，2 mL。

（4）标准曲线的绘制。

以盐酸溶液（5+95）为载流，硼氢化钠碱溶液（8 g/L）为还原剂，连续用标准系列溶液的零管进样，待读数稳定之后，将硒标准系列溶液按浓度由低到高的顺序分别导入仪器，测定其荧光强度，以溶液浓度为横坐标，荧光强度为纵坐标，绘制标准曲线。

（5）试样溶液的测定。

在与测定标准系列溶液相同的实验条件下，将空白溶液和试样溶液分别导入仪器，测定其荧光强度，与标准系列溶液比较定量。

6. 实验结果的分析与计算

试样中硒的含量按下式计算：

$$X = \frac{(\rho - \rho_0) \times V}{m \times 1000}$$

式中，X——试样中硒的含量，单位为毫克/千克或毫克/升（mg/kg 或 mg/L）；

ρ——试样溶液中硒的浓度，单位为微克/升（μg/L）；

ρ_0——空白溶液中硒的浓度，单位为微克/升（μg/L）；

V——试样消化液的定容体积，单位为毫升（mL）；

m——试样称取质量或移取体积，单位为克或毫升（g 或 mL）；

1000——单位换算系数。

7. 注意事项

（1）当硒含量≥1.00 mg/kg 或 1.00 mg/L 时，计算结果保留三位有效数字；当硒含量<1.00 mg/kg 或 1.00 mg/L 时，计算结果保留两位有效数字。

（2）在重复性条件下获得的两次独立测定结果的绝对差值不得超过算术平均值的 20%。

（3）当试样称取质量为 1 g 或移取体积为 1 mL，定容体积为 10 mL 时，方法的检出限为0.002 mg/kg 或 0.002 mg/L，定量限为 0.006 mg/kg 或 0.006 mg/L。

8. 思考题

（1）除了本方法外，还有哪些常见方法可用于食品中硒含量的测定？

（2）两种常用来检测食品中矿物元素的方法——原子荧光光谱法和原子吸收光谱法的相同点和不同点分别是什么？

（任尧）

第5章　酸度的测定

实验25　食品中总酸度的测定

1. 实验目的

(1) 了解食品中总酸度测定的意义。
(2) 掌握酸碱滴定法测定食品中总酸度的原理与操作。

2. 实验原理

根据酸碱中和原理，用碱液滴定试液中的酸，以酚酞为指示剂确定滴定终点，根据碱液的消耗量计算食品中总酸的含量。

3. 实验材料与试剂

食品样品，市售；氢氧化钠、酚酞、邻苯二甲酸氢钾、无水乙醇，均为分析纯；水，为GB/T 6682规定的二级水。

氢氧化钠标准滴定溶液（0.1 mol/L）：称取110 g氢氧化钠，溶于100 mL无二氧化碳的蒸馏水中，摇匀，注入聚乙烯容器中，密闭放置至溶液清亮。用塑料管取上层清液5.4 mL，用无二氧化碳的蒸馏水稀释至1000 mL，摇匀。称取0.75 g于105℃～110℃电烘箱中干燥至恒重的工作基准试剂邻苯二甲酸氢钾，加50 mL无二氧化碳的蒸馏水溶解，加2滴酚酞指示液（10 g/L），用配制好的氢氧化钠溶液滴定至溶液呈粉红色，并保持30 s不褪色。同时做空白实验。

氢氧化钠标准滴定溶液（0.01 mol/L）：量取100 mL氢氧化钠标准滴定溶液（0.1 mol/L），用无二氧化碳的蒸馏水稀释到1000 mL（使用当天稀释）。

氢氧化钠标准滴定溶液（0.05 mol/L）：量取100 mL氢氧化钠标准滴定溶液（0.1 mol/L），用无二氧化碳的蒸馏水稀释到200 mL（使用当天稀释）。

酚酞溶液（1%）：称取1 g酚酞，溶于60 mL 95%乙醇中，用水稀释至100 mL。

4. 实验仪器

组织捣碎机、水浴锅、研钵、冷凝管、分析天平等。

5. 实验步骤

（1）试样的制备。

①液体样品。

不含二氧化碳的样品：充分混合均匀，置于密闭玻璃容器内。

含二氧化碳的样品：至少称取 200 g 样品，置于 500 mL 烧杯中，在电炉上边搅拌边加热至微沸腾，保持 2 min，称量，用煮沸过的水补充至煮沸前的质量，置于密闭玻璃容器内。

②固体样品。

称取有代表性的样品至少 200 g，置于研钵或组织捣碎机中，加入与样品等量的煮沸过的水，用研钵研碎，或用组织捣碎机捣碎，混匀后置于密闭玻璃容器内。

③固液样品。

按样品的固、液体比例至少称取 200 g，用研钵研碎，或用组织捣碎机捣碎，混匀后置于密闭玻璃容器内。

（2）试液的制备。

总酸含量小于或等于 4 g/kg 的试样：将制备好的试样用快速滤纸过滤，收集滤液，用于测定。

总酸含量大于 4 g/kg 的试样：称取 10～50 g 制备好的试样（精确至 0.001 g），置于 100 mL 烧杯中。用约 80℃ 煮沸过的水将烧杯中的内容物转移到 250 mL 容量瓶中（总体积约 150 mL），置于沸水浴中煮沸 30 min（摇动 2～3 次，使试样中的有机酸全部溶解于溶液中），取出，冷却至室温（约 20℃）。用煮沸过的水定容至 250 mL。用快速滤纸过滤。收集滤液，用于测定。

（3）分析步骤。

称取 25.000～50.000 g 试液，使之含 0.035～0.070 g 酸，置于 250 mL 三角瓶中。加 40～60 mL 水及 0.2 mol/L 1%酚酞指示剂，用 0.1 mol/L 氢氧化钠标准滴定溶液（如样品酸度较低，可用 0.01 mol/L 或 0.05 mol/L 氢氧化钠标准滴定溶液）滴至溶液呈微红色，并保持 30 s 不褪色。记录消耗 0.1 mol/L 氢氧化钠标准滴定溶液的体积（V_1）。

（4）空白实验。

用水代替试液，按分析步骤操作。记录消耗 0.1 mol/L 氢氧化钠标准滴定溶液的体积（V_2）。

6. 实验结果的分析与计算

食品中总酸的含量按下式计算：

$$X = \frac{c \times (V_1 - V_2) \times K \times f}{m} \times 1000$$

式中，X——试样中总酸的含量，单位为克/千克（g/kg）；

c——氢氧化钠标准滴定溶液的浓度，单位为摩尔/升（mol/L）；

V_1——滴定样液时消耗氢氧化钠标准滴定溶液的体积，单位为毫升（mL）；

V_2——空白实验时消耗氢氧化钠标准滴定溶液的体积，单位为毫升（mL）；

K——酸的换算系数：苹果酸，0.067；乙酸，0.060；酒石酸，0.075；柠檬酸，0.064；柠檬酸，0.070（含一分子结晶水）；乳酸，0.090；盐酸，0.036；磷酸，0.049；

f——样液稀释倍数；

m——试样的质量，单位为克（g）；

1000——单位换算系数。

注：计算结果保留至小数点后两位；同一样品，两次测定结果之差不得超过两次测定平均值的 2%。

7. 注意事项

（1）本方法适用于果蔬制品、饮料、乳制品、饮料酒、蜂产品、淀粉制品、谷物制品和调味品等食品中总酸的测定，不适用于有颜色或混浊不透明试液中总酸的测定。

（2）样品浸渍、稀释用的蒸馏水不能含有二氧化碳，因为二氧化碳溶于水中成为酸性的碳酸形式，影响滴定终点时酚酞颜色的变化，无二氧化碳的蒸馏水在使用前煮沸 15 min 并迅速冷却备用。必要时须经碱液抽真空处理。

（3）样品浸渍、稀释的用水量应根据样品中总酸的含量来慎重选择，为使误差不超过允许范围，一般要求滴定时消耗的 0.1 mol/L 氢氧化钠标准滴定溶液不得少于5 mL，最好在10～15 mL。

8. 思考题

在测定颜色较深的食品的总酸度时，滴定的终点不易观察，该如何处理？

实验 26　食品中挥发酸含量的测定

1. 实验目的

（1）了解食品中挥发酸含量测定的意义并掌握挥发酸的定义。

（2）掌握食品中挥发酸含量的测定方法。

（3）区别直接法和间接法的适用范围。

2. 实验原理

试样经酒石酸酸化后，用水蒸气蒸馏带出挥发性酸类。以酚酞为指示剂，用氢氧化钠标准溶液滴定馏出液。

3. 实验材料与试剂

食品样品，市售；酒石酸、鞣酸、氢氧化钙、氢氧化钠、酚酞，均为分析纯；水，为 GB/T 6682 规定的二级水。

氢氧化钙稀溶液：1 体积饱和氢氧化钙溶液加 4 体积水。

酚酞溶液（1%）：称取 1 g 酚酞，溶解在 100 mL 95%乙醇溶液中。

4．实验仪器

高速组织捣碎机、滴定管、移液管、锥形瓶、分析天平、蒸馏装置（蒸汽发生器、起泡器、分馏柱、连接器、冷凝管，如图 5－1 所示）等。

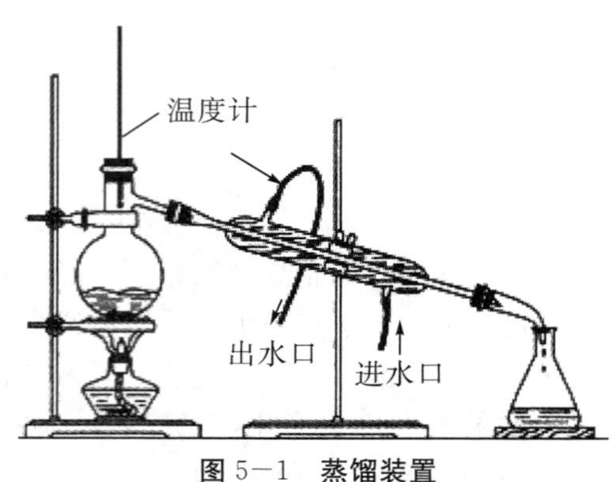

图 5－1　蒸馏装置

5．实验步骤

（1）样品的制备。

新鲜果蔬样品（苹果、橘子、冬瓜等）：取待测样品适量，洗净、沥干，可食部分按四分法取样于捣碎机中，加定量水捣成匀浆。多汁果蔬类可直接捣浆。

液体制品和容易分离出液体的制品（果汁、糖浆水、泡菜水等）：将样品充分混匀，若样品有固体颗粒，可过滤分离。若样品在发酵过程中或含有二氧化碳，用量筒量取约 100 mL 样品于 500 mL 长颈瓶中，在减压下振摇 2～3 min，除去二氧化碳。为避免形成泡沫，可在样品中加入少量消泡剂，如 50 mL 样品加入 0.2 g 鞣酸。

黏稠或固态制品（橘酱、果酱、干果等）：必要时除去果核、果籽，加定量水软化后于捣碎机中捣成匀浆。

冷冻制品（速冻马蹄、青刀豆等）：将冷冻制品于密闭容器中解冻后，定量转移至捣碎机中捣碎混匀。

（2）取样。

液体样品：用移液管吸取 20 mL 试样于起泡器中，如样品挥发性酸度强，可少取，但需加水至总容量为 20 mL。

黏稠的或固态的或冷冻制品：称取试样约（10±0.01）g 于起泡器中，加水至总容量为 20 mL。

（3）蒸馏。

将氢氧化钙稀溶液注入蒸汽发生器至其容积的 2/3，加 0.5 g 酒石酸和约 0.2 g 鞣酸于起泡器里的试样中。连接蒸馏装置，加热蒸汽发生器和起泡器。若起泡器内容物最初的容量超过 20 mL，调节加热量使容量浓缩到 20 mL。在整个蒸馏过程中，使起泡器内容物保持恒定（20 mL）。蒸馏时间约 15～20 min。

收集馏出液于锥形瓶中，直至馏出液体积为 250 mL 时停止蒸馏。

（4）滴定。

在 250 mL 馏出液中滴加 2 滴酚酞指示剂，用氢氧化钠标准溶液滴定至溶液呈淡粉红色，并保持 15 s 不褪色。

6. 实验结果的分析与计算

挥发性酸度以试样中乙酸的含量表示，分别由以下公式得到：

$$x_1 = \frac{cV \times 0.06 \times 100}{V_0}$$

式中，x_1——试样中乙酸的含量，单位为克/百毫升（g/100 mL）；

c——氢氧化钠标准溶液的浓度，单位为摩尔/升（mol/L）；

V——滴定样液时消耗氢氧化钠标准溶液的体积，单位为毫升（mL）；

V_0——试样的体积，单位为毫升（mL）；

0.06——与 1 mL 氢氧化钠标准滴定溶液［c（NaOH）=1.000 mol/L］相当的乙酸的质量；

100——单位换算系数。

$$x_2 = \frac{cV \times 0.06 \times 100}{m}$$

式中，x_2——试样中乙酸的含量，单位为克/百克（g /100 g）；

m——试样的质量，单位为克（g）；

c——氢氧化钠标准溶液的浓度，单位为摩尔/升（mol/L）；

V——滴定样液时消耗氢氧化钠标准溶液的体积，单位为毫升（mL）；

0.06——与 1 mL 氢氧化钠标准滴定溶液［c（NaOH）=1.000 mol/L］相当的乙酸的质量；

100——单位换算系数。

注：同一操作，连续两次测定结果之差不得超过 12 mg；若重复性符合要求，取连续两次测定值的算术平均值作为结果。

7. 注意事项

（1）本方法适用于所有新鲜果蔬产品，也适用于加或未加二氧化硫、山梨酸、苯甲酸、甲酸等化学防腐剂之一的果蔬制品挥发性酸含量的测定。

（2）若制品含二氧化硫、山梨酸、苯甲酸、甲酸等防腐剂，则测定馏出液中防腐剂的量，以校正滴定结果。

（3）若采用其他蒸馏装置时，需符合下述要求：

①在正常蒸馏条件下，从 250 mL 馏出液中测出加入样品中已知量的乙酸不得少于 99.5％。为此，用 20 mL 浓度为 0.1 mol/L 的标准乙酸溶液进行检验。

②在上述蒸馏条件下，从 250 mL 馏出液中测出加入样品中已知量的乳酸不超过 0.5%。为此，用 20 mL 浓度为 1.0 mol/L 的标准乳酸溶液进行检验。

③检验蒸汽发生器产生的蒸汽不应含有二氧化碳。即在正常蒸馏条件下，在 250 mL馏出液中加 2 滴酚酞指示剂和 0.1 mL 氢氧化钠标准滴定溶液，溶液应呈粉红色，并保持 10 s 不褪色。

8. 思考题

（1）挥发酸产生的主要原因是什么？为什么测定食品中挥发酸的含量选用水蒸气蒸馏法而不是直接蒸馏法？

（2）加入酒石酸和鞣酸的意义分别是什么？

实验 27　食品中有效酸度的测定

1. 实验目的

（1）了解食品中有效酸度的含义。

（2）了解食品中有效酸度测定的意义。

（3）掌握 pH 电位法测定食品中有效酸度的原理与操作。

2. 实验原理

根据酸碱中和原理，用碱液滴定试液中的酸，溶液的电位发生"突跃"时，即为滴定终点。根据碱液的消耗量计算食品中有效酸度的含量。

3. 实验材料与试剂

食品样品，市售；盐酸、无水碳酸钠、甲酚绿、甲基红、氢氧化钠、酚酞，均为分析纯；水，为 GB/T 6682 规定的二级水。

盐酸标准滴定溶液（0.1 mol/L）：量取盐酸溶液 9 mL，注入 1000 mL 蒸馏水中，摇匀。称取于 270℃～300℃高温炉中灼烧至恒量的工作基准试剂无水碳酸钠，溶于 50 mL水中，加 10 滴溴甲酚绿—甲基红指示液，用配制的盐酸溶液滴定至溶液由绿色变为暗红色，煮沸 2 min，加盖具钠石灰管的橡胶塞，冷却，继续滴定至溶液再呈暗红色。同时做空白实验。

氢氧化钠标准滴定溶液（0.1 mol/L）：称取 110 g 氢氧化钠，溶于 100 mL 无二氧化碳的蒸馏水中，摇匀，注入聚乙烯容器中，密闭放置至溶液清亮。用塑料管取上层清液 5.4 mL，用无二氧化碳的蒸馏水稀释至 1000 mL，摇匀。称取 0.75 g 于 105℃～110℃电烘箱中干燥至恒重的工作基准试剂邻苯二甲酸氢钾，加 50 mL 无二氧化碳的蒸馏水溶解，加 2 滴酚酞指示液（10 g/L），用配制好的氢氧化钠溶液滴定至溶液呈粉红色，并保持 30 s 不褪色。同时做空白实验。

氢氧化钠标准滴定溶液（0.01 mol/L）：量取 100 mL 氢氧化钠标准滴定溶液

（0.1 mol/L），用无二氧化碳的蒸馏水稀释到1000 mL（使用当天稀释）。

氢氧化钠标准滴定溶液（0.05 mol/L）：量取100 mL氢氧化钠标准滴定溶液（0.1 mol/L），用无二氧化碳的蒸馏水稀释到200 mL（使用当天稀释）。

盐酸标准滴定溶液（0.05 mol/L）：量取100 mL盐酸标准滴定溶液（0.1 mol/L），用无二氧化碳的蒸馏水稀释到200 mL（使用当天稀释）。

4. 实验仪器

酸度计、玻璃电极和饱和甘汞电极、电磁搅拌器、组织捣碎机、研钵、水浴锅、冷凝管等。

5. 实验步骤

（1）试样的制备。

①液体样品。

不含二氧化碳的样品：充分混合均匀，置于密闭玻璃容器内。

含二氧化碳的样品：至少称取200 g样品，置于500 mL烧杯中，在电炉上边搅拌边加热至微沸腾，保持2 min，称量，用煮沸过的水补充至煮沸前的质量，置于密闭玻璃容器内。

②固体样品。

称取有代表性的样品至少200 g，置于研钵或组织捣碎机中，加入与样品等量的煮沸过的水，用研钵研碎，或用组织捣碎机捣碎，混匀后置于密闭玻璃容器内。

③固液样品。

按样品的固、液体比例至少称取200 g，用研钵研碎，或用组织捣碎机捣碎，混匀后置于密闭玻璃容器内。

（2）试液的制备。

①总酸含量小于或等于4 g/kg的试样：将制备好的试样用快速滤纸过滤，收集滤液，用于测定。

②总酸含量大于4 g/kg的试样：称取10～50 g制备好的试样（精确至0.001 g），置于100 mL烧杯中。用约80℃煮沸过的水将烧杯中的内容物转移到250 mL容量瓶中（总体积约150 mL），置于沸水浴中煮沸30 min（摇动2～3次，使试样中的有机酸全部溶解于溶液中），取出，冷却至室温（约20℃）。用煮沸过的水定容至250 mL。用快速滤纸过滤。收集滤液，用于测定。

（3）分析步骤。

①果蔬制品、饮料、乳制品、饮料酒、淀粉制品、谷物制品和调味品等试液。

称取20.000～50.000 g制备好的试液，使之含0.035～0.070 g酸，置于150 mL烧杯中，加40～60 mL水。将酸度计电源接通，待指针稳定后用pH=8.0的缓冲液校正酸度计。将盛有试液的烧杯放到电磁搅拌器上，浸入玻璃电极和饱和甘汞电极。按下pH读数开关，开动搅拌器，迅速用0.1 mol/L氢氧化钠标准滴定溶液（如样品酸度低，可用0.01 mol/L或0.05 mol/L氢氧化钠标准滴定溶液）滴定，随时观察溶液pH

值的变化。接近滴定终点时，放慢滴定速度。一次滴加半滴（最多一滴），直至溶液的pH值达到终点。记录消耗氢氧化钠标准滴定溶液的体积（V_1）。

同一被测样品应测定两次。

②蜂产品。

称取约10 g混合均匀的试样（精确至0.001 g），置于150 mL烧杯中，加80 mL水，将酸度计电源接通，待指针稳定后用pH=8.0的缓冲液校正酸度计。将盛有试液的烧杯放到电磁搅拌器上，浸入玻璃电极和饱和甘汞电极。按下pH读数开关，开动搅拌器，用0.05 mol/L氢氧化钠标准滴定溶液以5.0 mL/min的速度滴定。当pH值到达8.5时停止滴加。继续加入10 mL 0.05 mol/L的氢氧化钠标准滴定溶液。记录消耗0.05 mol/L的氢氧化钠标准滴定溶液的体积（V_1），立即用0.05 mol/L盐酸标准滴定溶液反滴定至pH=8.2。记录消耗0.05 mol/L盐酸标准滴定溶液的体积（V_3）。

（4）空白实验。

用水代替试液做空白实验，记录消耗氢氧化钠标准滴定溶液的体积（V_2）。

6. 实验结果的分析与计算

（1）果蔬制品、饮料、乳制品、饮料酒、淀粉制品、谷物制品和调味品等试液有效酸度的含量按下式计算：

$$X_1 = \frac{[c_1 \times (V_1 - V_2)] \times K \times f_1}{m_1} \times 1000$$

式中，X_1——试样中有效酸度的含量，单位为克/千克（g/kg）；

c_1——氢氧化钠标准滴定溶液的浓度，单位为摩尔/升（mol/L）；

V_1——滴定样液时消耗氢氧化钠标准滴定溶液的体积，单位为毫升（mL）；

V_2——空白实验时消耗氢氧化钠标准滴定溶液的体积，单位为毫升（mL）；

K——酸的换算系数：苹果酸，0.067；乙酸，0.060；酒石酸，0.075；柠檬酸，0.064；柠檬酸，0.070（含一分子结晶水）；乳酸，0.090；盐酸，0.036；磷酸，0.049；

f_1——样液稀释倍数；

m_1——试样的质量，单位为克（g）；

1000——单位换算系数。

（2）蜂产品有效酸度的含量按下式计算：

$$X_2 = \frac{[c_1 \times (V_1 - V_2) - c_2 \times V_3] \times f_2 \times K}{m_2} \times 1000$$

式中，X_2——试样中有效酸度的含量，单位为克/千克（g/kg）；

c_1——氢氧化钠标准滴定溶液的浓度，单位为摩尔/升（mol/L）；

c_2——盐酸标准滴定溶液的浓度，单位为摩尔/升（mol/L）；

V_1——滴定样液时消耗氢氧化钠标准滴定溶液的体积，单位为毫升（mL）；

V_2——空白实验时消耗氢氧化钠标准滴定溶液的体积，单位为毫升（mL）；

V_3——反滴定时消耗盐酸标准滴定溶液的体积，单位为毫升（mL）；

K——酸的换算系数：苹果酸，0.067；乙酸，0.060；酒石酸，0.075；柠檬酸，0.064；柠檬酸，0.070（含一分子结晶水）；乳酸，0.090；盐酸，0.036；磷酸，0.049；

f_2——样液稀释倍数；

m_2——试样的质量，单位为克（g）；

1000——单位换算系数。

注：计算结果保留至小数点后两位；同一样品，两次测定结果之差不得超过两次测定平均值的 2%。

7. 注意事项

（1）本方法适用于果蔬制品、饮料、乳制品、饮料酒、蜂产品、淀粉制品、谷物制品和调味品等食品中有效酸度的测定。

（2）各种酸滴定终点的 pH 值：磷酸，8.7～8.8；其他酸，8.3±0.1。

（3）新电极或许久未用的干燥电极，必须预先浸在蒸馏水或 0.1 mol/L 盐酸溶液中 24 h 以上，其目的是使玻璃电极球膜表面形成有良好离子交换能力的水化层。玻璃电极不用时，宜浸在蒸馏水中。

（4）玻璃电极的玻璃球膜壁薄易碎，使用时应特别小心，安装两电极时玻璃电极应比饱和甘汞电极高些。若玻璃膜上有油污，则将玻璃电极依次浸入乙醇、丙酮中清洗，最后用蒸馏水冲洗干净。

（5）在使用时，应注意排除弯管内的气泡和电极表面或液体接界部位的空气泡，以防溶液被隔断，引起测量电路断路或读数不稳。

（6）仪器一经标定，定位和斜率二旋钮就不得随意触动，否则必须重新标定。

8. 思考题

（1）什么是有效酸度？其测定意义是什么？

（2）在使用 pH 计时，如何选择缓冲液？

实验 28　牛乳外表酸度及发酵乳真实酸度的测定

1. 实验目的

（1）了解牛乳新鲜程度与酸度的关系。

（2）掌握牛乳酸度的概念。

（3）掌握牛乳酸度的测定方法。

2. 实验原理

（1）牛乳的外表酸度。

试样经过处理后，以酚酞作为指示剂，用 0.1000 mol/L 氢氧化钠标准溶液滴定至中性，按氢氧化钠溶液的消耗量计算确定试样的酸度。

（2）发酵乳的真实酸度。

根据中和 100 g 试样至 pH 值为 8.3 所消耗的 0.1000 mol/L 氢氧化钠体积，计算确定其酸度。

3. 实验材料与试剂

牛乳，市售；氢氧化钠、硫酸钴（$CoSO_4 \cdot 7H_2O$）、酚酞、95%乙醇、乙醚、氮气（纯度为 98%）、三氯甲烷，均为分析纯；水，为 GB/T 6682 规定的二级水。

氢氧化钠标准滴定溶液（0.1 mol/L）：称取 110 g 氢氧化钠，溶于 100 mL 无二氧化碳的蒸馏水中，摇匀，注入聚乙烯容器中，密闭放置至溶液清亮。用塑料管取上层清液 5.4 mL，用无二氧化碳的蒸馏水稀释至 1000 mL，摇匀。

称取 0.75 g 于 105℃～110℃电烘箱中干燥至恒重的工作基准试剂邻苯二甲酸氢钾，加 50 mL 无二氧化碳的蒸馏水溶解，加 2 滴酚酞指示液（10 g/L），用配制好的氢氧化钠溶液滴定至溶液呈粉红色，并保持 30 s 不褪色。同时做空白实验。

注：把二氧化碳限制在洗涤瓶或者干燥管内，避免滴管中氢氧化钠因吸收二氧化碳而影响其浓度。可通过盛有 10%氢氧化钠溶液洗涤瓶连接的装有氢氧化钠溶液的滴定管，或者通过连接装有新鲜氢氧化钠或氧化钙的滴定管末尾而形成一个封闭的体系，避免此溶液吸收二氧化碳。

参比溶液：将 3 g 硫酸钴溶解于水中，并定容至 100 mL。

酚酞指示液：称取 0.5 g 酚酞溶于 75 mL 体积分数为 95%的乙醇中，并加入20 mL水，然后滴加 0.1 mol/L 氢氧化钠溶液至溶液呈微粉色，再加入水定容至 100 mL。

中性乙醇—乙醚混合液：取等体积的乙醇、乙醚混合后加 3 滴酚酞指示液，以 0.1 mol/L氢氧化钠溶液滴至溶液呈微红色。

不含二氧化碳的蒸馏水：将水煮沸 15 min，逐出二氧化碳，冷却，密闭。

4. 实验仪器

分析天平、碱式滴定管、水浴锅、锥形瓶、具塞磨口锥形瓶、粉碎机、振荡器、中速定性滤纸、移液管、量筒、玻璃漏斗、漏斗架、电位滴定仪、水浴锅等。

5. 实验步骤

（1）牛乳的外表酸度。

①称取 10 g 已混匀的试样（精确到 0.001 g），置于 150 mL 锥形瓶中，加 20 mL 新煮沸冷却至室温的水，混匀，加入 2.0 mL 酚酞指示液，混匀后用氢氧化钠标准溶液滴定，边滴加边转动烧瓶，直到颜色与参比溶液的颜色相近，且 5 s 内不消退，整个滴定过程应在 45 s 内完成。滴定过程中，向锥形瓶中吹氮气，防止溶液吸收空气中的二氧化碳。记录消耗的氢氧化钠标准滴定溶液的体积（V_1）。

②空白实验：用等体积的蒸馏水做空白实验，读取耗用氢氧化钠标准滴定溶液的体积（V_0）。

注：空白实验所消耗的氢氧化钠标准滴定溶液的体积应不小于零，否则应重新制备和使用符合要求的蒸馏水。

（2）发酵乳的真实酸度。

称取10 g已混匀的试样（精确到0.001 g），置于150 mL锥形瓶中，加20 mL新煮沸冷却至室温的水，混匀，用氢氧化钠标准滴定溶液电位滴定至pH=8.3为终点。滴定过程中，向锥形瓶中吹氮气，防止溶液吸收空气中的二氧化碳。记录消耗的氢氧化钠标准滴定溶液的体积（V_2）。

6. 实验结果的分析与计算

（1）牛乳的外表酸度按下式计算：

$$X_1 = \frac{c_1 \times (V_1 - V_0) \times 100}{m_1 \times 0.1}$$

式中，X_1——试样的酸度，单位为度（°T）[以100 g样品所消耗的0.1 mol/L氢氧化钠标准滴定溶液的体积计，单位为毫升/百克（mL/100 g）]；

c_1——氢氧化钠标准滴定溶液的浓度，单位为摩尔/升（mol/L）；

V_1——滴定样液时消耗氢氧化钠标准滴定溶液的体积，单位为毫升（mL）；

V_0——空白实验时消耗氢氧化钠标准滴定溶液的体积，单位为毫升（mL）；

100——单位换算系数；

m_1——试样的质量，单位为克（g）；

0.1——酸度理论定义氢氧化钠的浓度，单位为摩尔/升（mol/L）。

（2）发酵乳的真实酸度按下式计算：

$$X_2 = \frac{c_2 \times (V_2 - V_0) \times 100}{m_2 \times 0.1}$$

式中，X_2——试样的酸度，单位为度（°T）；

c_2——氢氧化钠标准滴定溶液的浓度，单位为摩尔/升（mol/L）；

V_2——滴定样液时消耗氢氧化钠标准滴定溶液的体积，单位为毫升（mL）；

V_0——空白实验时消耗氢氧化钠标准滴定溶液的体积，单位为毫升（mL）；

100——单位换算系数；

m_2——试样的质量，单位为克（g）；

0.1——酸度理论定义氢氧化钠的浓度，单位为摩尔/升（mol/L）。

注：以重复性条件下获得的两次独立测定结果的算术平均值表示，结果保留三位有效数字；在重复性条件下获得的两次独立测定结果的绝对差值不得超过算术平均值的10%。

7. 注意事项

（1）牛乳的外表酸度测定采用了酚酞指示剂法，该法适用于生乳及乳制品、淀粉及其衍生物、粮食及其制品酸度的测定；发酵乳的真实酸度测定采用了电位滴定仪法，该法适用于乳及其他乳制品酸度的测定。

(2) 牛乳本身为白色或乳白色，会使滴定时不易观察滴定终点，因此，在实验过程中常在牛乳中添加中性盐，然后静置数分钟使乳液澄清，以便于正确识别终点。同时做空白实验，观察中性盐是否影响滴定结果。

(3) 对滴定管应先用蒸馏水洗净，查漏和排气泡，同时滴定过程中实验操作应尽量规范，以减小实验误差。

8. 思考题

(1) 简述外表酸度和真实酸度的定义。

(2) 为什么用邻苯二甲酸氢钾作为基准物?

实验 29　食品中有机酸含量的测定

1. 实验目的

(1) 了解食品中特定有机酸的含量。

(2) 了解食品中有机酸含量测定的意义。

(3) 掌握高效液相色谱法测定食品中有机酸含量的原理与操作。

2. 实验原理

试样直接用水稀释或用水提取后，经强阴离子交换固相萃取柱净化，经反相色谱柱分离，以保留时间定性，外标法定量。

3. 实验材料与试剂

食品样品，市售；甲醇、无水乙醇、磷酸，均为色谱纯；乳酸标准品、酒石酸标准品、苹果酸标准品、柠檬酸标准品、丁二酸标准品、富马酸标准品、已二酸标准品，纯度均≥99%；水，为 GB/T6682 规定的一级水；强阴离子交换固相萃取柱（SAX，1000 mg，6 mL，使用前依次用 5 mL 甲醇、5 mL 水活化）。

磷酸溶液（0.1%）：量取磷酸 0.1 mL，加水稀释至 100 mL，混匀。

磷酸—甲醇溶液（2%）：量取磷酸 2 mL，加甲醇稀释至 100 mL，混匀。

酒石酸、苹果酸、乳酸、柠檬酸、丁二酸和富马酸混合标准储备溶液：分别称取酒石酸 1.25 g、苹果酸 2.5 g、乳酸 2.5 g、柠檬酸 2.5g、丁二酸 6.25 g（精确至 0.01 g）和富马酸 2.5 mg（精确至 0.01 mg），置于 50 mL 烧杯中，加水溶解，用水转移到 500 mL容量瓶中，定容，混匀，于 4℃保存，其中，酒石酸的质量浓度为2500 μg/mL、苹果酸 5000 μg/mL、乳酸 5000 μg/mL、柠檬酸 5000 μg/mL、丁二酸 12500 μg/mL、富马酸 12.5 μg/mL。

酒石酸、苹果酸、乳酸、柠檬酸、丁二酸、富马酸混合标准系列工作液：分别吸取混合标准储备溶液 0.50 mL，1.00 mL，2.00 mL，5.00 mL，10.00 mL 于25 mL 容量瓶中，用 0.1%磷酸溶液定容至刻度，混匀，于 4℃保存。

己二酸标准储备溶液（500 μg/mL）：准确称取按其纯度折算为100%质量的己二酸12.5 mg，置于25 mL容量瓶中，加水至刻度，混匀，于4℃保存。

己二酸标准系列工作液：分别吸取标准储备溶液0.50 mL，1.00 mL，2.00 mL，5.00 mL，10.00 mL于25 mL容量瓶中，用磷酸溶液定容至刻度，混匀，于4℃保存。

4. 实验仪器

高效液相色谱仪、分析天平、高速均质器、高速粉碎机、固相萃取装置、水相型微孔滤膜。

5. 实验步骤

（1）试样的制备及保存。

液体样品：将果汁及果汁饮料、果味碳酸饮料等样品摇匀分装，密闭常温或冷藏保存。

半固态样品：对果冻、水果罐头等样品取可食部分匀浆后，搅拌均匀，分装，密闭冷藏或冷冻保存。

固体样品：面包、饼干、糕点、烘焙食品馅料和生湿面制品等低含水量样品，经高速粉碎机粉碎、分装，于室温下避光密闭保存；固体饮料等呈均匀状的粉状样品，可直接分装，于室温下避光密闭保存。

特殊样品：胶基糖果类黏度较大的样品，先将样品用剪刀铰成约2 mm×2 mm大小的碎块放入陶瓷研钵中，再缓慢倒入液氮，样品迅速冷冻后采用研磨的方式获取均匀的样品，分装后密闭冷冻保存。

（2）试样的处理。

果汁及果汁饮料、果味碳酸饮料：称取5 g均匀试样（若试样中含二氧化碳，应先加热除去，精确至0.01 g），放入25 mL容量瓶中，加水至刻度，经0.45 μm水相型微孔滤膜过滤，注入高效液相色谱仪分析。

果冻、水果罐头：称取10 g均匀试样（精确至0.01g），放入50 mL塑料离心管中，向其中加入20 mL水后在15000 r/min的转速下均质提取2 min，4000 r/min离心5 min，取上层提取液至50 mL容量瓶中，残留物再用20 mL水重复提取一次，合并提取液于同一容量瓶中，并用水定容至刻度，经0.45 μm水相型微孔滤膜过滤，注入高效液相色谱仪分析。

胶基糖果：称取1 g均匀试样（精确至0.01 g），放入50 mL具塞塑料离心管中，加入20 mL水后在旋混仪上振荡提取5 min，在4000 r/min下离心3 min后，将上清液转移至100 mL容量瓶中，向残渣中加入20 mL水重复提取1次，合并提取液于同一容量瓶中，用无水乙醇定容，摇匀。准确移取上清液10 mL于100 mL鸡心瓶中，向鸡心瓶中加入10 mL无水乙醇，在（80±2）℃下旋转浓缩至近干时，再加入5 mL无水乙醇继续浓缩至彻底干燥后，用1 mL×1 mL水洗涤鸡心瓶2次。将待净化液全部转移至经过预活化的SAX固相萃取柱中，控制流速在1～2 mL/min，弃去流出液。用5 mL水淋洗净化柱，再用5 mL磷酸—甲醇溶液洗脱，控制流速在1～2 mL/min，收集洗脱液于50 mL鸡心瓶中，洗脱液在45℃下旋转蒸发近干后，再加入5 mL无水乙醇继续浓缩至彻底干燥后，用1.0 mL磷酸溶液振荡溶解残渣后过0.45 μm水相型微孔滤膜，注入高效液相色谱仪分析。

固体饮料：称取5 g均匀试样（精确至0.01 g），放入50 mL烧杯中，加入40 mL水溶解并转移至100 mL容量瓶中，用无水乙醇定容至刻度，摇匀，静置10 min。准确移取上清液20 mL于100 mL鸡心瓶中，向鸡心瓶中加入10 mL无水乙醇，在(80±2)℃下旋转浓缩至近干时，再加入5 mL无水乙醇继续浓缩至彻底干燥后，用1 mL×1 mL水洗涤鸡心瓶2次。将待净化液全部转移至经过预活化的SAX固相萃取柱中，控制流速在1～2 mL/min，弃去流出液。用5 mL水淋洗净化柱，再用5 mL磷酸—甲醇溶液洗脱，控制流速在1～2 mL/min，收集洗脱液于50 mL鸡心瓶中，洗脱液在45℃下旋转蒸发近干后，再加入5 mL无水乙醇继续浓缩至彻底干燥后，用1.0 mL磷酸溶液振荡溶解残渣后过0.45 μm水相型微孔滤膜，注入高效液相色谱仪分析。

面包、糕点、饼干、烘焙食品馅料和生湿面制品：称取5 g均匀试样（精确至0.01 g），放入50 mL塑料离心管中，向其中加入20 mL水后在15000 r/min的转速下均质提取2 min，在4000 r/min的转速下离心3 min后，将上清液转移至100 mL容量瓶中，向残渣中加入20 mL水重复提取1次，合并提取液于同一容量瓶中，用无水乙醇定容，摇匀。准确移取上清液10 mL于100 mL鸡心瓶中，向鸡心瓶中加入10 mL无水乙醇，在(80±2)℃下旋转浓缩至近干时，再加入5 mL无水乙醇继续浓缩至彻底干燥后，用1 mL×1 mL水洗涤鸡心瓶2次。将待净化液全部转移至经过预活化的SAX固相萃取柱中，控制流速在1～2 mL/min，弃去流出液。用5 mL水淋洗净化柱，再用5 mL磷酸—甲醇溶液洗脱，控制流速在1～2 mL/min，收集洗脱液于50 mL鸡心瓶中，洗脱液在45℃下旋转蒸发近干后，用5.0 mL磷酸溶液振荡溶解残渣后过0.45 μm水相型微孔滤膜，注入高效液相色谱仪分析。

(3) 仪器参考条件。

①酒石酸、苹果酸、乳酸、柠檬酸、丁二酸和富马酸的测定。

色谱柱：CAPECELLPAKMGS5C 18柱，4.6 mm×250 mm，5 μm，或同等性能的色谱柱。

流动相：用0.1%磷酸溶液—甲醇(97.5+2.5)等度洗脱10 min，然后用较短的时间梯度让甲醇相达到100%并平衡5 min，再将流动相调整为0.1%磷酸溶液—甲醇(97.5+2.5)，平衡5 min。

柱温：40℃。

进样量：20 μL。

检测波长：210 nm。

②己二酸的测定。

色谱柱：CAPECELLPAKMGS5C 18柱，4.6 mm×250 mm，5 μm，或同等性能的色谱柱。

流动相：用0.1%磷酸溶液—甲醇(75+25)等度洗脱10 min。

柱温：40℃。

进样量：20 μL。

检测波长：210 nm。

（4）标准曲线的绘制。

将标准系列工作液分别注入高效液相色谱仪中，测定相应的峰高或峰面积。以标准工作液的浓度为横坐标，色谱峰高或峰面积为纵坐标，绘制标准曲线。

（5）试样溶液的测定。

将试样溶液注入高效液相色谱仪中，得到峰高或峰面积，根据标准曲线得到待测液中有机酸的浓度。

6. 实验结果的分析与计算

试样中有机酸的含量按下式计算：

$$X=\frac{C\times V\times 1000}{m\times 1000\times 1000}$$

式中，X——试样中有机酸的含量，单位为克/千克（g/kg）；

C——从标准曲线中查得的试样溶液中某有机酸的浓度，单位为微克/毫升（μg/mL）；

V——样液的定容体积，单位为（mL）；

m——试样的质量，单位为克（g）；

1000——单位换算系数。

注：计算结果以重复性条件下获得的两次独立测定结果的算术平均值表示，结果保留两位有效数字；在重复性条件下获得的两次独立测定结果的绝对差值不得超过算术平均值的10%。

7. 注意事项

（1）本方法适用于果汁及果汁饮料、碳酸饮料、固体饮料、胶基糖果、面包、饼干、糕点、果冻、水果罐头、生湿面制品和烘焙食品馅料中7种有机酸的测定。

（2）实验人员在使用液氮时，应佩戴手套等防护工具，防止意外洒溅造成冻伤。

（3）在样品溶液的测定中，每进3次样液，就应进1次标准溶液进行校正，并重新计算校正系数，以保证测定结果的准确性。

8. 思考题

（1）高效液相色谱法的流动相是什么？

（2）举例说明高效液相色谱法在食品分析中的应用。

9. 附录

（1）检出限与定量限。

食品有机酸检出限与定量限见表5-1。

表 5-1　食品有机酸检出限与定量限［单位：毫克/千克（mg/kg）］

食品种类	酒石酸	苹果酸	乳酸	柠檬酸	丁二酸	富马酸	己二酸
果汁、果汁饮料、果冻和水果罐头	250	500	250	250	1250	1.25	25
胶基糖果、面包、糕点、饼干和烘焙食品馅料	500	1000	500	500	2500	2.5	50
固体饮料	50	100	50	50	250	0.25	5

（2）有机酸的标准色谱图。

①6 种有机酸的标准色谱图（图 5-2）。

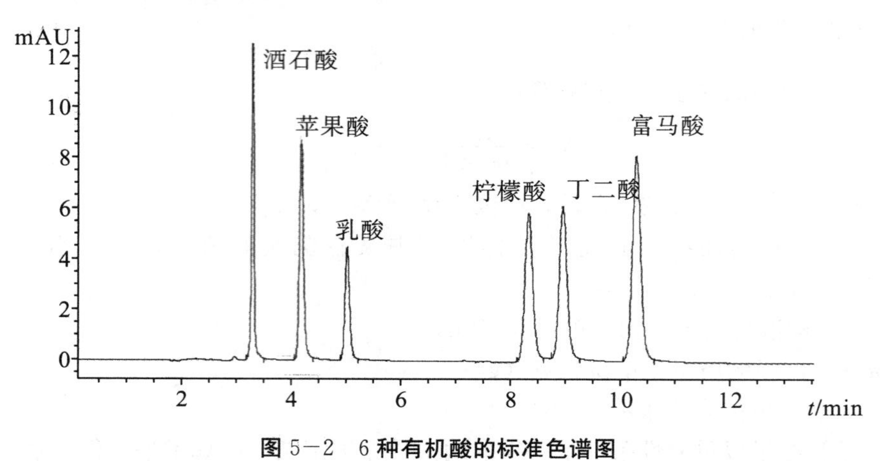

图 5-2　6 种有机酸的标准色谱图

②己二酸的标准色谱图（图 5-3）。

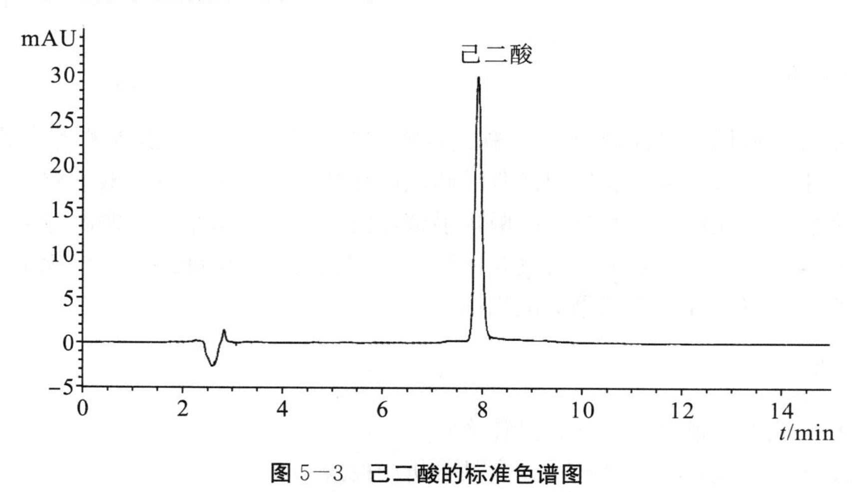

图 5-3　己二酸的标准色谱图

（曾维才）

第6章　脂类的测定

实验30　索式提取法测定曲奇饼干中粗脂肪的含量

1. 实验目的

（1）了解食品中脂肪含量测定的意义。
（2）掌握索氏提取法测定食品中脂肪含量的原理与操作。

2. 实验原理

脂肪易溶于有机溶剂。试样直接用无水乙醚或石油醚等溶剂抽提后，蒸发除去溶剂，干燥，得到游离态脂肪的含量。

3. 实验材料与试剂

曲奇饼干，市售，经常压干燥法已干燥至恒重的饼干粉；无水乙醚、石油醚、石英砂、脱脂棉，试剂均为分析纯；水，为GB/T 6682规定的二级水。

4. 实验仪器

索氏抽提器、恒温水浴锅、分析天平、电热鼓风干燥箱、干燥器、滤纸等。

5. 实验步骤

（1）滤纸筒的制备。
将滤纸裁成8 cm×15 cm大小，以直径为2.0 cm的大试管为模型，将滤纸紧靠管壁卷成圆筒形，把底端封口，内放一小片脱脂棉，用白细线扎好定型，在100℃～105℃烘箱中烘至恒重备用。
（2）称取曲奇饼干粉试样2～5 g（精确至0.001 g），全部移入滤纸筒内。
（3）抽提。
将滤纸筒放入索氏抽提器的抽提筒内，连接已干燥至恒重的接收瓶，由抽提器冷凝管上端加入无水乙醚或石油醚至瓶内容积的三分之二处，于水浴上加热，使无水乙醚或石油醚不断回流抽提（每小时6～8次），抽提6～10 h。提取结束时，用磨砂玻璃棒接取1滴提取液，磨砂玻璃棒上无油斑表明提取完毕。

（4）称量。

取下接收瓶，回收无水乙醚或石油醚，待接收瓶内溶剂剩余 1～2 mL 时在水浴上蒸干，再于（100±5）℃干燥 1 h，放在干燥器内冷却 0.5 h 后称量。重复以上操作直至恒重（直至两次称量相差不超过 2 mg）。

6. 实验结果的分析与计算

试样中脂肪的含量按照下式计算：

$$X=\frac{m_1-m_0}{m_2}\times 100$$

式中，X——试样中脂肪的含量，单位为克/百克（g/100 g）；

m_1——恒重后接收瓶和脂肪的质量，单位为克（g）；

m_0——接收瓶的质量，单位为克（g）；

m_2——试样的质量，单位为克（g）；

100——单位换算系数。

注：计算结果保留至小数点后一位。在重复性条件下获得的两次独立测定结果的绝对差值不得超过算术平均值的 10%。

7. 注意事项

（1）本方法适用于水果、蔬菜及其制品、粮食及粮食制品、肉及肉制品、蛋及蛋制品、水产及其制品、焙烤食品、糖果等食品中游离态脂肪含量的测定。

（2）对含多量糖及糊精的样品，要先以冷水使糖及糊精溶解，经过滤除去，将残渣连同滤纸一起烘干，放入抽提管中。

（3）抽提用的乙醚或石油醚要求无水、无醇、无过氧化物，挥发残渣含量低。其中过氧化物的检查方法：取 6 mL 乙醚，加 2 mL 10%碘化钾溶液，用力振摇，放置 1 min 后，若出现黄色，则证明有过氧化物存在，应另选乙醚或处理后再用。

（4）装样品的滤纸筒一定要严密，不能往外漏样品，但也不要包得太紧影响溶剂渗透。

（5）在抽提时，冷凝管上端最好连接一个氯化钙干燥管，这样可防止空气中的水分进入，也可避免乙醚挥发在空气中，如无此装置可塞一团干燥的脱脂棉球。

（6）反复加热会因脂肪氧化而增量。

8. 思考题

（1）在索氏抽提法测定脂肪的过程中，哪些因素会影响测定结果？会导致结果偏高还是偏低？①样品含有结合态脂肪；②样品未研磨粉碎；③样品中含有水分；④样品中含有溶于乙醚或石油醚的非脂肪成分；⑤滤纸筒高过虹吸管。

（2）为什么索氏抽提法的测定结果为粗脂肪的含量？

（3）脂类测定最常用哪些提取剂？其优缺点是什么？

实验31 酸水解法测定炸鸡块中脂肪的含量

1. 实验目的

（1）了解酸水解法的测定原理。
（2）掌握酸水解法测定食品中脂肪含量的原理与操作。

2. 实验原理

食品中的结合态脂肪必须用强酸使其游离出来，游离出的脂肪易溶于有机溶剂。试样经盐酸水解后用无水乙醚或石油醚提取，除去溶剂即得游离态和结合态脂肪的总含量。

3. 实验材料与试剂

油炸鸡块，市售，用绞肉机将油炸鸡块搅碎；无水乙醚、石油醚、盐酸、碘、碘化钾，均为分析纯；水，为GB/T 6682规定的二级水。
盐酸溶液（2 mol/L）：量取50 mL盐酸，加入250 mL水中，混匀。
碘液（0.05 mol/L）：称取6.5 g碘和25 g碘化钾，溶解于少量水中，稀释至1 L。

4. 实验仪器

恒温水浴锅、电炉、锥形瓶、分析天平、电热鼓风干燥箱、蓝色石蕊试纸、脱脂棉、滤纸等。

5. 实验步骤

（1）试样酸水解。
称取搅碎混匀后的试样3～5 g（精确至0.001 g），置于250 mL锥形瓶中，加入50 mL 2 mol/L盐酸溶液和数粒玻璃细珠，盖上表面皿，于电炉上加热至微沸，保持1 h，每10 min旋转摇动1次。取下锥形瓶，加入150 mL热水，混匀，过滤。锥形瓶和表面皿用热水洗净，热水一并过滤。沉淀用热水洗至中性（用蓝色石蕊试纸检验，中性时试纸不变色）。将沉淀和滤纸置于大表面皿上，于（100±5）℃干燥箱内干燥1 h，冷却。
（2）抽提。
将干燥后的试样装入滤纸筒内，其余抽提步骤同索氏提取法。
（3）称量。
同索氏提取法。

6. 实验结果的分析与计算

同索氏提取法。

7. 注意事项

(1) 此法适用于各类食品总脂肪（包括结合脂肪和游离脂肪）的测定，特别是对于易吸潮、结块、难以干燥的食品用本法测定效果较好。但高糖类食品不宜使用此法，因糖类食品遇强酸易碳化而影响测定效果；此法也不适合于测定含磷脂量高的食品，如鱼、贝、蛋品等，因为在盐酸加热时，磷脂几乎完全分解为脂肪酸和碱，当只测定前者时，使测定值偏低。

(2) 水解时应防止大量水分损失，使酸浓度升高。

(3) 挥干溶剂后残留物中若有黑色焦油状杂质，是分解物与水一同混入所致，会使测定值增大造成误差，可用等量的乙醚及石油醚溶解后，过滤，再次进行挥干溶剂的操作。

8. 思考题

(1) 哪些食品适合使用酸水解法测定其脂肪含量？为什么？如何减少测定误差？

(2) 指出酸水解法测定非肉类食品脂肪含量的操作要点及注意事项。

实验 32　碱水解法测定炼乳中脂肪的含量

1. 实验目的

(1) 了解碱水解法的测定原理。

(2) 掌握碱水解法测定食品中脂肪含量的原理与操作。

2. 实验原理

用无水乙醚和石油醚抽提样品的碱（氨水）水解液，通过蒸馏或蒸发去除溶剂，测定溶于溶剂中的抽提物的质量。

3. 实验材料与试剂

炼乳，市售；氨水、无水乙醇、无水乙醚、石油醚、刚果红，均为分析纯；水，为GB/T 6682 规定的二级水。

刚果红溶液：将 1 g 刚果红溶于水中，稀释至 100 mL。(注：可选择性地使用。刚果红溶液可使溶剂和水相界面清晰，也可使用其他能使水相染色而不影响测定结果的溶液)

4. 实验仪器

分析天平、离心机、电热鼓风干燥箱、恒温水浴锅、干燥器、抽脂瓶等。

5. 实验步骤

(1) 试样碱水解。

称取脱脂炼乳、全脂炼乳和部分脱脂炼乳 3～5 g，称取高脂炼乳约 1.5 g（精确至 0.0001 g），用 10 mL 水分次洗入抽脂瓶小球中，充分混合均匀。加入 2.0 mL 氨水，充分混合后立即将抽脂瓶放入（65±5)℃的水浴中，加热 15～20 min，不时取出振荡。取出后，冷却至室温静置 30 s。

(2) 抽提。

①加入 10 mL 乙醇，缓和但彻底地进行混合，避免液体太接近瓶颈。如果需要，可加入 2 滴刚果红溶液。

②加入 25 mL 乙醚，塞上瓶塞，将抽脂瓶保持在水平位置，小球的延伸部分朝上夹到摇混仪上，按每分钟约 100 次的频率振荡 1 min，也可采用手动振摇方式，但均应注意避免形成持久乳化液。抽脂瓶冷却后小心地打开塞子，用少量的混合溶剂冲洗塞子和瓶颈，使冲洗液流入抽脂瓶。

③加入 25 mL 石油醚，塞上重新润湿的塞子，按②所述轻轻振荡 30 s。

④将加塞的抽脂瓶放入离心机中，在 500～600 r/min 下离心 5 min，否则将抽脂瓶静置至少 30 min，直到上层液澄清，并明显与水相分离。

⑤小心地打开瓶塞，用少量的混合溶剂冲洗塞子和瓶颈内壁，使冲洗液流入抽脂瓶。如果两相界面低于小球与瓶身相接处，则沿瓶壁边缘慢慢地加入水，使液面高于小球和瓶身相接处，以便于倾倒。

⑥将上层液尽可能地倒入已准备好的加入沸石的脂肪收集瓶中，避免倒出水层。

⑦用少量混合溶剂冲洗瓶颈外部，冲洗液收集在脂肪收集瓶中。应防止溶剂溅到抽脂瓶的外面。

⑧向抽脂瓶中加入 5 mL 乙醇，用乙醇冲洗瓶颈内壁，按①所述进行混合。重复②～⑤操作，用 15 mL 无水乙醚和 15 mL 石油醚进行第 2 次抽提。

⑨重复②～⑦操作，用 15 mL 无水乙醚和 15 mL 石油醚进行第 3 次抽提。

⑩空白实验与样品检验同时进行，采用 10 mL 水代替试样，使用相同步骤和相同试剂。

(3) 称量。

合并所有提取液，既可采用蒸馏的方法除去脂肪收集瓶中的溶剂，也可于沸水浴上蒸发至干来除掉溶剂。蒸馏前用少量混合溶剂冲洗瓶颈内部。将脂肪收集瓶放入(100±5)℃的烘箱中干燥 1 h，取出后置于干燥器内冷却 0.5 h 后称量。重复以上操作直至恒重（直至两次称量相差不超过 2 mg)。

6. 实验结果的分析与计算

炼乳中脂肪的含量按照下式计算：

$$X = \frac{(m_1 - m_2) - (m_3 - m_4)}{m} \times 100$$

式中，X——试样中脂肪的含量，单位为克/百克（g/100 g）；

m_1——恒重后脂肪收集瓶和脂肪的质量，单位为克（g）；

m_2——脂肪收集瓶的质量，单位为克（g）；

m_3——空白实验中恒重后脂肪收集瓶和抽提物的质量，单位为克（g）；

m_4——空白实验中脂肪收集瓶的质量，单位为克（g）；

m——试样的质量，单位为克（g）；

100——单位换算系数。

计算结果保留三位有效数字。

注：当样品中脂肪含量≥15%时，两次独立测定结果之差≤0.3 g/100 g；当样品中脂肪含量在 5%～15%时，两次独立测定结果之差≤0.2 g/100 g；当样品中脂肪含量≤5%时，两次独立测定结果之差≤0.1 g/100 g。

7. 注意事项

（1）本方法适用于乳及乳制品、婴幼儿配方食品中脂肪含量的测定。

（2）水解后加入乙醇可使蛋白质沉淀，降低表面张力，促进脂肪球聚合，同时溶解一些碳水化合物如糖、有机酸等。

8. 思考题

（1）氨水的作用是什么？

（2）抽提时为什么要依次加入乙醚、石油醚，并重复操作？

（何贵萍）

第7章　碳水化合物的测定

实验33　直接滴定法测定绿豆糕中还原糖的含量

1. 实验目的

（1）了解食品中还原糖含量测定的意义。
（2）熟悉食品中还原糖含量测定的原理。
（3）掌握直接滴定法测定食品中还原糖含量的原理与操作。

2. 实验原理

试样经除去蛋白质后，以亚甲基蓝作指示剂，在加热条件下滴定标定过的碱性酒石酸钾钠铜溶液（已用还原糖标准溶液标定），样液中的还原糖与酒石酸钾钠铜反应，生成红色的氧化亚铜沉淀，待二价铜被全部还原后，稍过量的还原糖把亚甲基蓝还原，溶液由蓝色变为无色，即为滴定终点。根据样液消耗体积计算还原糖含量。

3. 实验材料与试剂

绿豆糕，市售；盐酸、硫酸铜（$CuSO_4 \cdot 5H_2O$）、亚甲基蓝（$C_{16}H_{18}ClN_3S \cdot 3H_2O$）、酒石酸钾钠（$C_4H_4O_6KNa \cdot 4H_2O$）、氢氧化钠、乙酸锌[$Zn(CH_3COO)_2 \cdot 2H_2O$]、冰乙酸、亚铁氰化钾[$K_4Fe(CN)_6 \cdot 3H_2O$]、葡萄糖、果糖、乳糖（$C_6H_{12}O_6 \cdot H_2O$）、蔗糖，均为分析纯；水，为GB/T 6682规定的二级水。

盐酸溶液（1+1）：量取盐酸50 mL，加水50 mL，混匀。

碱性酒石酸铜甲液：称取硫酸铜15 g和亚甲基蓝0.05 g，溶解于水中，并稀释至1000 mL。

碱性酒石酸铜乙液：称取酒石酸钾钠50 g和氢氧化钠75 g，溶解于水中，再加入亚铁氰化钾4 g，完全溶解后，用水定容至1000 mL，储存于橡胶塞玻璃瓶中。

乙酸锌溶液：称取乙酸锌21.9 g，加冰乙酸3 mL，加水溶解并定容于100 mL。

亚铁氰化钾溶液（106 g/L）：称取亚铁氰化钾10.6 g，加水溶解并定容至100 mL。

氢氧化钠溶液（40 g/L）：称取氢氧化钠4 g，加水溶解后，放冷，并定容至100 mL。

葡萄糖标准溶液（1.0 mg/mL）：准确称取经过98℃～100℃烘箱干燥2 h后的葡萄

糖 1 g，加水溶解后加入盐酸溶液 5 mL，并用水定容至 1000 mL。此溶液每毫升相当于 1.0 mg 葡萄糖。

果糖标准溶液（1.0 mg/mL）：准确称取经过 98℃～100℃烘箱干燥 2 h 后的果糖 1 g，加水溶解后加入盐酸溶液 5 mL，并用水定容至 1000 mL。此溶液每毫升相当于 1.0 mg 果糖。

乳糖标准溶液（1.0 mg/mL）：准确称取经过 94℃～98℃烘箱干燥 2 h 后的乳糖（含水）1 g，加水溶解后加入盐酸溶液 5 mL，并用水定容至 1000 mL。此溶液每毫升相当于1.0 mg乳糖（含水）。

转化糖标准溶液（1.0 mg/mL）：准确称取 1.0526 g 蔗糖，用 100 mL 水溶解，置于具塞锥形瓶中，加盐酸溶液 5 mL，在 68℃～70℃水浴中加热 15 min，放置至室温，转移至 1000 mL 容量瓶中并加水定容至 1000 mL，每毫升标准溶液相当于 1.0 mg 转化糖。

4. 实验仪器

分析天平、水浴锅、可调式电热炉、酸式滴定管等。

5. 实验步骤

(1) 试样的制备。

称取粉碎后的绿豆糕试样 10～20 g（精确至 0.001 g），置于 250 mL 容量瓶中，加水 200 mL，在 45℃水浴中加热 1 h，并时时振摇，冷却后加水至刻度，混匀，静置，沉淀。吸取 200.0 mL 上清液置于另一 250 mL 容量瓶中，缓慢加入乙酸锌溶液 5 mL 和亚铁氰化钾溶液 5 mL，加水至刻度，混匀，静置 30 min，用干燥滤纸过滤，弃去初滤液，取后续滤液备用。

(2) 碱性酒石酸铜溶液的标定。

吸取碱性酒石酸铜甲液 5.0 mL 和碱性酒石酸铜乙液 5.0 mL 于 150 mL 锥形瓶中，加水 10 mL，加入玻璃珠 2～4 粒，从滴定管中加葡萄糖（或其他还原糖）标准溶液约 9 mL，控制在 2 min 中内加热至沸，趁热以每 2 秒 1 滴的速度继续滴加葡萄糖（或其他还原糖）标准溶液，直至溶液蓝色刚好褪去为终点，记录消耗葡萄糖（或其他还原糖）标准溶液的总体积，同时平行操作 3 份，取平均值，计算每 10 mL 碱性酒石酸铜溶液（碱性酒石酸铜甲、乙液各 5 mL）相当于葡萄糖（或其他还原糖）的质量（mg）。

注：也可以按上述方法标定 4～20 mL 碱性酒石酸铜溶液（甲、乙液各半）来适应试样中还原糖的浓度变化。

(3) 试样溶液预测。

吸取碱性酒石酸铜甲液 5.0 mL 和碱性酒石酸铜乙液 5.0 mL 于 150 mL 锥形瓶中，加水 10 mL，加入玻璃珠 2～4 粒，控制在 2 min 内加热至沸，保持沸腾以先快后慢的速度从滴定管中滴加试样溶液，并保持沸腾状态，待溶液颜色变浅时，以每 2 秒 1 滴的速度滴定，直至溶液蓝色刚好褪去为终点，记录样品溶液消耗体积。

注：当样液中还原糖浓度过高时，应适当稀释后再进行正式测定，使每次滴定消耗

样液的体积控制在与标定碱性酒石酸铜溶液时所消耗的还原糖标准溶液的体积相近，约 10 mL；当浓度过低时，则采取直接加入 10 mL 样液，免去加水 10 mL，再用还原糖标准溶液滴定至终点，记录消耗的体积与标定时消耗的还原糖标准溶液体积之差相当于 10 mL 样液中所含还原糖的量。

（4）试样溶液的测定。

吸取碱性酒石酸铜甲液 5.0 mL 和碱性酒石酸铜乙液 5.0 mL，置于 150 mL 锥形瓶中，加水 10 mL，加入玻璃珠 2～4 粒，从滴定管滴加比预测体积少 1 mL 的试样溶液至锥形瓶中，控制在 2 min 内加热至沸，保持沸腾继续以每 2 秒 1 滴的速度滴定，直至蓝色刚好褪去为终点，记录样液消耗体积，同法平行操作 3 份，得出平均消耗体积（V）。

6. 实验结果的分析与计算

（1）试样中还原糖的含量（以某种还原糖计）按下式计算：

$$X = \frac{m_1}{m \times F \times V/250 \times 1000} \times 100$$

式中，X——试样中还原糖的含量，单位为克/百克（g/100 g）；

m_1——碱性酒石酸铜溶液（甲、乙液各半）相当于某种还原糖的质量，单位为毫克（mg）；

m——试样的质量，单位为克（g）；

F——系数，为 1；

V——测定时平均消耗试样溶液的体积，单位为毫升（mL）；

250——样液的定容体积，单位为毫升（mL）；

1000——单位换算系数；

100——单位换算系数。

（2）当浓度过低时，试样中还原糖的含量（以某种还原糖计）按下式计算：

$$X = \frac{m_2}{m \times F \times 10/250 \times 1000} \times 100$$

式中，X——试样中还原糖的含量，单位为克/百克（g/100 g）；

m_2——标定时体积与加入样品后消耗的还原糖标准溶液体积之差相当于某种还原糖的质量，单位为毫克（mg）；

m——试样的质量，单位为克（g）；

F——系数，为 1；

10——样液的体积，单位为毫升（mL）；

250——样液的定容体积，单位为毫升（mL）；

1000——单位换算系数；

100——单位换算系数。

注：还原糖含量≥10 g/100 g 时，计算结果保留三位有效数字；还原糖含量<10 g/100 g 时，计算结果保留两位有效数字。在重复性条件下获得的两次独立测定结果的绝对差值不得超过算术平均值的 5%。

7. 注意事项

(1) 本方法实际用量少，操作简便快捷，重点明显，准确度高，适用于各类食品中还原糖含量的测定，但对于酱油、深色果汁等样品，因色素因素干扰，滴定终点模糊。

(2) 当称样量为 5 g 时，定量限为 0.25 g/100 g。

(3) 碱性酒石酸铜甲液、乙液应分别储存，用时才混合，否则酒石酸钾钠铜络合物在长期碱性条件下会慢慢分解析出氧化亚铜沉淀，使试剂有效度降低。

(4) 实验要求在 2 min 内加热至沸腾，滴定速度为每 2 秒 1 滴，总沸腾时间为 3 min。测定所用锥形瓶规格、电炉功率、预加入体积等尽量一致，以提高测定精度。

(5) 样品溶液必须进行预测。通过预测可了解样品溶液中糖的浓度，确定正式测定时期预先加入的样液体积。

8. 思考题

(1) 加入乙酸锌溶液和亚铁氰化钾溶液的目的是什么?

(2) 为什么滴定必须在沸腾条件下进行? 滴定速度对实验结果有什么影响?

(3) 实验为什么要在碱性条件下进行?

实验 34　高锰酸钾滴定法测定果汁中还原糖的含量

1. 实验目的

(1) 了解食品中还原糖含量测定的意义。

(2) 掌握高锰酸钾滴定法测定还原糖的原理与操作。

2. 实验原理

试样经除去蛋白质后，其中还原糖把铜盐还原为氧化亚铜，加硫酸铁后，氧化亚铜被氧化为铜盐，硫酸铁经高锰酸钾溶液滴定氧化作用后生成亚铁盐。根据高锰酸钾消耗量计算氧化亚铜含量，再查表得还原糖含量。

3. 实验材料与试剂

果汁，市售；盐酸、氢氧化钠、硫酸铜 ($CuSO_4 \cdot 5H_2O$)、硫酸、硫酸铁、酒石酸钾钠 ($C_4H_4O_6KNa \cdot 4H_2O$)，均为分析纯；水，为 GB/T 6682 规定的二级水。

盐酸溶液 (3 mol/L)：量取盐酸 30 mL，加水稀释至 120 mL。

碱性酒石酸铜甲液：称取硫酸铜 34.639 g，加适量水溶解，加硫酸 0.5 mL，再加水稀释至 500 mL，用精制石棉过滤。

碱性酒石酸铜乙液：称取酒石酸钾钠 173 g 与氢氧化钠 50 g，加适量水溶解，并稀释至 500 mL，用精制石棉过滤，储存于橡胶塞玻璃瓶内。

氢氧化钠溶液 (40 g/L)：称取氢氧化钠 4 g，加水溶解并稀释至 100 mL。

硫酸铁溶液（50 g/L）：称取硫酸铁 50 g，加水 200 mL 溶解后，慢慢加入硫酸 100 mL，冷后加水稀释至 1000 mL。

精制石棉：取石棉先用盐酸溶液浸泡 2～3 d，用水洗净，加氢氧化钠溶液浸泡 2～3 d，倾去溶液，用热碱性酒石酸铜乙液浸泡数小时，用水洗净。再以盐酸溶液浸泡数小时，以水洗至不呈酸性。然后加水振摇，使成细微的浆状软纤维，用水浸泡并储存于玻璃瓶中，即可作填充古氏坩埚用。

高锰酸钾标准滴定溶液［$c(1/5KMnO_4)$ ＝0.1000 mol/L］：称取 3.3 g 高锰酸钾，溶于 1050 mL 水中，缓缓煮沸 15 min，冷却，于暗处放置 2 周，用已处理过的 4 号玻璃滤埚（在同样浓度的高锰酸钾溶液中缓缓煮沸 5 min）过滤。储存于棕色瓶中。

4. 实验仪器

分析天平、水浴锅、可调式电热炉、酸式滴定管、古氏坩埚、真空泵。

5. 实验步骤

（1）试样的处理。

称取混匀后的液体试样 25～50 g（精确至 0.001 g），置于 250 mL 容量瓶中，加水 50 mL，摇匀后加碱性酒石酸铜甲液 10 mL 及氢氧化钠溶液 4 mL，加水至刻度，混匀。静置 30 min，用干燥滤纸过滤，弃去初滤液，取后续滤液备用。

（2）试样溶液的测定。

吸取处理后的试样溶液 50.0 mL 于 500 mL 烧杯内，加入碱性酒石酸铜甲液25 mL 及碱性酒石酸铜乙液25 mL，于烧杯上盖一表面皿，加热，控制在 4 min 内沸腾，再精确煮沸 2 min，趁热用铺好精制石棉的古氏坩埚抽滤，并用 60℃热水洗涤烧杯及沉淀，至洗液不呈碱性为止。将古氏坩埚放回原 500 mL 烧杯中，加硫酸铁溶液25 mL、水 25 mL，用玻璃棒搅拌使氧化亚铜完全溶解，以高锰酸钾标准溶液滴定至微红色为终点。同时吸取水 50 mL，加入与测定试样时相同量的碱性酒石酸铜甲液、碱性酒石酸铜乙液、硫酸铁溶液及水，按同一方法做空白实验。

6. 实验结果的分析与计算

（1）试样中还原糖的质量（相当于氧化亚铜的质量）按下式计算：

$$X_0 = (V - V_0) \times c \times 71.45$$

式中，X_0——试样中还原糖的质量，单位为毫克（mg）；

V——滴定样液时消耗高锰酸钾标准滴定溶液的体积，单位为毫升（mL）；

V_0——空白实验时消耗高锰酸钾标准滴定溶液的体积，单位为毫升（mL）；

c——高锰酸钾标准滴定溶液的实际浓度，单位为摩尔/升（mol/L）；

71.54——1 mL 高锰酸钾标准滴定溶液相当于氧化亚铜的质量，单位为毫克（mg）。

（2）根据式中计算所得氧化亚铜的质量，查附表 5，再按下式计算试样中还原糖的含量：

$$X = \frac{m_1}{m_2 \times V/250 \times 1000} \times 100$$

式中，X——试样中还原糖的含量，单位为克/百克（g/100 g）；

m_1——根据 X_0从附表 5 中查得的还原糖的质量，单位为毫克（mg）；

m_2——试样的质量，单位为克（g）；

V——滴定样液时消耗高锰酸钾标准滴定溶液的体积，单位为毫升（mL）；

250——样液的定容体积，单位为毫升（mL）；

1000——单位换算系数；

100——单位换算系数。

注：还原糖含量≥10 g/100 g 时，计算结果保留三位有效数字；还原糖含量<10 g/100 g 时，计算结果保留两位有效数字。在重复性条件下获得的两次独立测定结果的绝对差值不得超过算术平均值的 10%。

7. 注意事项

（1）本方法适用于食品中还原糖含量的测定，当称样量为 5 g 时，定量限为0.5 g/100 g。

（2）在洗涤氧化亚铜的整个过程中应使沉淀上层保持一层水层，以隔绝空气，避免氧化亚铜被空气中的氧所氧化。

（3）还原糖与碱性酒石酸铜试剂的反应一定要在沸腾状态下进行，沸腾时间需严格控制。煮沸的溶液应保持蓝色，如果蓝色消失，说明还原糖含量过高，应将样品溶液稀释后重做。

（4）当样品中的还原糖含有双糖时，由于双糖分子中仅有一个还原基，测定结果将偏低。

8. 思考题

高锰酸钾滴定法和直接滴定法有何异同？

实验 35　酸水解法测定蛋糕中蔗糖的含量

1. 实验目的

（1）了解食品中蔗糖含量测定的意义。

（2）掌握酸水解法测定食品中蔗糖含量的原理。

（3）熟悉酸水解法测定食品中还原糖和蔗糖含量的操作。

2. 实验原理

试样经除去蛋白质后，其中蔗糖经盐酸水解转化为还原糖，再按还原糖测定方法分别测定水解前后样液中还原糖的含量，其差值即为蔗糖含量。

3. 实验材料与试剂

蛋糕，市售；氢氧化钠、硫酸铜（$CuSO_4 \cdot 5H_2O$）、酒石酸钾钠（$C_4H_4O_6KNa \cdot 4H_2O$）、乙酸锌[$Zn(CH_3COO)_2 \cdot 2H_2O$]、亚铁氰化钾[$K_4Fe(CN)_6 \cdot 3H_2O$]、甲基红、亚甲基蓝（$C_{16}H_{18}ClN_3S \cdot 3H_2O$）、盐酸、冰乙酸、葡萄糖、蔗糖，均为分析纯；水，为GB/T 6682规定的二级水。

盐酸溶液（1+1）：量取50 mL盐酸，缓慢加入50 mL水中，冷却后混匀。

氢氧化钠溶液（200 g/L）：称取20 g氢氧化钠，加水溶解后放冷，并定容至100 mL。

甲基红指示液（1 g/L）：称取甲基红0.1 g，用少量乙醇溶解后定容至100 mL。

碱性酒石酸铜甲液：称取15 g硫酸铜及0.05 g亚甲基蓝，溶于水中并定容至1000 mL。

碱性酒石酸铜乙液：称取50 g酒石酸钠和75 g氢氧化钠，溶于水中，再加入4 g亚铁氰化钾，完全溶解后，用水定容至1000 mL，储存于橡胶塞玻璃瓶内。

乙酸锌溶液（219 g/L）：称取21.9 g乙酸锌，加3 mL冰乙酸，加水溶解并定容至100 mL。

亚铁氰化钾溶液（106 g/L）：称取10.6 g亚铁氰化钾，加水溶解并定容至100 mL。

葡萄糖标准溶液：称取1 g经过98℃～100℃干燥2 h的葡萄糖（精确至0.000 1 g），加水溶解后加入5 mL盐酸，加水定容至1000 mL。此溶液每毫升相当于1.0 mg葡萄糖。

4. 实验仪器

酸式滴定管、可调式电热炉、分析天平等。

5. 实验步骤

（1）试样的处理。

称取10～20 g捣碎后的试样（精确至0.001 g），置于250 mL容量瓶中，加200 mL水，在45℃水浴中加热1 h，并时时振摇。冷却后加水至刻度，混匀，静置，沉淀。吸取200 mL上清液置于另一250 mL容量瓶中，慢慢加入5 mL乙酸锌溶液及5 mL亚铁氰化钾溶液，加水至刻度，混匀，静置30 min，用干燥滤纸过滤，弃去初滤液，取后续滤液备用。

（2）酸水解。

吸取2份50 mL试样处理液，分别置于100 mL容量瓶中，其中一份加5 mL盐酸（1+1），在68℃～70℃水浴中加热15 min，冷却后加2滴甲基红指示液，用氢氧化钠溶液（200 g/L）中和至中性，加水至刻度，混匀。另一份直接加水稀释至100 mL。

（3）标定碱性酒石酸铜溶液。

吸取5.0 mL碱性酒石酸铜甲液及5.0 mL碱性酒石酸铜乙液于150 mL锥形瓶中，

加水 10 mL，加入玻璃珠 2 粒，从滴定管滴加约 9 mL 葡萄糖，控制在 2 min 内加热至沸，趁热以每 2 秒 1 滴的速度继续滴加葡萄糖，直至溶液蓝色刚好褪去为终点，记录消耗葡萄糖的总体积，同时平行操作 3 份，取其平均值，计算每 10 mL（甲液、乙液各 5 mL）碱性酒石酸铜溶液相当于葡萄糖的质量（mg）。

注：也可以按上述方法标定 4～20 mL 碱性酒石酸铜溶液（甲液、乙液各半）来适应试样中还原糖的浓度变化。

（4）试样溶液预测。

吸取 5.0 mL 碱性酒石酸铜甲液及 5.0 mL 碱性酒石酸铜乙液，置于 150 mL 锥形瓶中，加水 10 mL，加入玻璃珠 2 粒，控制在 2 min 内加热至沸，保持沸腾以先快后慢的速度，从滴定管中滴加试样溶液，并保持溶液沸腾状态，待溶液颜色变浅时，以每 2 秒 1 滴的速度滴定，直至溶液蓝色刚好褪去为终点，记录样液消耗体积。当样液中还原糖浓度过高时，应适当稀释后再进行正式测定，使每次滴定消耗样液的体积控制在与标定碱性酒石酸铜溶液时所消耗的还原糖标准溶液的体积相近，在 10 mL 左右。

（5）试样溶液的测定。

吸取 5.0 mL 碱性酒石酸铜甲液及 5.0 mL 碱性酒石酸铜乙液，置于 150 mL 锥形瓶中，加水 10 mL，加入玻璃珠 2 粒，从滴定管中滴加比预测体积少 1 mL 的试样溶液至锥形瓶中，使其在 2 min 内加热至沸，保持沸腾继续以每 2 秒 1 滴的速度滴定，直至蓝色刚好褪去为终点，记录样液消耗体积，同法平行操作 3 份，得出平均消耗体积。

6. 实验结果的分析与计算

（1）试样中还原糖的含量（以葡萄糖计）按下式计算：

$$X_1 = \frac{A}{m \times V/250 \times 1000} \times 100$$

式中，X_1——试样中还原糖的含量，单位为克/百克（g/100 g）；

A——碱性酒石酸铜溶液（甲液、乙液各半）相当于葡萄糖的质量，单位为毫克（mg）；

m——试样的质量，单位为克（g）；

V——测定时平均消耗试样溶液的体积，单位为毫升（mL）；

250——样液的定容体积，单位为毫升（mL）；

1000——单位换算系数；

100——单位换算系数。

（2）以葡萄糖为标准滴定溶液时，试样中蔗糖的含量按下式计算：

$$X_2 = (R_2 - R_1) \times 0.95$$

式中，X_2——试样中蔗糖的含量，单位为克/百克（g/100 g）；

R_2——水解处理后还原糖的含量，单位为克/百克（g/100 g）；

R_1——不经水解处理还原糖的含量，单位为克/百克（g/100 g）；

0.95——还原糖（以葡萄糖计）换算为蔗糖的系数。

注：蔗糖含量≥10 g/100 g 时，计算结果保留三位有效数字；蔗糖含量<

10 g/100 g 时，计算结果保留两位有效数字。在重复性条件下获得的两次独立测定结果的绝对差值不得超过算术平均值的 10%。

7. 注意事项

（1）蔗糖的水解速度比其他双糖、低聚糖和多糖快得多，在本实验的水解条件下蔗糖可以完全水解，其他双糖、低聚糖和多糖水解作用小，可忽略不计。

（2）为获得准确结果，必须严格控制水解条件。取样液体积、酸的浓度及用量、水解温度和时间都要严格控制，到达规定时间后反应迅速冷却。

（3）用还原糖法测定食品中蔗糖的含量时，为减少误差，测得的还原糖含量应以转化糖表示。因此，本实验滴定时采用 0.1%标准转化糖溶液标定碱性酒石酸铜溶液。

8. 思考题

为什么要严格控制水解条件？

实验 36　蒽酮比色法测定草莓酱中总糖的含量

1. 实验目的

（1）了解食品中总糖含量测定的意义。
（2）掌握蒽酮比色法测定食品中总糖含量的原理与操作。
（3）掌握分光光度计的使用方法。

2. 实验原理

糖类在较高温度下可被浓硫酸作用，脱水生成糠醛衍生物，呈现蓝绿色，该物质在 620 nm 处有最大吸收。当糖的含量在20～200 mg范围内时，其呈色强度与溶液中糖的含量成正比，故可比色定量。

3. 实验材料与试剂

草莓酱，市售；蒽酮、硫酸、葡萄糖，均为分析纯；水，为 GB/T 6682 规定的二级水。

蒽酮试剂：称取 100 mg 蒽酮溶于 100 mL 98%硫酸溶液中，用时配制。

葡萄糖标准溶液（100 μg/mL）：精确称取 100 mg 干燥葡萄糖，用蒸馏水溶解于 1000 mL 容量瓶中，定容至刻度，摇匀，避光储存备用。

4. 实验仪器

电热恒温水浴锅、分光光度计、容量瓶、移液管、分析天平等。

5. 实验步骤

（1）标准曲线的绘制。

分别取 100 μg/mL 葡萄糖标准溶液 0 mL，0.1 mL，0.2 mL，0.3 mL，0.4 mL，0.6 mL，0.8 mL，用蒸馏水定容到 1 mL，分别加入蒽酮试剂 5 mL，沸水浴中加热 10 min后，在 620 nm 波长进行测定。以吸光度值为纵坐标，各标准液浓度（μg/mL）为横坐标，绘制标准曲线。葡萄糖标准液的测定量在 10～80 μg/mL 浓度范围内有良好的线性关系，其回归方程为 $A=0.0096C-0.0139$，相关系数 $R^2=0.9995$。

（2）试样溶液的制备。

准确称取草莓酱 1.00 g，置于 100 mL 烧杯中，加入少量蒸馏水溶解，用适量活性炭脱色后过滤，收集滤液于 100 mL 容量瓶中，用蒸馏水定容至刻度，摇匀，备用。

（3）试样溶液的测定。

取上述样液 1 mL 于试管，加入 9 mL 蒽酮试剂，95℃水浴中反应 15 min，取出冷却，室温静置 30 min，测定吸光度值。同时另取一支试管，向其中加入 1 mL 蒸馏水，重复操作，做空白实验。

6. 实验结果的分析与计算

试样中总糖的含量（以葡萄糖计）按下式计算：

$$X=\rho\times100\times10^{-4}$$

式中，X——试样中总糖的含量，单位为毫克/百克（mg/100 g）；

ρ——从标准曲线中查得的糖的浓度，单位为微克/毫升（μg/mL）；

100——稀释倍数；

10^{-4}——单位换算系数。

7. 注意事项

（1）本方法中，蒽酮试剂中硫酸的浓度、取样液量、蒽酮试剂用量、沸水浴中反应时间和显色时间等测定条件之间是有联系的，不能随意改变其中任何一个，否则将影响分析结果。

（2）蒽酮试剂不稳定，易被氧化，放置数天后变为褐色，故应当天配制，添加稳定剂硫脲后，在冷暗处可保存 48 h。

（3）反应温度、显色时间都将影响显色状况，操作稍不留心就会引起误差。样液必须澄清透明，加热后不应有蛋白质沉淀。如果样品颜色较深，可用活性炭脱色。

8. 思考题

绘制标准曲线时应注意哪些问题？

实验37　酸水解法测定火腿肠中淀粉的含量

1. 实验目的

(1) 了解火腿肠中淀粉含量测定的意义。
(2) 掌握淀粉水解、可溶性糖去除的方法。
(3) 掌握酸水解法测定肉制品中淀粉含量的原理与操作。

2. 实验原理

试样中加入氢氧化钾—乙醇溶液，在沸水浴上加热后滤去上清液，用热乙醇洗涤沉淀除去脂肪和可溶性糖，沉淀经盐酸水解后，用碘量法测定形成的葡萄糖并计算淀粉含量。

3. 实验材料与试剂

火腿肠，市售；氢氧化钾、95%乙醇、盐酸、氢氧化钠、铁氰化钾、乙酸锌、冰乙酸、硫酸铜（$CuSO_4 \cdot 5H_2O$）、无水碳酸钠、柠檬酸（$C_6H_8O_7 \cdot H_2O$）、碘化钾、硫代硫酸钠（$Na_2S_2O_3 \cdot 5H_2O$）、溴百里酚蓝、可溶性淀粉，均为分析纯；水，为GB/T 6682规定的二级水。

氢氧化钾—乙醇溶液：称取氢氧化钾50 g，用95%乙醇溶解并稀释至1000 mL。

乙醇溶液（80%）：量取95%乙醇842 mL，用水稀释至1000 mL。

盐酸溶液（1.0 mol/L）：量取盐酸83 mL，用水稀释至1000 mL。

氢氧化钠溶液：称取固体氢氧化钠30 g，用水溶解并稀释至100 mL。

蛋白沉淀剂，分溶液A和溶液B，配制分别如下：

溶液A：称取铁氰化钾106 g，用水溶解并稀释至1000 mL。

溶液B：称取乙酸锌220 g，加冰乙酸30 mL，用水稀释至1000 mL。

碱性铜试剂的配制如下：

溶液a：称取硫酸铜25 g，溶于100 mL水中。

溶液b：称取无水碳酸钠144 g，溶于300～400 mL 50℃水中。

溶液c：称取柠檬酸50 g，溶于50 mL水中。

将溶液c缓慢加入溶液b中，边加边搅拌直至气泡停止产生。将溶液a加入此混合液中并连续搅拌，冷却至室温后，转移到1000 mL容量瓶中，定容至刻度，混匀。放置24 h后使用，若出现沉淀需过滤。取1份此溶液加入49份煮沸并冷却的蒸馏水中，pH值应为10.0 ±0.1。

碘化钾溶液：称取碘化钾10 g，用水溶解并稀释至100 mL。

盐酸溶液：取盐酸100 mL，用水稀释至160 mL。

硫代硫酸钠标准溶液（0.1 mol/L）：称取26 g五水合硫代硫酸钠或16 g无水硫代硫酸钠，溶于1000 mL水中，缓缓煮沸10 min，冷却。放置2周后用4号玻璃滤锅过滤。

溴百里酚蓝指示剂：称取溴百里酚蓝 1 g，用 95%乙醇溶解并稀释至 100 mL。

淀粉指示剂：称取可溶性淀粉 0.5 g，加少许水调成糊状，倒入盛有 50 mL 沸水的烧杯中调匀，煮沸，临用时配置。

4. 实验仪器

分析天平、恒温水浴锅、冷凝管、绞肉机、电炉等。

5. 实验步骤

（1）试样的制备。

称取有代表性的试样不少于 200 g，用绞肉机绞两次并混匀。绞好的试样应尽快分析，若不立即分析，应密封冷藏储存，防止变质和成分发生变化。储存的试样启用时应重新混匀。

（2）淀粉分离。

称取试样 25 g（精确至 0.01 g，淀粉含量约 1 g）放入 500 mL 烧杯中，加入热氢氧化钾—乙醇溶液 300 mL，用玻璃棒搅匀，盖上表面皿，在沸水浴上加热 1 h，不时搅拌。然后，将沉淀完全转移到漏斗上过滤，用 80%热乙醇溶液洗涤沉淀数次。根据样品的特征，可适当增加洗涤液的用量和洗涤次数，以保证糖洗涤完全。

（3）水解。

将滤纸钻孔，用 1.0 mol/L 盐酸溶液 100 mL，将沉淀完全洗入 250 mL 烧杯中，盖上表面皿，在沸水浴中水解 2.5 h，不时搅拌。待溶液冷却至室温，用氢氧化钠溶液中和至 pH 值约为 6（不要超过 6.5）。将溶液移入 200 mL 容量瓶中，加入蛋白质沉淀剂溶液 A 3 mL，混合后再加入蛋白质沉淀剂溶液 B 3 mL，用水定容至刻度。摇匀，经不含淀粉的滤纸过滤。滤液中加入氢氧化钠溶液 1～2 滴，使之对溴百里酚蓝指示剂呈碱性。

（4）测定。

准确吸取一定量滤液（V_2）稀释到一定体积（V_3），然后取 25.00 mL（最好含葡萄糖 40～50 mg）移入碘量瓶中，加入 25.00 mL 碱性铜试剂，装上冷凝管，在电炉上 2 min内煮沸。随后改用温火继续煮沸 10 min，迅速冷却至室温，取下冷凝管，加入碘化钾溶液 30 mL，小心加入盐酸溶液 25.0 mL，盖好盖待滴定。

用硫代硫酸钠标准溶液滴定上述溶液中释放出来的碘。当溶液变成浅黄色时，加入淀粉指示剂 1 mL，继续滴定直到蓝色消失，记下消耗的硫代硫酸钠标准溶液的体积（V_1）。同一试样进行两次测定并做空白实验。

6. 实验结果的分析与计算

（1）硫代硫酸钠标准溶液的消耗量按下式计算：

$$X_1 = 10 \times (V_{空} - V_1) \times c$$

式中，X_1——硫代硫酸钠标准溶液的消耗量，单位为毫摩尔（mmol）；

10——单位换算系数；

$V_{空}$——空白实验时消耗硫代硫酸钠标准溶液的体积，单位为毫升（mL）；

V_1——滴定样液时消耗硫代硫酸钠标准溶液的体积，单位为毫升（mL）；

c——硫代硫酸钠标准溶液的浓度，单位为摩尔/升（mol/L）。

（2）试样中淀粉的含量按下式计算：

$$X = \frac{m_1 \times 0.9}{1000} \times \frac{V_3}{25} \times \frac{200}{V_2} \times \frac{100}{m} = 0.72 \times \frac{V_3}{V_2} \times \frac{m_1}{m}$$

式中，X——试样中淀粉的含量，单位为克/百克（g/100 g）；

m_1——试样中葡萄糖的质量，根据 X_1 从附表 6 中查出相应的数值，单位为毫克（mg）；

0.9——葡萄糖折算成淀粉的换算系数；

1000——单位换算系数；

V_3——稀释后的体积，单位为毫升（mL）；

25——碱性铜试剂的体积，单位为毫升（mL）；

200——容量瓶的体积，单位为毫升（mL）；

V_2——取原液的体积，单位为毫升（mL）；

100——盐酸溶液的体积，单位为毫升（mL）；

m——试样的质量，单位为克（g）。

注：当平行测定符合精密度所规定的要求时，取平行测定的算术平均值作为结果（精确至 0.1%）。在重复性条件下获得的两次独立测定结果的绝对差值不得超过 0.2%。

7. 注意事项

（1）本方法适用于肉制品中淀粉含量的测定，但不适用于同时含有经水解也能产生还原糖的其他添加物的淀粉含量的测定。

（2）样品中加入乙醇溶液后，混合液中的乙醇含量应为 80%及以上，以防止糊精随可溶性糖类一起被洗掉。

（3）水解条件要严格控制，加热时间要适当，既要保证淀粉水解完全，又要避免加热时间过长，因为加热时间过长葡萄糖会形成糠醛聚合体失去还原性，影响测定结果的准确性。

8. 思考题

在水解步骤中，水解 2.5 h 后，溶液冷却至室温，用氢氧化钠溶液中和至中性的目的是什么？

实验 38　重量法测定竹笋中粗纤维的含量

1. 实验目的

（1）了解食品中粗纤维含量测定的意义。

（2）了解粗纤维对竹笋品质和口感的影响。

（3）掌握重量法测定竹笋中粗纤维含量的原理与操作。

2. 实验原理

在硫酸作用下，竹笋中的糖、淀粉、果胶质和半纤维素经水解除去后，再用碱处理，除去蛋白质及脂肪酸，剩余的残渣为粗纤维。如其中含有不溶于酸碱的杂质，可灰化后除去。

3. 实验材料与试剂

竹笋，市售；硫酸、氢氧化钾，均为分析纯；水，为 GB/T 6682 规定的二级水。

分别配制 1.25％硫酸和 1.25％氢氧化钾溶液。

石棉：加 5％氢氧化钠溶液浸泡石棉，在水浴上回流 8 h 以上，再用热水充分洗涤。然后用 20％盐酸在沸水浴上回流 8 h 以上，再用热水充分洗涤，干燥。在 600℃～700℃中灼烧后，加水使成混悬物，储存于玻塞瓶中。

4. 实验仪器

G2 垂熔坩埚（或同型号的垂熔漏斗）、组织捣碎机、电炉、布氏漏斗、抽滤瓶、分析天平、电热恒温干燥箱、高温炉、玻璃干燥器。

5. 实验步骤

（1）称取 20～30 g 捣碎的竹笋试样或 5.0 g 干竹笋试样，移入 500 mL 锥形瓶中，加入 200 mL 煮沸的 1.25％硫酸，加热使其微沸，保持体积恒定，维持 30 min，每隔 5 min摇动锥形瓶一次，以充分混合瓶内的物质。

（2）取下锥形瓶，立即用亚麻布过滤，用沸水洗涤至洗液不呈酸性。

（3）再用 200 mL 煮沸的 1.25％氢氧化钾溶液将亚麻布上的存留物洗入原锥形瓶内，加热微沸 30 min 后取下锥形瓶，立即以亚麻布过滤，以沸水洗涤 2～3 次后移入已干燥称量的垂熔坩埚中，抽滤，用热水充分洗涤后，抽干。再依次用乙醇和乙醚洗涤一次。将坩埚和内容物在 105℃烘箱中烘干后称量，重复操作，直至恒量。

6. 实验结果的分析与计算

试样中粗纤维的含量按照下式计算：

$$X = \frac{G}{m} \times 100\%$$

式中，X——试样中粗纤维的含量，单位为％；

G——残余物的质量（或经高温炉损失的质量），单位为克（g）；

m——试样的质量，单位为克（g）。

注：计算结果保留至小数点后一位；在重复性条件下获得的两次独立测定结果的绝对差值不得超过算术平均值的 10％。

7. 注意事项

(1) 本方法适用于植物类食品中粗纤维含量的测定。

(2) 如果竹笋试样中含有较多的不溶性杂质，则可将竹笋试样移入石棉坩埚，烘干称量后再移入 550℃高温炉中灰化，使含碳的物质全部灰化，置于干燥器内，冷却至室温称量，所损失的量即为粗纤维量。

(3) 在酸解完成后，排液时应缓慢进行，防止漂浮的样品黏附到锥形瓶壁上，如果样品黏附得比较牢固，无法用水清洗，可用软毛刷从底部轻轻刷掉。

8. 思考题

(1) 用本方法测定的实验结果为什么是粗纤维的含量?

(2) 测定中为什么要严格控制实验条件? 影响实验结果的主要因素有哪些?

实验 39 咔唑比色法测定果冻中果胶的含量

1. 实验目的

(1) 了解食品中果胶含量测定的意义。

(2) 掌握咔唑比色法测定食品中果胶含量的原理和操作。

(3) 掌握分光光度计的使用方法和标准曲线的绘制方法。

2. 实验原理

用无水乙醇沉淀果冻中的果胶，果胶经水解后生成半乳糖醛酸，在硫酸中与咔唑试剂发生缩合反应，生成紫红色化合物，该化合物在 525 nm 处有最大吸收，其吸收值与果胶含量成正比，以半乳糖醛酸为标准物质，通过标准曲线法定量。

3. 实验材料与试剂

果冻，市售；无水乙醇、硫酸、咔唑，均为分析纯；水，为 GB/T 6682 规定的二级水。

乙醇溶液 (67%)：无水乙醇+水=2+1。

硫酸溶液 (pH=0.5)：用硫酸调节水的 pH 值至 0.5。

氢氧化钠溶液 (40 g/L)：称取 4.0 g 氢氧化钠，用水溶解并定容至 100 mL。

咔唑—乙醇溶液 (1 g/L)：称取 0.1000 g 咔唑，用无水乙醇溶解并定容至100 mL。做空白实验检测，即 1 mL 水、0.25 mL 咔唑乙醇溶液和 5 mL 硫酸混合后应清澈、透明、无色。

半乳糖醛酸标准储备液：准确称取无水半乳糖醛酸 0.1000 g，用少量水溶解，加入 0.5 mL 40 g/L 氢氧化钠溶液，定容至 100 mL，混匀。此溶液中半乳糖醛酸的浓度为 1000 mg/L。

半乳糖醛酸标准使用液：分别吸取 0.0 mL，1.0 mL，2.0 mL，3.0 mL，4.0 mL，5.0 mL 半乳糖醛酸标准储备液于 50 mL 容量瓶中，定容，溶液质量浓度分别为 0.0 mg/L，20.0 mg/L，40.0 mg/L，60.0 mg/L，80.0 mg/L，100.0 mg/L。

4. 实验仪器

分光光度计、组织捣碎机、分析天平、恒温水浴振荡器、离心机。

5. 实验步骤

（1）试样的制备。

将果冻直接放入组织捣碎机中捣碎制成匀浆。

（2）试样预处理。

称取 1.0～5.0 g 试样（精确至 0.001 g）于 50 mL 刻度离心管中，加入少量滤纸屑，再加入 35 mL 约 75℃的无水乙醇，在 85℃水浴中加热 10 min，充分振荡。冷却后加入无水乙醇使其总体积接近 50 mL，在 4000 r/min 下离心 15 min，弃去上清液。在 85℃水浴中用 67％乙醇溶液洗涤沉淀，离心分离，弃去上清液，此步骤反复操作，直至上清液中不再产生糖的穆立虚反应为止（检验方法：取上清液 0.5 mL 注入小试管中，加 5％ α－萘酚的乙醇溶液 2～3 滴，充分混匀，此时溶液稍有白色浑浊，然后使试管轻微倾斜，沿管壁慢慢加入 1 mL 优级纯硫酸，若在两液层的界面不产生紫红色色环，则证明上清液中不含糖分），保留沉淀 A。同时做试剂空白实验。

（3）果胶提取液的制备。

①酸提取方式。

将上述制备出的沉淀 A 用 pH＝0.5 的硫酸溶液全部洗入三角瓶中，混匀，在 85℃水浴中加热 60 min，期间应不时摇荡，冷却后移入 100 mL 容量瓶中，用 pH＝0.5 的硫酸溶液定容，过滤，保留滤液 B 供测定用。

②碱提取方式。

将上述制备出的沉淀 A 用水全部洗入 100 mL 容量瓶中，加入 5 mL 40 g/mL 氢氧化钠溶液，定容，混匀。至少放置 15 min，期间应不时摇荡。过滤，保留滤液 C 供测定用。

（4）标准曲线的绘制。

吸取 0.0 mg/L，20.0 mg/L，40.0 mg/L，60.0 mg/L，80.0 mg/L，100.0 mg/L 半乳糖醛酸标准使用液各 1.0 mL 于 25 mL 玻璃试管中，分别加入 0.25 mL 1 g/L 咔唑—乙醇溶液，产生白色絮状沉淀，不断摇动试管，再快速加入 5.0 mL 优级纯硫酸，摇匀。立刻将试管放入 85℃恒温水浴振荡器内水浴 20 min，取出后放入冷水中迅速冷却。在 1.5 h 的时间内，用分光光度计在波长 525 nm 处测定标准溶液的吸光度值，以半乳糖醛酸浓度为横坐标，吸光度值为纵坐标，绘制标准曲线。

（5）试样的测定。

吸取 1.0 mL 滤液 B 或滤液 C 于 25 mL 玻璃试管中，加入 0.25 mL 1 g/L 咔唑—乙醇溶液，同标准溶液显色方法进行显色。在 1.5 h 的时间内，用分光光度计在波长

525 nm处测定其吸光度值，根据标准曲线计算出滤液 B 或滤液 C 中果胶的含量（以半乳糖醛酸计）。按上述方法同时做空白实验，用空白调零。如果吸光度值超过 100 mg/L 半乳糖醛酸的吸光度值，将滤液 B 或滤液 C 稀释后重新测定。

6. 实验结果的分析与计算

试样中果胶的含量（以半乳糖醛酸计）按下式计算：

$$\omega = \frac{\rho \times V}{m \times 1000}$$

式中，ω——试样中果胶的含量，单位为克/千克（g/kg）；

ρ——滤液 B 或滤液 C 中半乳糖醛酸的浓度，单位为毫克/升（mg/L）；

V——果胶沉淀 A 的定容体积，单位为毫升（mL）；

m——试样的质量，单位为克（g）；

1000——单位换算系数。

计算结果保留三位有效数字。

7. 注意事项

（1）本实验采用分光光度计测定果胶，适用于水果及其制品中果胶含量的测定。其线性范围是 1～10 mg/L，检出限为 0.02 g/kg。

（2）糖分的存在会干扰咔唑的显色反应，使结果偏高，故提取果胶前需充分洗涤以除去糖分。

（3）硫酸与半乳糖醛酸混合液在加热条件下已形成呈色反应所必需的中间产物，随后与咔唑试剂反应。硫酸浓度直接关系到显色反应，故应保证标准曲线与样品测定中的硫酸浓度保持一致。

8. 思考题

（1）果胶的含量对食品品质有何影响？

（2）果胶在提取过程中发生了怎样的化学变化？

（3）当样品中存在着其他种类的相对分子质量较高的碳水化合物时，会对实验结果造成怎样的影响？

实验 40　高效液相色谱法测定食品中糖类的含量

1. 实验目的

（1）了解食品中糖类含量测定的意义。

（2）了解高效液相色谱法测定食品中糖类含量的原理与操作。

2. 实验原理

样品经适当的前处理后，将糖类的水溶液注入反相化学键合相色谱体系，用乙腈和水作为流动相，糖类分子按其相对分子含量由小到大的顺序流出，经示差折光检测器检测，与标准比较定量。

3. 实验材料与试剂

食品样品，市售；硫酸锌、亚铁氰化钾、醋酸铅、草酸钾、磷酸氢二钠、葡萄糖、果糖、蔗糖、乳糖、麦芽糖，均为分析纯；乙腈，色谱纯；水，为 GB/T 6682 规定的一级水。

草酸钾—磷酸氢二钠混合液：称取 7 g 磷酸氢二钠和 3 g 草酸钾，加水溶解并稀释至 100 mL。

葡萄糖、果糖、蔗糖、乳糖、麦芽糖标准品：用超纯水配制葡萄糖、果糖、蔗糖、乳糖、麦芽糖单标溶液，使各自浓度均为 10.0 mg/mL，再配葡萄糖、果糖、蔗糖、乳糖、麦芽糖的混标溶液，使葡萄糖、果糖、蔗糖、乳糖、麦芽糖的浓度均为1.00 mg/mL。

4. 实验仪器

高效液相色谱仪、离心机、分析天平等。

5. 实验步骤

(1) 试样的制备。

固体样品（不含奶粉）：如果样品蛋白质含量低，精密称取均匀粉碎固体样品 2～10 g，加入适量水溶解，转移至 100 mL 容量瓶中，并用水定容至刻度，放置澄清（必要时，吸取适量上述液体于 100 mL 容量瓶中，加入水溶解，并定容至刻度，放置澄清），过 0.22 μm 滤膜，即为样品处理液。如果样品蛋白质含量高，称取样品后，加入适量水溶解，转移至 100 mL 容量瓶中，加入 0.25 mol/L 硫酸锌溶液 5 mL 和 0.085 mol/L亚铁氰化钾溶液 5 mL，混匀，并用水定容至刻度，摇匀，放置 5 min，离心，取上清液过 0.22 μm 滤膜，即为样品处理液。

口服液、汽水、果味水：精密称取样品 2～10 g 于 100 mL 容量瓶中，加入适量水溶解，并定容至刻度，放置澄清（必要时，吸取适量上述液体于 100 mL 容量瓶中，加入水溶解，并定容至刻度，放置澄清），过 0.22 μm 滤膜，即为样品处理液。

乳酸饮料：精密称取乳酸饮料 25 g 于 50 mL 容量瓶中，加入适量甲醇，混匀，并用水定容至刻度，摇匀，放置 5 min，离心，精密量取上述离心澄清液适量于 100 mL 容量瓶中，加入适量水溶解，用水定容至刻度，放置澄清，过 0.22 μm 滤膜，即为样品处理液。

奶粉：精密称取均匀品 2～10 g 于 100 mL 容量瓶中，加入适量水溶解，加入 5 mL 20 % 醋酸铅溶液及 5 mL 草酸钾—磷酸氢二钠混合液，混匀，并用水定容至刻度，摇匀，放置 5 min，离心，取上清液过 0.22 μm 滤膜，即为样品处理液。

(2) 试样溶液的分离与鉴定。

色谱条件：流动相：乙腈+水（75 + 25）；流速：1 mL/min；温度：室温；检测

器：示差检测器；Carbohydrate Analysis 柱：125 mm×4 nm，5 μm；进样量：10 μL。

分别取10 μL标准液及试样处理液注入高效液相色谱仪中，以保留时间定性，峰面积定量。

（3）标准曲线的绘制。

用移液管取2.00 mL，4.00 mL，6.00 mL，8.00 mL，10.00 mL的20.0 mg/mL葡萄糖标准溶液，分别用重蒸水定容至10.00 mL。吸10.00 μL注入高效液相色谱仪，以葡萄糖的浓度和峰面积绘制标准曲线。用同样的方法绘制果糖、蔗糖、乳糖的标准曲线。

6. 实验结果的分析与计算

试样中糖类的含量按下式计算：

$$X=\frac{\rho\times V}{m\times 1000}\times 100\%$$

式中，X——试样中糖类的含量，单位为%；

V——样液总体积，单位为毫升（mL）；

m——试样的质量，单位为克（g）；

ρ——从标准工作曲线中查得的样液中某种糖的浓度，单位为毫克/毫升（mg/mL）；

1000——单位换算系数。

7. 注意事项

（1）本方法可以在15 min内完成5种糖的分离，精密度和准确度都很好，变异系数小于2%。

（2）本方法广泛适用于食品中糖类含量的测定，几乎所有含游离糖的样品都可以使用这种分析技术。测定不同的食品时，应根据待测糖的种类，改变流动相乙腈溶液的浓度，采取适当的样品处理方法等，提高方法的选择性、灵敏度和准确度，扩大其适用范围。

（3）也可用丙酮—乙酸乙酯—水代替毒性较大的乙腈作流动相。

8. 思考题

基于食品中糖类的分离与鉴定，高效液相色谱法与气相色谱法相比有什么优点和缺点？

（曾维才）

第 8 章　蛋白质和氨基酸的测定

8.1　蛋白质的测定

实验 41　凯式定氮法测定奶粉中蛋白质的含量

1. 实验目的

（1）了解凯氏定氮法测定食品中蛋白质含量的原理。
（2）掌握凯氏定氮仪和全自动凯氏定氮仪测定食品中蛋白质含量的方法。

2. 实验原理

试样中蛋白质在催化加热条件下被分解，产生的氨与硫酸结合生成硫酸铵。碱化蒸馏使氨游离，用硼酸吸收后以硫酸或盐酸标准滴定溶液滴定，根据酸的消耗量计算氮含量，再乘以换算系数，即为蛋白质的含量。

3. 实验材料与试剂

奶粉，市售；硫酸铜（$CuSO_4 \cdot 5H_2O$）、硫酸钾、硫酸、硼酸、甲基红指示剂、溴甲酚绿指示剂、亚甲基蓝指示剂、氢氧化钠、95%乙醇（C_2H_5OH），均为分析纯；水，为 GB/T 6682 规定的二级水。

硼酸溶液（20 g/L）：称取 20 g 硼酸，加水溶解并稀释至 1000 mL。

氢氧化钠溶液（400 g/L）：称取 40 g 氢氧化钠，加水溶解后放冷，并用水稀释至 100 mL。

硫酸标准滴定溶液 $[c(\frac{1}{2}H_2SO_4)]$ 0.0500 mol/L 或盐酸标准滴定溶液$[c(HCl)]$ 0.0500 mol/L。

甲基红—乙醇溶液（1 g/L）：称取 0.1 g 甲基红，溶于 95%乙醇，用 95%乙醇稀释至 100 mL。

亚甲基蓝—乙醇溶液（1 g/L）：称取 0.1 g 亚甲基蓝，溶于 95%乙醇，用 95%乙醇稀释至 100 mL。

溴甲酚绿—乙醇溶液（1 g/L）：称取 0.1 g 溴甲酚绿，溶于 95%乙醇，用 95%乙醇稀释至 100 mL。

A 混合指示液：2 份甲基红—乙醇溶液与 1 份亚甲基蓝—乙醇溶液临用时混合。

B 混合指示液：1 份甲基红—乙醇溶液与 5 份溴甲酚绿—乙醇溶液临用时混合。

4. 实验仪器

分析天平、定氮蒸馏装置（图 8−1）、自动凯氏定氮仪等。

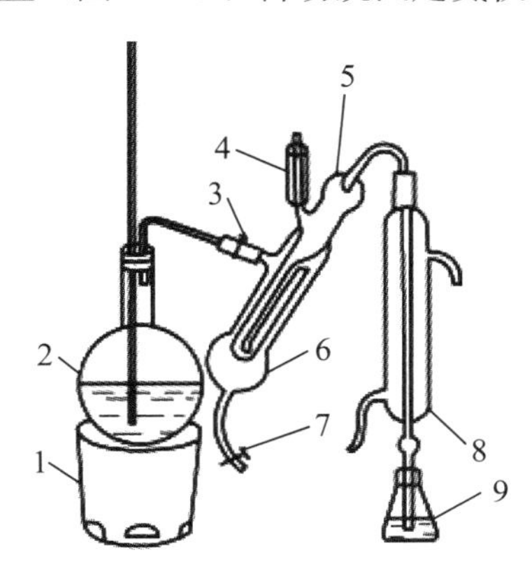

图 8−1 定氮蒸馏装置

1—电炉；2—水蒸气发生器（2 L 烧瓶）；3—螺旋夹；4—小玻璃杯及棒状玻璃塞；5—反应室；6—反应室外层；7—橡皮管及螺旋夹；8—冷凝管；9—蒸馏液接收瓶

5. 实验步骤

（1）凯氏定氮法。

①试样处理：称取充分混匀的奶粉试样 0.2～2 g（精确至 0.001 g，相当于 30～40 mg氮），移入干燥的 100 mL，250 mL 或 500 mL 定氮瓶中，加入 0.4 g 硫酸铜、6 g 硫酸钾及 20 mL 硫酸，轻摇后于瓶口放一小漏斗，将瓶以 45°角斜支于有小孔的石棉网上。小心加热，待内容物全部碳化，泡沫完全停止后，加强火力，并保持瓶内液体微沸，至液体呈蓝绿色并澄清透明后，再继续加热 0.5～1 h。取下放冷，小心加入 20 mL 水，放冷后移入 100 mL 容量瓶中，并用少量水洗定氮瓶，洗液并入容量瓶中，再加水至刻度，混匀备用。同时做试剂空白实验。

②测定：按图 8−1 装好定氮蒸馏装置，向水蒸气发生器内装水至 2/3 处，加入数粒玻璃珠，加甲基红—乙醇溶液数滴及数毫升硫酸以保持水呈酸性，加热煮沸水蒸气发生器内的水并保持沸腾。

③向接收瓶内加入 10.0 mL 硼酸溶液及 1～2 滴 A 混合指示液或 B 混合指示液，并使冷凝管的下端插入液面下，根据试样中氮的含量，准确吸取 2.0～10.0 mL 试样处理液，由小玻璃杯注入反应室，以 10 mL 水洗涤小玻璃杯并使之流入反应室内，随后塞紧棒状玻璃塞。将 10.0 mL 氢氧化钠溶液倒入小玻璃杯，提起玻璃塞使其缓缓流入反应室，立即将玻璃塞盖紧，并水封。夹紧螺旋夹，开始蒸馏。蒸馏 10 min 后移动蒸馏

液接收瓶，液面离开冷凝管下端，再蒸馏 1 min。然后用少量水冲洗冷凝管下端外部，取下蒸馏液接收瓶。尽快以硫酸或盐酸标准滴定溶液滴定至终点。如用 A 混合指示液，终点颜色为灰蓝色；如用 B 混合指示液，终点颜色为浅灰红色。同时做试剂空白实验。

（2）自动凯氏定氮仪法。

称取充分混匀的奶粉试样 0.2～2 g（精确至 0.001 g，相当于 30～40 mg氮），置于消化管中，加入 0.4 g 硫酸铜、6 g 硫酸钾及 20 mL 硫酸于消化炉进行消化。当消化炉温度达到 420℃之后，继续消化 1 h，此时消化管中的液体呈绿色透明状，取出冷却后加入 50 mL 水，于自动凯氏定氮仪（使用前加入氢氧化钠溶液，盐酸或硫酸标准溶液，以及含有混合指示液 A 或 B 的硼酸溶液）上实现自动加液、蒸馏、滴定和记录滴定数据的过程。

6. 实验结果的分析与计算

试样中蛋白质的含量按下式计算：

$$X = \frac{(V_1 - V_2) \times c \times 0.0140}{m \times V_3/100} \times F \times 100$$

式中，X——试样中蛋白质的含量，单位为克/百克（g/100 g）；

V_1——滴定样液时消耗硫酸或盐酸标准滴定溶液的体积，单位为毫升（mL）；

V_2——空白实验时消耗硫酸或盐酸标准滴定溶液的体积，单位为毫升（mL）；

c——硫酸或盐酸标准滴定溶液的浓度，单位为摩尔/升（mol/L）；

0.0140——与 1 mL 硫酸 $[c(\frac{1}{2}H_2SO_4) = 1.000\ mol/L]$ 或盐酸 $[c(HCl) = 1.000\ mol/L]$ 标准滴定溶液相当的氮的质量，单位为克（g）；

m——试样的质量，单位为克（g）；

V_3——吸取消化液的体积，单位为毫升（mL）；

F——氮换算为蛋白质的系数，纯奶粉的氮转换系数是 6.38，复合奶粉的氮转换系数是 6.25；

100——单位换算系数。

注：蛋白质含量≥1 g/100 g 时，计算结果保留三位有效数字；蛋白质含量<1 g/100 g 时，计算结果保留两位有效数字。

7. 注意事项

（1）在重复条件下获得的两次独立测定结果的绝对差值不得超过算术平均值的 10%。

（2）本方法适用于各食品中蛋白质含量的测定，换算系数见表 8-1。

（3）本方法不适用于添加无机含氮物质、有机非蛋白质含氮物质食品中蛋白质含量的测定。

表 8-1　各食品中蛋白质换算系数

<table>
<tr><th colspan="2">食品类别</th><th>换算系数</th><th colspan="2">食品类别</th><th>换算系数</th></tr>
<tr><td rowspan="4">小麦</td><td>全小麦粉</td><td>5.83</td><td colspan="2">大米及米粉</td><td>5.95</td></tr>
<tr><td>麦糠麸皮</td><td>6.31</td><td rowspan="3">鸡蛋</td><td>鸡蛋（全）</td><td>6.25</td></tr>
<tr><td>麦胚芽</td><td>5.80</td><td>蛋黄</td><td>6.12</td></tr>
<tr><td>麦胚粉、黑麦、普通小麦、面粉</td><td>5.70</td><td>蛋白</td><td>6.32</td></tr>
<tr><td colspan="2">燕麦、大麦、黑麦粉</td><td>5.83</td><td colspan="2">肉与肉制品</td><td>6.25</td></tr>
<tr><td colspan="2">小米、裸麦</td><td>5.83</td><td colspan="2">动物明胶</td><td>5.55</td></tr>
<tr><td colspan="2">玉米、黑小麦、饲料小麦、高粱</td><td>6.25</td><td colspan="2">纯乳与纯乳制品</td><td>6.38</td></tr>
<tr><td rowspan="3">油料</td><td>芝麻、棉籽、葵花籽、蓖麻、红花籽</td><td>5.30</td><td colspan="2">复合配方食品</td><td>6.25</td></tr>
<tr><td>其他油料</td><td>6.25</td><td colspan="2" rowspan="2">酪蛋白</td><td rowspan="2">6.40</td></tr>
<tr><td>菜籽</td><td>5.53</td></tr>
<tr><td colspan="2">巴西果</td><td>5.46</td><td colspan="2">胶原蛋白</td><td>5.79</td></tr>
<tr><td rowspan="3">坚果、种子类</td><td>花生</td><td>5.46</td><td rowspan="2">豆类</td><td>大豆及其粗加工制品</td><td>5.71</td></tr>
<tr><td>杏仁</td><td>5.18</td><td>大豆蛋白制品</td><td>6.25</td></tr>
<tr><td>核桃、榛子、椰果等</td><td>5.30</td><td colspan="2">其他食品</td><td>6.25</td></tr>
</table>

8. 思考题

(1) 简要说明各食品的蛋白质换算系数如何获得。

(2) 如果奶粉试样中添加了少量三聚氰胺，实际测得值与试样中蛋白质含量相比如何？此时，为了获得试剂中实际蛋白质含量，应采用何种方法进行检测？

实验 42　双缩脲法测定豆浆中蛋白质的含量

1. 实验目的

(1) 掌握双缩脲法快速检测豆浆中蛋白质含量的原理与操作。

(2) 掌握紫外分光光度计和离心机的使用方法。

2. 实验原理

利用三氯乙酸沉淀样品中的蛋白质，将沉淀物与双缩脲试剂进行显色，通过紫外分光光度计测定显色液在 540 nm 的最大吸光度值，采用外标法定量，计算样品中蛋白质的含量。

3．实验材料与试剂

豆浆，市售；四氯化碳、酪蛋白标准品（纯度≥99%），均为分析纯；水，为GB/T 6682 规定的二级水。

氢氧化钾溶液（10 mol/L）：准确称取 560 g 氢氧化钾，加水溶解并定容至 1 L。

酒石酸钾钠溶液（250 g/L）：准确称取 250 g 酒石酸钾钠，加水溶解并定容至 1 L。

硫酸铜溶液（40 g/L）：准确称取 40 g 硫酸铜，加水溶解并定容至 1 L。

三氯乙酸溶液（150 g/L）：准确称取 150 g 三氯乙酸，加水溶解并定容至 1 L。

双缩脲试剂：将 10 mol/L 氢氧化钾溶液 10 mL 和 250 g/L 酒石酸钾钠溶液 20 mL 加到约 800 mL 蒸馏水中，剧烈搅拌，同时慢慢加入 40 g/L 硫酸铜溶液 30 mL，定容至 1000 mL。

4．实验仪器

紫外分光光度计、高速冷冻离心机、超声波清洗器、分析天平等。

5．实验步骤

（1）标准曲线的绘制。

取 6 支试管，按表 8－2 加入酪蛋白标准品和双缩脲试剂，充分混匀。

表 8－2　标准曲线的绘制

项目	0	1	2	3	4	5
酪蛋白标准品（mg）	0	10	20	30	40	50
双缩脲试剂（mL）	20.0	20.0	20.0	20.0	20.0	20.0
蛋白质的浓度（mg/mL）	0	0.5	1.0	1.5	2.0	2.5

（2）试样前处理。

固体试样：准确称取 0.2 g 试样，置于 50 mL 离心管中，加入 5 mL 水。

液体试样：准确称取 1.5 g 试样，置于 50 mL 离心管中。

（3）沉淀和过滤。

加入 150 g/L 的三氯乙酸溶液 5 mL，静置 10 min 使蛋白质充分沉淀，在 10000 r/min下离心 10 min，倾去上清液，经 95%乙醇 10 mL 洗涤。向沉淀中加入四氯化碳2 mL和双缩脲试剂 20 mL，置于超声波清洗器中振荡均匀，使蛋白质溶解，静置显色10 min，在 10000 r/min 下离心 20 min，取上层清液，待测。

（4）试样溶液的测定。

在制备的标准溶液中，以 0 管为对比调零，540 nm 下测定各标准溶液的吸光度值，以吸光度值为纵坐标，以表 8－2 中的蛋白质浓度为横坐标，绘制标准曲线。同时测定（3）提取的蛋白液的吸光度值，并根据标准曲线的线性回归方程读取制备样品蛋白质的

浓度 c。

6. 实验结果的分析与计算

试样中蛋白质的含量按下式计算：

$$X = \frac{2c}{m}$$

式中，X——试样中蛋白质的含量，单位为克/百克（g/100 g）；

m——试样的质量，单位为克（g）；

c——样液中蛋白质的浓度，单位为毫克/毫升（mg/mL）；

2——换算系数。

注：测定结果用平行测定的算术平均值表示，保留两位有效数字。

7. 注意事项

（1）在重复性条件下获得的两次独立测试结果的绝对差值不得超过算术平均值的 10%。

（2）本方法的检出限是 5×10^{-5} g/100 g。

（3）当样品蛋白质中含有脯氨酸，且有大量糖类存在时，显色不好，会使测定结果偏低。

8. 思考题

（1）样品中掺入油脂会对蛋白质含量测定结果产生怎样的影响？

（2）双缩脲法相比于凯氏定氮法测定蛋白质含量的优点有哪些？能适用于哪些食品中蛋白质含量的测定？

实验 43　紫外分光光度法测定复原乳饮料中蛋白质的含量

1. 实验目的

（1）了解紫外分光光度法测定食品中蛋白质含量的原理。

（2）掌握紫外分光光度计的使用方法。

2. 实验原理

食品中的蛋白质在催化加热条件下被分解，分解产生的氨与硫酸结合生成硫酸铵，在 pH=4.8 的乙酸钠—乙酸缓冲溶液中与乙酰丙酮和甲醛反应生成黄色的 3，5－二乙酰－2，6－二甲基－1，4－二氢化吡啶化合物。在波长 400 nm 下测定吸光度值，与标准系列溶液比较定量，结果乘以换算系数，即为蛋白质的含量。

3. 实验材料与试剂

复原乳饮料，市售；硫酸铜（$CuSO_4\cdot5H_2O$）、硫酸钾、硫酸、氢氧化钠、对硝基苯酚、乙酸钠（$CH_3COONa \cdot 3H_2O$）、无水乙酸钠、乙酸、37%甲醛、乙酰丙酮，均为分析纯；水，为 GB/T 6682 规定的二级水。

氢氧化钠溶液（300 g/L）：称取 30 g 氢氧化钠，加水溶解后放冷，并用水稀释至 100 mL。

对硝基苯酚指示剂溶液（1 g/L）：称取 0.1 g 对硝基苯酚指示剂，溶于 20 mL 95%乙醇中，加水稀释至 100 mL。

乙酸溶液（1 mol/L）：量取 5.8 mL 乙酸，加水稀释至 100 mL。

乙酸钠溶液（1 mol/L）：称取 41 g 无水乙酸钠或 68 g 乙酸钠，加水溶解并稀释至 500 mL。

乙酸钠—乙酸缓冲溶液：量取 60 mL 乙酸钠溶液与 40 mL 乙酸溶液，混合，该溶液 pH=4.8。

显色剂：15 mL 甲醛与 7.8 mL 乙酰丙酮混合，加水稀释至 100 mL，剧烈振摇混匀（室温下放置稳定 3 d）。

氨氮标准储备溶液（1.0 g/L）：称取 105℃下干燥 2 h 的硫酸铵 0.4720 g加水溶解后移于100 mL容量瓶中，并稀释至刻度，混匀，此溶液每毫升相当于1.0 mg氮。

氨氮标准使用溶液（0.1 g/L）：用移液管吸取 10.00 mL 氨氮标准储备溶液于 100 mL容量瓶内，加水定容至刻度，混匀，此溶液每毫升相当于 0.1 mg 氮。

4. 实验仪器

紫外分光光度计、电热恒温水浴锅、10 mL 具塞玻璃比色管、分析天平等。

5. 实验步骤

（1）试样的消解。

称取充分混匀的复原乳饮料试样 1~5 g（精确至 0.001 g），移入干燥的 100 mL 或 250 mL定氮瓶中，加入 0.1 g 硫酸铜、1 g 硫酸钾及 5 mL 硫酸，摇匀后于瓶口放一小漏斗，将定氮瓶以 45°角斜支于有小孔的石棉网上。缓慢加热，待内容物全部炭化，泡沫完全停止后，加强火力，并保持瓶内液体微沸，至液体呈蓝绿色澄清透明后，再继续加热 0.5 h。取下放冷，慢慢加入 20 mL 水，放冷后移入 50 mL 或 100 mL 容量瓶中，并用少量水洗定氮瓶，洗液并入容量瓶中，再加水至刻度，混匀备用。按同一方法做试剂空白实验。

（2）试样溶液的制备。

吸取 2.00~5.00 mL 试样或试剂空白消化液于 50 mL 或 100 mL 容量瓶内，加 1~2 滴对硝基苯酚指示剂溶液，摇匀后滴加氢氧化钠溶液中和至黄色，再滴加乙酸溶液至溶液无色，用水稀释至刻度，混匀。

（3）标准曲线的绘制。

吸取 0.00 mL，0.05 mL，0.10 mL，0.20 mL，0.40 mL，0.60 mL，0.80 mL，1.00mL 氨氮标准使用溶液（相当于 0.00 μg，5.00 μg，10.0 μg，20.0 μg，40.0 μg，60.0 μg，80.0 μg，100.0 μg 氮），分别置于 10 mL 比色管中。加 4.0 mL 乙酸钠—乙

酸缓冲溶液及4.0 mL显色剂，加水稀释至刻度，混匀。置于100℃水浴中加热15 min。取出用水冷却至室温后，移入1 cm比色杯内，以零管为参比，于波长400 nm处测定吸光度值，根据各标准点的吸光度值绘制标准曲线或计算线性回归方程。

（4）试样溶液的测定。

分别吸取0.50～2.00 mL试样溶液（约相当于氮<100 μg）和同量的试剂空白溶液于10 mL比色管中。加4.0 mL乙酸钠—乙酸缓冲溶液及4.0 mL显色剂，加水稀释至刻度，混匀。置于100℃水浴中加热15 min。取出用水冷却至室温后，移入1 cm比色杯内，以零管为参比，于波长400 nm处测定吸光度值，试样吸光度值与标准曲线比较定量或代入线性回归方程求出待测液中氮的质量。

6. 实验结果的分析与计算

试样中蛋白质的含量按下式计算：

$$X = \frac{(C - C_0) \times V_1 \times V_3}{m \times V_2 \times V_4 \times 1000 \times 1000} \times 100 \times F$$

式中，X——试样中蛋白质的含量，单位为克/百克（g/100g）；

C——试样测定液中氮的质量，单位为微克（μg）；

C_0——空白溶液中氮的质量，单位为微克（μg）；

V_1——试样消化液的定容体积，单位为毫升（mL）；

V_3——试样溶液的总体积，单位为毫升（mL）；

m——试样的质量，单位为克（g）；

V_2——制备试样溶液的消化液的体积，单位为毫升（mL）；

V_4——测定用试样溶液的体积，单位为毫升（mL）；

1000——单位换算系数；

100——单位换算系数；

F——氮换算为蛋白质的系数。

7. 注意事项

（1）蛋白质含量≥1 g/100 g时，计算结果保留三位有效数字；蛋白质含量<1 g/100 g时，计算结果保留两位有效数字。

（2）在重复性条件下获得的两次独立测定结果的绝对差值不得超过算术平均值的10%。

（3）本方法不适用于添加无机含氮物质、有机非蛋白质含氮物质食品中蛋白质含量的测定。

8. 思考题

（1）蛋白质在280 nm波长处有较大吸收，为何不直接通过该波段处的紫外吸收值来计算试样中蛋白质的含量？

（2）试简要说明紫外分光光度计还能用于哪些食品中蛋白质含量的测定。

实验 44　水杨酸比色法测定蚕豆中蛋白质的含量

1. 实验目的

（1）了解水杨酸比色法测定食品中蛋白质含量的原理。
（2）掌握水杨酸比色法快速检测蚕豆中蛋白质含量的操作。
（3）掌握紫外分光光度计的使用方法。

2. 实验原理

样品中的蛋白质经硫酸消化转化为铵盐溶液后，在一定的酸度和温度下与水杨酸和次氯酸钠作用生成蓝色的化合物，在波长 660 nm 处比色测定，求出样品含氮量，换算成蛋白质含量。

3. 实验材料与试剂

蚕豆，市售；硫酸铵、蔗糖、硫酸铜（$CuSO_4 \cdot 5H_2O$）、硫酸钠、磷酸氢二钠、磷酸三钠和酒石酸钾钠、氢氧化钠、水杨酸钠，均为分析纯；水，为 GB/T 6682 规定的二级水。

氮标准溶液：称取 0.4719 g 在 110℃干燥 2 h 的硫酸铵溶于水并稀释至 100 mL，此溶液每毫升含 1.0 mg 氮。使用时用水将其配制成每毫升含 2.5 μg 氮的标准溶液。

空白酸溶液：称取 0.50 g 蔗糖，加入 15 mL 浓硫酸及 5 g 催化剂（0.5 g 硫酸铜和 4.5 g无水硫酸钠，研匀备用），与样品一样处理消化后移入 250 mL 容量瓶中，加水至刻度。使用时吸取此液 10 mL，加水至 100 mL 为工作液，备用。

磷酸盐缓冲溶液：称取 7.1 g 磷酸氢二钠、38 g 磷酸三钠和 20 g 酒石酸钾钠，加入 400 mL 水溶解后过滤，另称取 35 g 氢氧化钠溶于 100 mL 水中，冷却至室温，缓缓地搅拌加入磷酸盐溶液中，加入水稀释至 1000 mL 备用。

水杨酸钠溶液：称取 25 g 水杨酸钠和 0.15 g 亚硝基铁氰化钠于 200 mL 水中过滤，加水稀释至 500 mL。

次氯酸钠溶液：吸取 4 mL 安替福民（次氯酸钠）溶液，用水稀释至 100 mL。

4. 实验仪器

紫外分光光度计、恒温水浴锅、分析天平等。

5. 实验步骤

（1）标准曲线的绘制。

准确吸取每毫升相当于氮含量 2.5 μg 的标准溶液 0 mL，1.0 mL，2.0 mL，3.0 mL，4.0 mL，5.0 mL，分别置于 25 mL 容量瓶中，各加入 2 mL 空白酸工作液、5 mL 磷酸盐缓冲溶液，加水至 15 mL，再加入 5 mL 水杨酸钠溶液，移入 36℃～37℃

的恒温水浴锅中加热 15 min 后，逐瓶加入 2.5 mL 次氯酸钠溶液，摇匀后于恒温水浴锅中加热 15 min，取出加水至 25 mL，在紫外分光光度计于 660 nm 处进行比色测定，测得各标准液的吸光度值后绘制标准曲线。

（2）试样的处理。

准确称取 0.20～1.00 g 样品（视含氮量而定），置于凯氏定氮瓶中，加入 15 mL 浓硫酸和 5 g 催化剂，置电炉上小火加热至沸腾后，加大火力进行消化。待瓶内溶液澄清呈暗绿色时，不断地摇动瓶子，使瓶壁未消化的部分溶下消化。待溶液完全澄清后取出冷却，加水移至 25 mL 容量瓶中并用水稀释至刻度。

（3）试样溶液的测定。

准确吸取上述消化溶液 10 mL（如取 5 mL，则加入 5 mL 空白酸溶液）于 100 mL 容量瓶中，稀释至刻度。准确吸取此溶液 2 mL 于 25 mL 容量瓶中，加入 5 mL 磷酸盐缓冲溶液，以下操作方法按标准曲线绘制的步骤进行，以空白溶液为对照，测定样液的吸光度值，从标准曲线中查得其含氮质量。

6. 实验结果的分析与计算

试样中蛋白质的含量按下式计算：

$$X = \frac{c \times f}{m \times 1000 \times 1000} \times F \times 100$$

式中，X——试样中蛋白质的含量，单位为%；

c——从标准曲线中查得的样液含氮质量，单位为微克（μg）；

f——样液稀释倍数；

m——试样的质量，单位为克（g）；

F——氮换算为蛋白质的系数，6.25；

1000——单位换算系数；

100——单位换算系数。

7. 注意事项

（1）样品消化完全后当天进行测定结果的重现性好，放至第二天比色会有变化。

（2）温度对显色影响极大，故应严格控制反应温度。

8. 思考题

（1）按照测定原理，蛋白质含量测定分为哪两种？

（2）通过蛋白质换算系数得到的蛋白质含量与食品中蛋白质的实际含量相比怎样？为什么？

8.2 氨基酸的测定

实验 45 电位滴定法测定酱油中氨基酸态氮的含量

1. 实验目的

(1) 了解电位滴定法测定食品中氨基酸态氮含量的原理。
(2) 掌握电位滴定法测定酱油中氨基酸态氮含量的操作。
(3) 掌握酸度计的使用方法。

2. 实验原理

利用氨基酸的两性作用，加入甲醛以固定氨基的碱性，使羧基显示出酸性，用氢氧化钠标准溶液滴定后定量，以酸度计测定终点。

3. 实验材料与试剂

酱油，市售；甲醛（36%～38%，没有沉淀且溶液不分层）、氢氧化钠、酚酞、乙醇、邻苯二甲酸氢钾，均为分析纯；水，为 GB/T 6682 规定的二级水。

酚酞指示液：称取酚酞 1 g，溶于 95%的乙醇中，用 95%乙醇稀释至 100 mL。

氢氧化钠溶液［氢氧化钠标准滴定溶液 $c(NaOH) = 0.050$ mol/L］：称取 110 g 氢氧化钠，置于 250 mL 烧杯中，加 100 mL 水，振摇使之溶解成饱和溶液，冷却后置于聚乙烯的塑料瓶中，密封，放置数日，澄清后备用。取上层清液 2.7 mL，加适量新煮沸过的冷蒸馏水定容至 1000 mL，摇匀。

氢氧化钠标准滴定溶液的标定：准确称取 0.36 g 在 105℃～110℃干燥至恒重的基准邻苯二甲酸氢钾，加 80 mL 新煮沸过的水使之尽量溶解，加 2 滴酚酞指示液（10 g/L），用氢氧化钠溶液滴定至溶液呈微红色，并保持 30 s 不褪色。记下耗用氢氧化钠溶液的体积。同时做空白实验。

氢氧化钠标准滴定溶液的浓度按下式计算：

$$c = \frac{m}{(V_1 - V_2) \times 0.2042}$$

式中，c——氢氧化钠标准滴定溶液的实际浓度，单位为摩尔/升（mol/L）；
m——基准邻苯二甲酸氢钾的质量，单位为克（g）；
V_1——样液消耗氢氧化钠标准滴定溶液的体积，单位为毫升（mL）；
V_2——空白实验时消耗氢氧化钠标准滴定溶液的体积，单位为毫升（mL）；
0.2042——与 1 mL 氢氧化钠标准滴定溶液［$c(NaOH)=0.050$ mol/L］相当的基准邻苯二甲酸氢钾的质量，单位为克（g）。

4. 实验仪器

酸度计（附磁力搅拌器）、10 mL 微量碱式滴定管、分析天平等。

5. 实验步骤

称取 5.0 g 酱油试样，置于 50 mL 烧杯中，用水分数次洗入 100 mL 容量瓶中，加水至刻度，混匀后吸取 20.0 mL 置于 200 mL 烧杯中，加 60 mL 水，开动磁力搅拌器，用氢氧化钠标准滴定溶液 [$c(NaOH)=0.050$ mol/L] 滴定至酸度计指示 pH 值为 8.2，记下消耗氢氧化钠标准滴定溶液的体积，可计算总酸含量。加入 10.0 mL 甲醛溶液，混匀。再用氢氧化钠标准滴定溶液继续滴定至 pH=9.2，记下消耗氢氧化钠标准滴定溶液的体积。同时取 80 mL 水，先用氢氧化钠标准滴定溶液 [$c(NaOH)=0.050$ mol/L] 调节至 pH=8.2，再加入 10.0 mL 甲醛溶液，用氢氧化钠标准滴定溶液滴定至 pH=9.2，做试剂空白实验。

6. 实验结果的分析与计算

试样中氨基酸态氮的含量按下式计算：

$$X=\frac{(V_1-V_2)\times c\times 0.014}{m\times V_3/V_4}\times 100$$

式中，X——试样中氨基酸态氮的含量，单位为克/百克（g/100 g）；

V_1——测定用试样稀释液加入甲醛后消耗氢氧化钠标准滴定溶液的体积，单位为毫升（mL）；

V_2——试剂空白实验加入甲醛后消耗氢氧化钠标准滴定溶液的体积，单位为毫升（mL）；

c——氢氧化钠标准滴定溶液的浓度，单位为摩尔/升（mol/L）；

0.014——与 1 mL 氢氧化钠标准滴定溶液 [$c(NaOH)=0.050$ mol/L] 相当的氮的质量，单位为克（g）；

m——试样的质量，单位为克（g）；

V_3——试样稀释液的取用量，单位为毫升（mL）；

V_4——试样稀释液的定容体积，单位为毫升（mL）；

100——单位换算系数。

计算结果保留两位有效数字。

7. 注意事项

（1）本法准确快速，可用于各类样品中游离氨基酸含量的测定。

（2）对于混浊和色深样液可不经处理而直接测定。

8. 思考题

电位滴定法与双指示剂甲醛滴定法有何相同与不同之处？哪个更适合用来对酱油进

行滴定？

实验 46 双指示剂甲醛滴定法测定发酵乳饮料中氨基酸态氮的含量

1. 实验目的

（1）了解双指示剂甲醛滴定法测定食品中氨基酸态氮含量的原理。
（2）掌握双指示剂法检测酱油中氨基酸态氮含量的操作。

2. 实验原理

利用氨基酸的两性作用，加入甲醛以固定氨基的碱性，使羧基显示出酸性，用氢氧化钠标准滴定溶液滴定后定量，并用间接的方法测定氨基酸态氮的含量。

3. 实验材料与试剂

发酵乳饮料，市售；40％中性甲醛溶液、0.1％百里酚酞—乙醇溶液、0.1％中性红、50％乙醇溶液，均为分析纯；水，为 GB/T 6682 规定的二级水。
相关试剂配制同实验 45。

4. 实验仪器

10 mL 微量碱式滴定管、分析天平等。

5. 实验步骤

移取含氨基酸 20～30 mg 试样溶液 2 份，分别置于 250 mL 锥形瓶中，各加50 mL 蒸馏水。其中一份加入 3 滴中性红指示剂，用 0.1 mol/L 氢氧化钠标准滴定溶液滴定至由红色变为琥珀色为终点；另一份加入 3 滴百里酚酞指示剂及 20 mL 中性甲醛溶液，摇匀，静置 1 min，用 0.1 mol/L 氢氧化钠标准滴定溶液滴定至淡蓝色为终点。分别记录两次所消耗的碱液量。

6. 实验结果的分析与计算

试样中氨基酸态氮的含量按下式计算：

$$X=\frac{(V_2-V_1)\times c\times 0.014}{m}\times 100$$

式中，X——试样中氨基酸态氮的含量，单位为克/百克（g/100 g）；
V_1——用中性红作指示剂滴定时消耗氢氧化钠标准滴定溶液的体积，单位为毫升（mL）；
V_2——用百里酚酞作指示剂滴定时消耗氢氧化钠标准滴定溶液的体积，单位为毫升（mL）；
c——氢氧化钠标准滴定溶液的浓度，单位为摩尔/升（mol/L）；

m——测定用样品溶液相当于样品的质量，单位为克（g）；

0.014——与1 mL氢氧化钠标准滴定溶液［c(NaOH)＝0.050 mol/L］相当的氮的质量，单位为克（g）；

100——单位换算系数。

计算结果保留两位有效数字。

7. 注意事项

（1）颜色较深样品不宜用本法测定，可使用电位滴定法进行测定。

（2）与本法类似的还有单指示剂（百里酚酞）甲醛滴定法，用标准碱完全中和—COOH时的pH值为8.5～9.5，但分析结果稍偏低，即双指示剂法结果更准确。

8. 思考题

若需要用本法测定固体试样，需要进行怎样的前处理?

实验47　茚三酮比色法测定香菇中游离氨基酸的含量

1. 实验目的

（1）了解茚三酮比色法测定食品中氨基酸含量的原理。

（2）掌握茚三酮比色法测定香菇中游离氨基酸的操作。

（3）掌握紫外分光光度计的使用方法。

2. 实验原理

氨基酸在碱性溶液中能与茚三酮作用，生成蓝紫色化合物（除脯氨酸外均有此反应），可用吸光光度法测定。该蓝紫色化合物的颜色深浅与氨基酸含量成正比，其最大吸收波长是570 nm，据此可以测定样品中氨基酸的含量。

3. 实验材料与试剂

香菇，市售；茚三酮、氯化亚锡、磷酸二氢钾、磷酸氢二钠、异亮氨酸，均为分析纯；水，为GB/T 6682规定的二级水。

茚三酮溶液（2%）：称取茚三酮1 g于盛有35 mL热水烧杯中使其溶解，加入40 mg氯化亚锡（$SnCl_2 \cdot H_2O$），搅拌过滤（作防腐剂）。滤液置冷暗处过夜，加水至50 mL，摇匀备用。

磷酸缓冲溶液（pH＝8.04）：准确称取4.5350 g磷酸二氢钾（KH_2PO_4），置于烧杯中，用少量蒸馏水溶解后，定量转入500 mL容量瓶中，用水稀释至标线，摇匀备用。准确称取11.9380 g磷酸氢二钠（Na_2HPO_4），置于烧杯中，用少量蒸馏水溶解后，定量转入500 mL容量瓶中，用水稀释至标线，摇匀备用。取上述配好的磷酸二氢钾溶液10.0 mL与190 mL磷酸氢二钠溶液混合均匀，即为pH＝8.04的磷酸缓冲溶液。

氨基酸标准溶液（200 μg/mL）：准确称取干燥的氨基酸（如异亮氨酸）0.2000 g，置于烧杯中，用少量水溶解后，定量转入 100 mL 容量瓶中，用水稀释至标线，摇匀。准确吸取此液 10.0 mL 于 100 mL 容量瓶中，加水至标线，摇匀。

4. 实验仪器

紫外分光光度计、分析天平等。

5. 实验步骤

（1）标准曲线的绘制。

准确吸取氨基酸标准溶液（200 μg/mL）0.0 mL，0.5 mL，1.0 mL，1.5 mL，2.0 mL，2.5 mL，3.0 mL（相当于 0 μg，100 μg，200 μg，300 μg，400 μg，500 μg，600 μg氨基酸），分别置于 25 mL 容量瓶中，各加水补充至 4.0 mL，然后加入茚三酮和磷酸缓冲溶液各 1 mL，混合均匀，于沸水浴中加热 15 min，取出迅速冷却至室温，加水至标线，摇匀。静置 15 min，然后在 570 nm 处，以空白溶液为参比液测其余各溶液吸光度值。以氨基酸（μg）为横坐标，吸光度值为纵坐标，绘制标准曲线。

（2）试样的测定。

将香菇进行干燥、粉碎，准确称取粉碎样品 5～10 g，置于烧杯中，加入 50 mL 蒸馏水和 5 g 活性炭，加热煮沸，过滤，再用 30～40 mL 热水洗涤活性炭，收集滤液于 100 mL 容量瓶中，加水至标线，摇匀备测。吸取澄清样品溶液 1～4 mL，按标准曲线制作步骤，在相同条件下测吸光度值，用测得值即可查得对应的氨基酸的质量。

6. 实验结果的分析与计算

试样中氨基酸的含量按下式计算：

$$X = \frac{c}{m \times 1000} \times 100$$

式中，X——试样中氨基酸的含量，单位为微克/百克（μg/100 g）；

c——从标准曲线中查得的氨基酸的质量，单位为微克（μg）；

m——测定的样品溶液相当于样品的质量，单位为克（g）；

1000——单位换算系数；

100——单位换算系数。

7. 注意事项

茚三酮受阳光、空气、温度、湿度等影响而被氧化成淡红色或深红色，使用前须纯化，方法如下：取 10 g 茚三酮溶于 40 mL 热水中，加入 1 g 活性炭，摇匀 1 min，静置 30 min，过滤，然后将滤液放入冰箱过夜，出现蓝色结晶，过滤，用 2 mL 冷水洗涤晶体，置于干燥箱中干燥，装瓶备用。

8. 思考题

当试样中脯氨酸、羟脯氨酸含量较高时，测得试样中游离氨基酸的含量与实际相比怎样？为什么？

实验 48　氨基酸分析仪法测定食品中氨基酸的含量

1. 实验目的

（1）了解氨基酸分析仪法测定食品中氨基酸含量的原理。
（2）掌握氨基酸分析仪的使用方法。

2. 实验原理

食品中的蛋白质经盐酸水解成为游离氨基酸，经离子交换柱分离后，与茚三酮溶液产生颜色反应，再通过可见光分光光度检测器测定氨基酸含量。

3. 实验材料与试剂

各类食品样品，市售；盐酸（浓度≥36%）、苯酚、氮气（纯度为 99.9%）、柠檬酸钠（$Na_3C_6H_5O_7 \cdot 2H_2O$）、氢氧化钠、混合氨基酸标准溶液（经国家认证并授予标准物质证书的标准溶液），16 种单个氨基酸标准品（固体，纯度≥98%），均为分析纯；水，为 GB/T 6682 规定的一级水。

盐酸溶液（6 mol/L）：取 500 mL 盐酸加水稀释至 1000 mL，混匀。

冷冻剂：市售食盐与冰块按 1∶3 的质量比混合。

氢氧化钠溶液（500 g/L）：称取 50 g 氢氧化钠，溶于 50 mL 水中，冷却至室温后，用水稀释至 100 mL，混匀。

柠檬酸钠缓冲溶液 [$c(Na^+)=0.2$ mol/L]：称取 19.6 g 柠檬酸钠，溶于500 mL水中，加入 16.5 mL 盐酸，用水稀释至 1000 mL，混匀，用 6 mol/L 盐酸溶液或500 g/L 氢氧化钠溶液调节 pH 值至 2.2。

不同 pH 值和离子强度的洗脱用缓冲溶液：参照仪器说明书配制或购买。

茚三酮溶液：参照仪器说明书配制或购买。

混合氨基酸标准储备液（1 μmol/mL）：分别准确称取单个氨基酸标准品（精确至 0.00001 g）于同一 50 mL 烧杯中，用 8.3 mL 盐酸溶液（6 mol/L）溶解，精确转移至 250 mL 容量瓶中，用水稀释定容至刻度，混匀（各氨基酸标准品称量质量参考值见表 8−3）。

表 8−3　配制混合氨基酸标准储备液时氨基酸标准品的称量质量参考值及摩尔质量

氨基酸标准品名称	称量质量参考值（mg）	摩尔质量（g/mol）	氨基酸标准品名称	称量质量参考值（mg）	摩尔质量（g/mol）
L−天门冬氨酸	33	133.1	L−蛋氨酸	37	149.2
L−苏氨酸	30	119.1	L−异亮氨酸	33	131.2
L−丝氨酸	26	105.1	L−亮氨酸	33	131.2

续表8－3

氨基酸标准品名称	称量质量参考值（mg）	摩尔质量（g/mol）	氨基酸标准品名称	称量质量参考值（mg）	摩尔质量（g/mol）
L－谷氨酸	37	147.1	L－酪氨酸	45	181.2
L－脯氨酸	29	115.1	L－苯丙氨酸	41	165.2
甘氨酸	19	75.07	L－组氨酸盐酸盐	52	209.7
L－丙氨酸	22	89.06	L－赖氨酸盐酸盐	46	182.7
L－缬氨酸	29	117.2	L－精氨酸盐酸盐	53	210.7

混合氨基酸标准工作液（100 nmol/mL）：准确吸取混合氨基酸标准储备液 1.0 mL 于 10 mL 容量瓶中，加 pH＝2.2 柠檬酸钠缓冲溶液定容至刻度，混匀，为标准上机液。

4. 实验仪器

实验室用组织粉碎机或研磨机、匀浆机、分析天平、水解管、真空泵、酒精喷灯、电热鼓风恒温箱或水解炉、试管浓缩仪或平行蒸发仪、氨基酸分析仪等。

5. 实验步骤

（1）试样的制备。

固体或半固体试样使用组织粉碎机或研磨机粉碎，液体试样用匀浆机打成匀浆密封冷冻保存，分析用时将其解冻后使用。

（2）试样的称量。

均匀性好的样品，如奶粉等，准确称取一定量试样（精确至 0.0001 g），使试样中蛋白质的含量在 10～20 mg 范围内。对于蛋白质含量未知的样品，可先测定样品中蛋白质的含量。将称量好的样品置于水解管中。

很难获得高均匀性的试样，如鲜肉等，为减少误差可适当增大称样量，测定前再做稀释。

对于蛋白质含量低的样品，如蔬菜、水果、饮料和淀粉类食品等，固体或半固体试样称样量不大于 2 g，液体试样称样量不大于 5 g。

（3）试样的水解。

根据试样的蛋白质含量，在水解管内加 10～15 mL 盐酸溶液（6 mol/L）。对于含水量高、蛋白质含量低的试样，如饮料、水果、蔬菜等，可先加入约相同体积的盐酸混匀后，再用盐酸溶液（6 mol/L）补充至大约 10 mL。继续向水解管内加入 3～4 滴苯酚。

将水解管放入冷冻剂中，冷冻 3～5 min，接到真空泵的抽气管上，抽真空（接近 0 Pa），然后充入氮气，重复抽真空—充入氮气 3 次后，在充氮气状态下封口或拧紧螺丝盖。

将已封口的水解管放在（110±1)℃的电热鼓风恒温箱或水解炉内，水解 22 h 后取出，冷却至室温。

打开水解管，将水解液过滤至 50 mL 容量瓶内，用少量水多次冲洗水解管，水洗液移入同一 50 mL 容量瓶内，最后用水定容至刻度，振荡混匀。

准确吸取 1.0 mL 滤液，移入 15 mL 或 25 mL 试管内，用试管浓缩仪或平行蒸发仪在 40℃～50℃加热环境下减压干燥，干燥后残留物用 1～2 mL 水溶解，再减压干燥，最后蒸干。

将 1.0～2.0 mL pH=2.2 的柠檬酸钠缓冲溶液加入干燥后的试管内溶解，振荡混匀后，吸取溶液通过 0.22 μm 滤膜，转移至仪器进样瓶，为样品测定液，供仪器测定用。

（4）测定。

仪器条件：将混合氨基酸标准工作液注入氨基酸分析仪，参照 JJG 1064—2011 氨基酸分析仪检定规程及仪器说明书，适当调整仪器操作程序及参数和洗脱用缓冲溶液试剂配比，确认仪器操作条件。

色谱参考条件：色谱柱用磺酸型阳离子树脂；检测波长为 570 nm 和 440 nm。

试样的测定：混合氨基酸标准工作液和样品测定液分别以相同体积注入氨基酸分析仪，以外标法通过峰面积计算样品测定液中氨基酸的浓度。

6. 实验结果的分析与计算

（1）混合氨基酸标准储备液中各氨基酸浓度的计算。

各氨基酸标准品的称量质量参考值及摩尔质量见表 8-3。

混合氨基酸标准储备液中各氨基酸的含量按下式计算：

$$c_j = \frac{m_j}{M_j \times 250} \times 1000$$

式中，c_j——混合氨基酸标准储备液中氨基酸 j 的含量，单位为微摩尔/毫升（μmol/mL）；

m_j——氨基酸标准品 j 的质量，单位为毫克（mg）；

M_j——氨基酸标准品 j 的摩尔质量，单位为克/摩尔（g/mol）；

250——样液的定容体积，单位为毫升（mL）；

1000——单位换算系数。

计算结果保留四位有效数字。

（2）试样中氨基酸含量的计算。

试样中氨基酸的含量按下式计算：

$$c_i = \frac{c_s}{A_s} \times A_i$$

式中，c_i——试样中氨基酸 i 的含量，单位为纳摩尔/毫升（nmol/mL）；

A_i——试样测定液中氨基酸 i 的峰面积；

A_s——氨基酸标准工作液中氨基酸 s 的峰面积；

c_s——氨基酸标准工作液中氨基酸 s 的含量，单位为纳摩尔/毫升（nmol/mL）。

试样中各氨基酸的含量按下式计算：

$$X_i = \frac{c_i \times f \times V \times M_i}{m \times 10^9} \times 100$$

式中，X_i——试样中氨基酸 i 的含量，单位为克/百克（g/100g）；

c_i——试样测定液中氨基酸 i 的含量，单位为纳摩尔/毫升（nmol/mL）；

f——样液稀释倍数；

V——试样水解液转移定容的体积，单位为毫升（mL）；

M_i——氨基酸 i 的摩尔质量，单位为克/摩尔（g/mol），各氨基酸的名称及摩尔质量见表 8−4；

m——试样的质量，单位为克（g）；

10^9——将试样含量由纳克（ng）折算成克（g）的系数；

100——单位换算系数。

表 8−4　16 种氨基酸的名称和摩尔质量

氨基酸名称	摩尔质量(g/mol)	氨基酸名称	摩尔质量(g/mol)
天门冬氨酸	133.1	蛋氨酸	149.2
苏氨酸	119.1	异亮氨酸	131.2
丝氨酸	105.1	亮氨酸	131.2
谷氨酸	147.1	酪氨酸	181.2
脯氨酸	115.1	苯丙氨酸	165.2
甘氨酸	75.1	组氨酸	155.2
丙氨酸	89.1	赖氨酸	146.2
缬氨酸	117.2	精氨酸	174.2

注：试样中氨基酸的含量在 1.00 g/100 g 以下时，计算结果保留两位有效数字；含量在 1.00 g/100 g 以上时，计算结果保留三位有效数字。

7. 注意事项

（1）在重复性条件下获得的两次独立测定结果的绝对差值不得超过算术平均值的 12%。

（2）当试样为固体或半固体时，最大试样量为 2 g，干燥后溶解体积为 1 mL，各氨基酸的检出限和定量限见表 8−5。

表 8−5　固体样品中各氨基酸的检出限和定量限

氨基酸名称	检出限(g/100 g)	定量限(g/100 g)	氨基酸名称	检出限(g/100 g)	定量限(g/100 g)
天门冬氨酸	0.00013	0.00036	异亮氨酸	0.00043	0.0013
苏氨酸	0.00014	0.00048	亮氨酸	0.0011	0.0036

续表8-5

氨基酸名称	检出限 (g/100 g)	定量限 (g/100 g)	氨基酸名称	检出限 (g/100 g)	定量限 (g/100 g)
丝氨酸	0.00018	0.00060	酪氨酸	0.0028	0.0095
谷氨酸	0.00024	0.00070	苯丙氨酸	0.0025	0.0083
甘氨酸	0.00025	0.00084	赖氨酸	0.00013	0.00044
丙氨酸	0.0029	0.0097	组氨酸	0.00059	0.0020
缬氨酸	0.00012	0.00032	精氨酸	0.0020	0.0065
蛋氨酸	0.0023	0.0075	脯氨酸	0.0026	0.0087

(3) 当试样为液体时，最大试样量为 5 g，干燥后溶解体积为 1 mL，各氨基酸的检出限和定量限见表 8-6。

表 8-6　液体样品中各氨基酸的检出限和定量限

氨基酸名称	检出限 (g/100 mL)	定量限 (g/100 mL)	氨基酸名称	检出限 (g/100 mL)	定量限 (g/100 mL)
天门冬氨酸	0.000050	0.00014	异亮氨酸	0.00015	0.00050
苏氨酸	0.000057	0.00019	亮氨酸	0.00043	0.0014
丝氨酸	0.000072	0.00024	酪氨酸	0.0011	0.0038
谷氨酸	0.000090	0.00028	苯丙氨酸	0.00099	0.0033
甘氨酸	0.00010	0.00034	赖氨酸	0.000053	0.00018
丙氨酸	0.0012	0.0039	组氨酸	0.00024	0.00079
缬氨酸	0.000050	0.00013	精氨酸	0.00078	0.0026
蛋氨酸	0.00090	0.0030	脯氨酸	0.0010	0.0035

8. 思考题

(1) 该方法能测出食品中哪些氨基酸的含量？还有哪些食品中氨基酸的含量无法测出？

(2) 除了氨基酸分析仪法外，还有哪些常见方法可以测定食品中氨基酸的含量？简要说明各有什么优缺点。

(任尧)

第 9 章　维生素的测定

9.1　水溶性维生素的测定

实验 49　2，6－二氯靛酚滴定法测定猕猴桃果实中抗坏血酸的含量

1. 实验目的

（1）了解食品中抗坏血酸含量测定的意义。
（2）理解并掌握 2，6－二氯靛酚滴定法测定食品中抗坏血酸含量的原理与操作。

2. 实验原理

用蓝色的碱性染料 2，6－二氯靛酚标准溶液对含 L(＋)－抗坏血酸的试样酸性浸出液进行氧化还原滴定，2，6－二氯靛酚被还原为无色，当到达滴定终点时，多余的 2，6－二氯靛酚在酸性介质中显浅红色，由 2，6－二氯靛酚的消耗量计算样品中 L(＋)－抗坏血酸的含量。

3. 实验材料与试剂

猕猴桃，市售，新鲜采摘；偏磷酸、草酸、2，6－二氯靛酚、抗坏血酸，均为分析纯；水，为 GB/T 6682 规定的二级水。

偏磷酸溶液（20 g/L）：称取 20 g 偏磷酸［含量（以 HPO_3 计）≥38%］，用水溶解并定容至 1 L。

草酸溶液（20 g/L）：称取 20 g 草酸，用水溶解并定容至 1 L。

2，6－二氯靛酚（2，6－二氯靛酚钠盐）溶液：称取碳酸氢钠 52 mg，溶解在 200 mL热蒸馏水中，然后称取 2，6－二氯靛酚 50 mg 溶解在上述碳酸氢钠溶液中。冷却并用水定容至 250 mL，过滤至棕色瓶内，于 4℃～8℃环境中保存。每次使用前，用标准抗坏血酸溶液标定其滴定度。

标定方法：准确吸取 1 mL 抗坏血酸标准溶液于 50 mL 锥形瓶中，加入 10 mL 偏磷酸溶液或草酸溶液，摇匀，用 2，6－二氯靛酚溶液滴定至粉红色，保持 15 s 不褪色为止。同时，另取 10 mL 偏磷酸溶液或草酸溶液做空白实验。2，6－二氯靛酚溶液的滴

定度按下式计算：

$$T = \frac{c \times V}{V_1 - V_0}$$

式中，T——2，6－二氯靛酚溶液的滴定度，即每毫升 2，6－二氯靛酚溶液相当于抗坏血酸的质量，单位为毫克/毫升（mg/mL）；

c——抗坏血酸标准溶液的质量浓度，单位为毫克/毫升（mg/mL）；

V——吸取抗坏血酸标准溶液的体积，单位为毫升（mL）；

V_1——滴定抗坏血酸标准溶液所消耗的 2，6－二氯靛酚溶液的体积，单位为毫升（mL）；

V_0——滴定空白溶液所消耗的 2，6－二氯靛酚溶液的体积，单位为毫升（mL）。

L(＋)－抗坏血酸标准溶液（1.000 mg/mL）：称取 100 mg L(＋)－抗坏血酸标准品（纯度≥99%，精确至 0.1 mg），溶于偏磷酸溶液或草酸溶液并定容至 100 mL。该储备液在 2℃～8℃避光条件下可保存一周。

4. 实验仪器

分析天平、滴定管等。

5. 实验步骤

（1）试样溶液的制备。

称取新鲜去皮猕猴桃样品 100 g，放入粉碎机中，加入 100 g 偏磷酸溶液或草酸溶液，迅速捣成匀浆。准确称取 10～40 g 匀浆样品（精确至 0.01 g）于烧杯中，用偏磷酸溶液或草酸溶液将样品转移至 100 mL 容量瓶，并稀释至刻度，摇匀后过滤。若滤液有颜色，可按每克样品加 0.4 g 白陶土脱色后再过滤。白陶土使用前应测定回收率。

（2）滴定。

准确吸取 10 mL 滤液于 50 mL 锥形瓶中，用标定过的 2，6－二氯靛酚溶液滴定，直至溶液呈粉红色并保持 15 s 不褪色为止。同时做空白实验。

6. 实验结果的分析与计算

试样中 L(＋)－抗坏血酸的含量按下式计算：

$$X = \frac{(V - V_0) \times T \times f}{m} \times 100$$

式中，X——试样中 L(＋)－抗坏血酸的含量，单位为毫克/百克（mg/100 g）；

V——滴定样液时消耗的 2，6－二氯靛酚溶液的体积，单位为毫升（mL）；

V_0——空白实验时消耗的 2，6－二氯靛酚溶液的体积，单位为毫升（mL）；

T——2，6－二氯靛酚溶液的滴定度，即每毫升 2，6－二氯靛酚溶液相当于抗坏血酸的质量，单位为毫克/毫升（mg/mL）；

f——样液稀释倍数；

m——试样的质量，单位为克（g）。

注：计算结果以重复性条件下获得的两次独立测定结果的算术平均值表示，结果保留三位有效数字。在重复性条件下获得的两次独立测定结果的绝对差值，在 L(+)－抗坏血酸含量>20 mg/100 g 时不得超过算术平均值的 2%，在 L(+)－抗坏血酸含量≤20 mg/100 g 时不得超过算术平均值的 5%。

7. 注意事项

（1）本方法适用于水果、蔬菜及其制品中 L(+)－抗坏血酸含量的测定。
（2）整个检测过程应在避光条件下进行。
（3）所有试剂最好用重蒸馏水。
（4）样品取样后应浸泡在已知量的 2%草酸中，以免抗坏血酸氧化，测定时整个操作过程要迅速。

8. 思考题

（1）此法能否测定食品中维生素 C 的含量？
（2）试液制备时加入偏磷酸或草酸溶液的作用是什么？
（3）为什么滴定时以 15 s 红色不褪色为终点？
（4）影响测定结果准确性的因素有哪些？

实验 50　荧光分光光度法测定黄豆中维生素 B_1 的含量

1. 实验目的

（1）了解食品中维生素 B_1 含量测定的意义。
（2）熟悉荧光分光光度法的基本原理。
（3）掌握荧光分光光度法测定食品中维生素 B_1 含量的基本操作。

2. 实验原理

硫胺素在碱性铁氰化钾溶液中被氧化成噻嘧色素，在紫外线照射下，噻嘧色素发出荧光。在给定的条件下，以及没有其他荧光物质干扰时，此荧光的强度与噻嘧色素的量成正比，即与溶液中硫胺素的量成正比。如试样中含杂质过多，应经过离子交换剂处理，使硫胺素与杂质分离，然后以所得溶液用于测定。

3. 实验材料与试剂

黄豆，市售；正丁醇、无水硫酸钠、人造沸石、氯化钙、氯化钾、氢氧化钠、铁氰化钾、乙酸、溴甲酚绿、维生素 B_1、淀粉酶（酶活力≥800 U/mg），均为分析纯；水，为 GB/T 6682 规定的二级水。

盐酸溶液（0.1 mol/L）：移取 8.5 mL 盐酸，用水稀释并定容至 1000 mL，摇匀。

盐酸溶液（0.01 mol/L）：量取 50 mL 盐酸溶液（0.1 mol/L），用水稀释并定容至

500 mL，摇匀。

乙酸钠溶液（2 mol/L）：称取 272 g 乙酸钠，用水溶解并定容至 1000 mL，摇匀。

混合酶液：称取 1.76 g 木瓜蛋白酶、1.27 g 淀粉酶，加水定容至 50 mL，涡旋，使呈混悬状液体，冷藏保存。临用前再次摇匀后使用。

氯化钾溶液（250 g/L）：称取 250 g 氯化钾，用水溶解并定容至 1000 mL，摇匀。

酸性氯化钾（250 g/L）：移取 8.5 mL 盐酸溶液（0.1 mol/L），用氯化钾溶液（250 g/L）稀释并定容至 1000 mL，摇匀。

氢氧化钠溶液（150 g/L）：称取 150 g 氢氧化钠，用水溶解并定容至 1000 mL，摇匀。

铁氰化钾溶液（10 g/L）：称取 1 g 铁氰化钾，用水溶解并定容至 100 mL，摇匀，于棕色瓶内保存。

碱性铁氰化钾溶液：移取 4 mL 铁氰化钾溶液（10 g/L），用氢氧化钠溶液（150 g/L）稀释至 60 mL，摇匀。用时现配，避光使用。

乙酸溶液：量取 30 mL 冰乙酸，用水稀释并定容至 1000 mL，摇匀。

硝酸银溶液（0.01 mol/L）：称取 0.17 g 硝酸银，用 100 mL 水溶解后，于棕色瓶中保存。

氢氧化钠溶液（0.1 mol/L）：称取 0.4 g 氢氧化钠，用水溶解并定容至 100 mL，摇匀。

溴甲酚绿溶液（0.4 g/L）：称取 0.1 g 溴甲酚绿，置于小研钵中，加入 1.4 mL 氢氧化钠溶液（0.1 mol/L）研磨片刻，再加入少许水继续研磨至完全溶解，用水稀释至 250 mL。

活性人造沸石：称取 200 g 0.25 mm（40 目）～0.42 mm（60 目）的人造沸石，置于 2000 mL 试剂瓶中，加入 10 倍于体积接近沸腾的热乙酸溶液，振荡 10 min，静置后弃去上清液，加入热乙酸溶液，重复一次；再加入 5 倍于其体积的接近沸腾的热氯化钾溶液（250 g/L），振荡 15 min，倒出上清液；然后加入乙酸溶液，振荡 10 min，倒出上清液；反复洗涤，最后用水洗直至不含氯离子。

氯离子的定性鉴别方法：取 1 mL 上述上清液（洗涤液）于 5 mL 试管中，加入几滴硝酸银溶液（0.01 mol/L），振荡，观察是否有混浊产生，如果有，说明还有氯离子，继续用水洗涤，直至不含氯离子为止。将此活性人造沸石于水中冷藏保存备用。使用时，倒适量于铺有滤纸的漏斗中，沥干水后称取约 8.0 g 倒入充满水的层析柱中。

维生素 B_1 标准储备液（100 μg/mL）：准确称取经氯化钙或者五氧化二磷干燥 24 h 的盐酸硫胺素标准品（CAS 号：67－03－8，纯度≥99.9%）112.1 mg（精确至 0.1 mg），相当于硫胺素为 100 mg，用盐酸溶液（0.01 mol/L）溶解并稀释至 1000 mL，摇匀。于 0℃～4℃冰箱中避光保存，保存期为 3 个月。

维生素 B_1 标准中间液（10 μg/mL）：将维生素 B_1 标准储备液用盐酸溶液（0.01 mol/L）稀释 10 倍，摇匀，在冰箱中避光保存。

维生素 B_1 标准使用液（0.100 μg/mL）：准确量取维生素 B_1 标准中间液 1.00 mL，用水稀释并定容至 100 mL，摇匀。临用前配制。

4. 实验仪器

荧光分光光度计、离心机、pH 计、电热恒温箱、盐基交换管或层析柱（60 mL，300 mm×10 mm 内径）、分析天平、涡旋振荡器等。

5. 实验步骤

（1）试样的制备。

①提取。准确称取适量黄豆粉（估计其硫胺素含量为 10～30 μg，一般称取2～10 g 试样），置于 100 mL 锥形瓶中，加入 50 mL 盐酸溶液（0.1 mol/L），使得样品分散开，将样品放入恒温箱中，于 121℃水解 30 min，结束后，冷却至室温后取出。用乙酸钠溶液（2 mol/L）调 pH 值为 4.0～5.0，或者用溴甲酚绿溶液（0.4 g/L）为指示剂，滴定至溶液由黄色转变为蓝绿色。

②酶解。在水解液中加入 2 mL 混合酶液，于 45℃～50℃恒温箱中保温过夜（16 h）。待溶液冷却至室温后，转移至 100 mL 容量瓶中，用水定容至刻度，混匀，过滤，即得提取液。

③净化。

装柱：根据待测样品的数量，取适量处理好的活性人造沸石，经滤纸过滤后放在烧杯中，用少许脱脂棉铺于盐基交换管柱（或层析柱）的底部，加水将棉纤维中的气泡排出，关闭柱塞，加入约 20 mL 水。再加入约 8.0 g（以湿重计，相当于干重 1.0～1.2 g）经预先处理的活性人造沸石，要求保持盐基交换管中液面始终高过活性人造沸石。活性人造沸石柱床的高度对维生素 B_1 测定结果有影响，高度不低于 45 mm。

样品提取液的净化：准确加入 20 mL 上述提取液于上述盐基交换管柱（或层析柱）中，使通过活性人造沸石的硫胺素总量为 2～5 μg，流速约为每秒 1 滴。加入 10 mL 近沸腾的热水冲洗盐基交换柱，流速约为每秒 1 滴，弃去淋洗液，如此重复三次。在交换管下放置 25 mL 刻度试管用于收集洗脱液，分两次加入 20 mL 温度为 90℃的酸性氯化钾溶液，每次 10 mL，流速为每秒 1 滴。待洗脱液冷却至室温后，用 250 g/L 酸性氯化钾定容，摇匀，即为试样净化液。

标准溶液的处理：重复上述操作，取 20 mL 维生素 B_1 标准使用液（0.1 μg /mL）代替试样提取液，同上用盐基交换管（或层析柱）净化，即得到标准净化液。

④氧化。将 5 mL 试样净化液分别加入 A、B 两支已标记的 50 mL 离心管中。在避光条件下将 3 mL 氢氧化钠溶液（150 g/L）加入离心管 A，将 3 mL 碱性铁氰化钾溶液加入离心管 B，涡旋 15 s，然后各加入 10 mL 正丁醇，将 A、B 管同时涡旋 90 s。静置分层后吸取上层有机相于另一套离心管中，加入 2～3 g 无水硫酸钠，涡旋 20 s，使溶液充分脱水，待测定。

用标准的净化液代替试样净化液重复上述④氧化的操作。

（2）测定。

①荧光测定条件。

激发波长：365 nm；发射波长：435 nm；狭缝宽度：5 nm。

②依次测定下列荧光强度：

a. 试样空白荧光强度（试样反应管 A）。

b. 标准空白荧光强度（标准反应管 A）。

c. 试样荧光强度（试样反应管 B）。

d. 标准荧光强度（标准反应管 B）。

6. 实验结果的分析与计算

试样中维生素 B_1（以硫胺素计）的含量按下式计算：

$$X = \frac{(U - U_b) \times c \times V}{(S - S_b)} \times \frac{V_1 \times f}{V_2 \times m} \times \frac{100}{1000}$$

式中，X——试样中维生素 B_1（以硫胺素计）的含量，单位为毫克/百克（mg/100 g）。

U——试样荧光强度；

U_b——试样空白荧光强度；

S——标准荧光强度；

S_b——标准空白荧光强度；

c——硫胺素标准使用液的浓度，单位为微克/毫升（μg /mL）；

V——用于净化的硫胺素标准使用液的体积，单位为毫升（mL）；

V_1——试样水解后定容得到的提取液的体积，单位为毫升（mL）；

V_2——试样用于净化的提取液的体积，单位为毫升（mL）；

f——试样提取液的稀释倍数；

m——试样的质量，单位为克（g）；

100——单位换算系数；

1000——单位换算系数。

注：试样中测定的硫胺素含量乘以换算系数 1.121，即得盐酸硫胺素的含量。

维生素 B_1 标准曲线在 0.2～10 μg 之间呈线性关系，可以用单点法计算结果，否则用标准工作曲线法。以重复性条件下获得的两次独立测定结果的算术平均值表示，结果保留三位有效数字。在重复性条件下获得的两次独立测定结果的绝对差值不得超过算术平均值的 10%。

7. 注意事项

（1）本方法检出限为 0.04 mg/100 g，定量限为 0.12 mg/100 g。

（2）一般食品中的维生素 B_1 既有游离型的，也有结合型的（与淀粉、蛋白质等结合在一起），故需用酸和酶水解，使结合型维生素 B_1 成为游离型维生素 B_1，再测定。

（3）噻嘧色素在紫外线照射下会被破坏，故硫胺素氧化形成噻嘧色素后要迅速测定并尽量避光操作。

（4）氧化操作是本方法的关键步骤，操作中应注意保持添加试剂的速度一致。

8. 思考题

（1）解释荧光分光光度法中下列试剂的作用：蛋白质分解酶、盐酸、氯化钾、铁氰化钾碱性溶液、正丁醇。

（2）试述荧光分光光度法和高效液相色谱法测定维生素 B_1 各自的优缺点。

实验 51　荧光分光光度法测定胡萝卜中维生素 B_2 的含量

1. 实验目的

（1）了解食品中维生素 B_2 含量测定的意义。

（2）熟悉荧光分光光度法的基本原理。

（3）掌握荧光分光光度法测定食品中维生素 B_2 含量的基本操作。

2. 实验原理

维生素 B_2 在 440～500 nm 波长光照射下发出黄绿色荧光。在稀溶液中其荧光强度与维生素 B_2 的浓度成正比。在波长 525 nm 下测定其荧光强度。在样液中加入连二亚硫酸钠，将维生素 B_2 还原为无荧光的物质，然后再测定试液中残余荧光杂质的荧光强度，两者之差即为试样中维生素 B_2 所产生的荧光强度。

3. 实验材料与试剂

胡萝卜，取胡萝卜约 500 g，用组织捣碎机充分打匀均质，分装入洁净棕色磨口瓶中，密封，并做好标记，避光存放备用；所用试剂均为分析纯；水，为 GB/T 6682 规定的二级水。

硅镁吸附剂：50～150 μm。

盐酸溶液（0.1 mol/L）：吸取 9 mL 盐酸，用水稀释并定容至 1000 mL。

盐酸溶液（1+1）：量取 100 mL 盐酸，缓慢倒入 100 mL 水中，混匀。

乙酸钠溶液（0.1 mol/L）：准确称取 13.60 g 三水乙酸钠，加 900 mL 水溶解，用水定容至 1000 mL。

氢氧化钠溶液（1 mol/L）：准确称取 4 g 氢氧化钠，加 90 mL 水溶解，冷却后定容至 100 mL。

混合酶溶液：准确称取 2.345 g 木瓜蛋白酶（酶活力≥10 U/mg）和 1.175 g 高峰淀粉酶（酶活力≥100 U/mg，或性能相当者），加水溶解后定容至 50 mL。临用前配制。

洗脱液：丙酮—冰乙酸—水（5+2+9）。

高锰酸钾溶液（30 g/L）：准确称取 3 g 高锰酸钾，用水溶解后定容至 100 mL。

过氧化氢溶液（3%）：吸取 10 mL 过氧化氢溶液（30%），用水稀释并定容至 100 mL。

连二亚硫酸钠溶液（200 g/L）：准确称取 20 g 连二亚硫酸钠，用水溶解后定容至 100 mL。此溶液用前配制，保存在冰水浴中，4 h 内有效。

维生素 B_2 标准储备液（100 μg/mL）：将维生素 B_2 标准品（CAS 号：83－88－5。

纯度≥98%）置于真空干燥器或装有五氧化二磷的干燥器中干燥处理24 h后，准确称取10 mg维生素B_2标准品（精确至0.1 mg），加入2 mL盐酸溶液（1+1）超声溶解后，立即用水转移并定容至100 mL。混匀后转移入棕色玻璃容器中，在4℃冰箱中储存，保存期为2个月。标准储备液在使用前需要进行浓度校正，校正方法如下：

标准校正溶液的配制：准确吸取1.00 mL维生素B_2标准储备液，加1.30 mL乙酸钠溶液（0.1 mol/L），用水定容至10 mL，作为标准测试液。

对照溶液的配制：准确吸取1.00 mL盐酸溶液（0.012 mol/L），加1.30 mL乙酸钠溶液（0.1 mol/L），用水定容至10 mL，作为对照溶液。

吸收值的测定：用1 cm比色杯于444 nm波长下，以对照溶液为空白对照，测定标准校正溶液的吸收值。

标准溶液的浓度按下式计算：

$$\rho = \frac{A_{444} \times 10^4 \times 10}{328}$$

式中，ρ——标准储备液的浓度，单位为微克/毫升（μg/mL）；

A_{444}——标准测试液在444 nm波长下的吸光度值；

10^4——将1%的标准溶液浓度单位换算为测定溶液浓度单位（μg/mL）的换算系数；

10——标准储备液的稀释因子；

328——维生素B_2在444 nm波长下的百分吸光系数$E_{1cm}^{1\%}$，即在444 nm波长下，液层厚度为1 cm时，浓度为1%的维生素B_2溶液（盐酸—乙酸钠溶液，pH=3.8）的吸光度值。

维生素B_2标准中间液（10 μg/mL）：准确吸取10 mL维生素B_2标准储备液，用水稀释并定容至100 mL。在4℃冰箱中避光储存，保存期为1个月。

维生素B_2标准使用溶液（1 μg/mL）：准确吸取10 mL维生素B_2标准中间液，用水定容至100 mL。此溶液每毫升相当于1.00 μg维生素B_2。在4℃冰箱中避光储存，保存期为1周。

4. 实验仪器

荧光分光光度计、分析天平、高压灭菌锅、pH计、涡旋振荡器、组织捣碎机、恒温水浴锅、干燥器、维生素B_2吸附柱等。

5. 实验步骤

（1）试样的制备。

①试样的水解：称取2～10 g均质后的胡萝卜试样（精确至0.01 g，含10～200 μg维生素B_2）于100 mL具塞锥形瓶中，加入60 mL盐酸溶液（0.1 mol/L），充分摇匀，塞好瓶塞。将锥形瓶放入高压灭菌锅内，在121℃下保持30 min，冷却至室温后取出。用氢氧化钠溶液调pH值至6.0～6.5。

②试样的酶解：加入2 mL混合酶溶液，摇匀后置于37℃培养箱或恒温水浴锅中过

夜酶解。

③过滤：将上述酶解液转移至 100 mL 容量瓶中，加水定容至刻度，用干滤纸过滤备用。此提取液在 4℃冰箱中可保存 1 周。此操作过程应避免强光照射。

（2）氧化去杂质。

根据试样中核黄素的含量取一定体积的试样提取液（约含 1～10 μg 维生素 B_2）及维生素 B_2标准使用溶液，分别置于 20 mL 的带盖刻度试管中，加水至 15 mL。各管加 0.5 mL冰乙酸，混匀。加 0.5 mL 高锰酸钾溶液（30 g/L），摇匀，放置 2 min，使氧化去杂质。滴加过氧化氢溶液（3%）数滴，直至高锰酸钾的颜色褪去。剧烈振摇试管，使多余的氧气逸出。

（3）维生素 B_2的吸附和洗脱。

①维生素 B_2吸附柱：取硅镁吸附剂约 1 g，用湿法装入柱，占柱长的 1/2～2/3（约 5 cm）为宜（吸附柱下端用一小团脱脂棉垫上），勿使柱内产生气泡，调节流速约为每分钟60 滴。也可使用等效商品柱。

②过柱与洗脱：将全部氧化后的样液及标准液通过吸附柱后，用约 20 mL 热水淋洗样液中的杂质。然后用 5 mL 洗脱液将试样中的维生素 B_2洗脱至 10 mL 容量瓶中，再用 3～4 mL 水洗吸附柱，洗出液合并至容量瓶中，并用水定容至刻度，混匀后待测定。

（4）标准曲线的绘制。

分别精确吸取维生素 B_2标准使用液 0.3 mL，0.6 mL，0.9 mL，1.25 mL，2.5 mL，5.0 mL，10.0 mL，20.0 mL（相当于 0.3 μg，0.6 μg，0.9 μg，1.25 μg，2.5 μg，5.0 μg，10.0 μg，20.0 μg 维生素 B_2），或取与试样含量相近的单点标准按（2）和（3）进行操作。

（5）试样溶液的测定。

在激发光波长 440 nm、发射光波长 525 nm 下测定试样管及标准管的荧光值。待试样管及标准管的荧光值测定后，在各管的剩余液（5～7 mL）中加 0.1 mL 连二亚硫酸钠溶液（20%），立即混匀，在 20 s 内测出各管的荧光值，作各自的空白值。

6. 实验结果的分析与计算

试样中维生素 B_2的含量（以核黄素计）按下式计算：

$$T=\frac{(A-B)\times S}{(C-D)\times m}\times f\times\frac{100}{1000}$$

式中，X——试样中维生素 B_2的含量，单位为毫克/百克（mg/100 g）；

A——试样管荧光值；

B——试样管空白荧光值；

S——标准管中维生素 B_2的质量，单位为微克（μg）；

C——标准管荧光值；

D——标准管空白荧光值；

m——试样的质量，单位为克（g）；

f——样液稀释倍数；

100——换算为 100 g 样品中含量的换算系数；

1000——将浓度单位 μg/100 g 换算为 mg/100 g 的换算系数。

注：计算结果保留至小数点后两位。在重复性条件下获得的两次独立测定结果的绝对差值不得超过算术平均值的 10%。

7. 注意事项

(1) 本方法适用于各类食品中维生素 B_2 的测定。

(2) 取样量为 10.00 g 时，方法检出限为 0.006 mg/100 g，定量限为 0.02 mg/100 g。

(3) 维生素 B_2 对光敏感，整个操作应避光进行。

(4) 维生素 B_2 可被连二硫酸钠还原成无荧光型，但摇动后很快就被空气氧化成荧光物质，所以要立即测定。

(5) 维生素 B_2 在食物中既有游离形态存在，也有结合形态存在，所以水解必须完全。同时对淀粉酶活力和木瓜蛋白酶活力也有要求。

8. 思考题

(1) 试述荧光分光光度法与高效液相色谱法测定维生素 B_2 的区别。

(2) 举例说明有哪些因素会影响维生素 B_2 的测定结果，并解释原因。

9.2　脂溶性维生素的测定

实验 52　高效液相色谱法测定食品中维生素 A 和 E 的含量

1. 实验目的

(1) 了解食品中维生素 A 和 E 含量测定的意义。

(2) 熟悉高效液相色谱法的基本原理。

(3) 掌握高效液相色谱法测定食品中维生素 A 和 E 含量的基本操作。

2. 实验原理

试样中的维生素 A 及维生素 E 经皂化（含淀粉先用淀粉酶酶解）、提取、净化、浓缩后，由反相液相色谱柱分离，紫外检测器或荧光检测器检测，外标法定量。

3. 实验材料与试剂

食品样品，市售；除特殊说明外，实验所用试剂均为色谱纯；水，为 GB/T 6682 规定的一级水。

氢氧化钾溶液（50 g /100 g）：称取 50 g 氢氧化钾，加入 50 mL 水溶解，冷却后储存于聚乙烯瓶中。

石油醚—乙醚溶液（1+1）：量取 200 mL 石油醚，加入 200 mL 乙醚，混匀。

维生素 A 和维生素 E 的标准品：视黄醇、α－生育酚、β－生育酚、γ－生育酚、δ－生育酚，纯度≥95%。

维生素 A 标准储备溶液（0.500 mg/mL）：准确称取 25.0 mg 维生素 A 标准品，用无水乙醇溶解后，转移入 50 mL 容量瓶中。定容至刻度，此溶液浓度约为 0.500 mg/mL。将溶液转移至棕色试剂瓶中，密封后，在－20℃下避光保存，有效期为 1 个月。临用前将溶液回温至 20℃，并进行浓度校正。

维生素 E 标准储备溶液（1.00 mg/mL）：分别准确称取 α－生育酚、β－生育酚、γ－生育酚和 δ－生育酚各 50.0 mg，用无水乙醇溶解后，转移入 50 mL 容量瓶中，定容至刻度，此溶液浓度约为 1.00 mg/mL。将溶液转移至棕色试剂瓶中，密封后，在－20℃下避光保存，有效期为 6 个月。临用前将溶液回温至 20℃，并进行浓度校正。

维生素 A 和维生素 E 混合标准溶液中间液：准确吸取维生素 A 标准储备溶液 1.00 mL和维生素 E 标准储备溶液各 5.00 mL 于同一 50 mL 容量瓶中，用甲醇定容至刻度，此溶液中维生素 A 的浓度为 10.0 μg/mL，维生素 E 各生育酚的浓度为 100 μg/mL。在－20℃下避光保存，有效期为半个月。

维生素 A 和维生素 E 标准系列工作溶液：分别准确吸取维生素 A 和维生素 E 混合标准溶液中间液 0.20 mL，0.50 mL，1.00 mL，2.00 mL，4.00 mL，6.00 mL 于10 mL棕色容量瓶中，用甲醇定容至刻度。该标准系列工作溶液中维生素 A 的浓度分别为 0.20 μg/mL，0.50 μg/mL，1.00 μg/mL，2.00 μg/mL，4.00 μg/mL，6.00 μg/mL，维生素 E 的浓度分别为 2.00 μg/mL，5.00 μg/mL，10.0 μg/mL，20.0 μg/mL，40.0 μg/mL，60.0 μg/mL，临用前配制。

4. 实验仪器

分析天平、恒温水浴振荡器、旋转蒸发仪、氮吹仪、紫外分光光度计、分液漏斗萃取净化振荡器、高效液相色谱仪等。

5. 实验步骤

（1）试样的制备。

将一定数量的样品按要求经过缩分、粉碎均质后，储存于样品瓶中，避光冷藏，尽快测定。

（2）试样的处理。

①皂化。

不含淀粉样品：称取 2～5 g 经均质处理的固体试样（精确至 0.01 g）或 50 g 液体试样（精确至 0.01 g）于 150 mL 平底烧瓶中，固体试样需加入约 20 mL 温水，混匀，再加入 1.0 g 抗坏血酸和 0.1 g BHT，混匀，加入 30 mL 无水乙醇，加入 10～20 mL 氢氧化钾溶液，边加边振摇，混匀后于 80℃恒温水浴振荡皂化 30 min，皂化后立即用冷水冷却至室温。皂化时间一般为 30 min，如皂化液冷却后液面上有浮油，需要加入适量氢氧化钾溶液，并适当延长皂化时间。

含淀粉样品：称取 2～5 g 经均质处理的固体试样（精确至 0.01 g）或 50 g 液体试样（精确至 0.01 g）于 150 mL 平底烧瓶中，固体试样需加入约 20 mL 温水，混匀，加入 0.5～1 g 淀粉酶，放入 60℃水浴避光恒温振荡 30 min 后，取出，向酶解液中加入 1.0 g 抗坏血酸和 0.1 g BHT，混匀，加入 30 mL 无水乙醇、10～20 mL 氢氧化钾溶液，边加边振摇，混匀后于 80℃恒温水浴振荡皂化 30 min，皂化后立即用冷水冷却至室温。

②提取。

将皂化液用 30 mL 水转入 250 mL 的分液漏斗中，加入 50 mL 石油醚—乙醚混合液，振荡萃取 5 min，将下层溶液转移至另一 250 mL 的分液漏斗中，加入 50 mL 的混合醚液再次萃取，合并醚层。

③洗涤。

用约 100 mL 水洗涤醚层，约需重复 3 次，直至将醚层洗至中性，去除下层水相。

④浓缩。

将洗涤后的醚层经无水硫酸钠（约 3 g）滤入 250 mL 旋转蒸发瓶或氮气浓缩管中，用约 15 mL 石油醚冲洗分液漏斗及无水硫酸钠 2 次，并入蒸发瓶内，并将其接在旋转蒸发仪或气体浓缩仪上，于 40℃水浴中减压蒸馏或气流浓缩，待瓶中醚液剩下约 2 mL 时，取下蒸发瓶，立即用氮气吹至近干。用甲醇分次将蒸发瓶中残留物溶解并转移至 10 mL 容量瓶中，定容至刻度。溶液过 0.22 μm 有机系滤膜后供高效液相色谱测定。

（3）色谱参考条件。

色谱柱：C_{30}柱（柱长 250 mm，内径 4.6 mm，粒径 3 μm）；柱温：20℃；流动相：A—水，B—甲醇；流速：0.8 mL/min；紫外检测波长：维生素 A 为 325 nm，维生素 E 为 294 nm；进样量：10 μL。洗脱程序见表 9—1。

表 9—1　高效液相色谱洗脱条件

时间（min）	流动相 A（%）	流动相 B（%）	流速（mL/min）
0.0	4	96	0.8
13.0	4	96	0.8
20.0	0	100	0.8
24.0	0	100	0.8
24.5	4	96	0.8
30.0	4	96	0.8

（4）标准曲线的绘制。

本法采用外标法定量。将维生素 A 和维生素 E 标准系列工作溶液分别注入高效液相色谱仪中，测定相应的峰面积，以峰面积为纵坐标，以标准测定液浓度为横坐标，绘制标准曲线，计算直线回归方程。

（5）试样溶液的测定。

试样溶液经高效液相色谱仪分析，测得峰面积，采用外标法通过上述标准曲线计算其浓度。在测定过程中，建议每测定 10 个样品用同一份标准溶液或标准物质检查仪器的稳定性。

6. 实验结果的分析与计算

食品样品中维生素 A 和 E 的含量按下式计算：

$$X = \frac{\rho \times V \times f \times 100}{m}$$

式中，X——试样中维生素 A 或维生素 E 的含量，其中维生素 A 的单位为微克/百克（μg /100 g），维生素 E 的单位为毫克/百克（mg/100 g）；

ρ——根据标准曲线计算得到的试样中维生素 A 或维生素 E 的浓度，单位为微克/毫升（μg/mL）；

V——定容体积，单位为毫升（mL）；

f——换算因子（维生素 A 为 1，维生素 E 为 0.001）；

100——试样中量以每 100 g 计算的换算系数；

m——试样的质量，单位为克（g）。

注：计算结果保留三位有效数字，在重复性条件下获得的两次独立测定结果的绝对差值不得超过算术平均值的 10%。

7. 注意事项

（1）本方法适用于各类食品中维生素 A 和 E 的测定。

（2）当取样量为 5 g，定容体积为 10 mL 时，维生素 A 的紫外检出限为10 μg/100 g，定量限为 30 μg/100 g；生育酚的检出限为 40 μg/100 g，定量限为120 μg/100 g。

8. 思考题

举例说明有哪些因素会影响维生素 A 和 E 的测定结果，并解释原因。

（何贵萍）

第10章　常用食品添加剂的测定

10.1　常用甜味剂的测定

实验53　酚磺酞比色法测定零度可乐中糖精钠的含量

1. 实验目的

(1) 了解酚磺酞比色法测定食品中糖精钠含量的原理。
(2) 掌握酚磺酞比色法测定可乐中糖精钠含量的操作。
(3) 掌握油浴的使用方法。

2. 实验原理

可乐中的糖精钠在酸性条件下用乙醚提取分离后，与酚和硫酸在175℃作用，生成酚磺酞，再与氢氧化钠反应产生红色溶液，与标准系列溶液比较定量。

3. 实验材料与试剂

零度可乐，市售；乙醚、乙醇、氢氧化钠、碱性氧化铝、液体石蜡、硫酸铜、盐酸、无水硫酸钠、糖精钠，均为分析纯；水，为GB/T 6682规定的二级水。

中性醚醇溶液：将乙醚和中性乙醇按1∶1（V/V）混合，以酚酞为指示剂，用氢氧化钠中和至微红色。

糖精钠标准溶液：准确称取未风化的糖精钠0.1000 g，加入20 mL水溶液后移入125 mL分液漏斗中，用20 mL水洗涤，洗涤液并入分液漏斗。用6 mol/L盐酸使之呈强酸性，用30 mL，20 mL，20 mL乙醚分三次振摇提取，每次2 min。合并提取液，用一滤纸上装有10 g无水硫酸钠的干燥漏斗脱水，滤入100 mL容量瓶中，用少量乙醚洗涤滤器，洗液并入容量瓶，乙醚定容、混匀。此标准溶液含糖精钠1 mg/mL。

4. 实验仪器

油浴锅、紫外分光光度计、层析柱等。

5. 实验步骤

（1）试样的处理。

取 10 mL 可乐试样，先加热去除二氧化碳，再置于100 mL分液漏斗中，加2 mL 6 mol/L盐酸，用 30 mL，20 mL，20 mL 乙醚提取三次，合并乙醚提取液，用 5 mL 盐酸酸化的水洗涤一次，以洗去水溶性杂质，弃去水层。乙醚提取液经无水硫酸钠滤入 100 mL 容量瓶，加少量乙醚洗涤滤器，洗液并入容量瓶中，用乙醚定容。

（2）标准曲线的绘制。

吸取糖精钠标准溶液 0.0 mL，0.2 mL，0.4 mL，0.6 mL，0. 8 mL，分别置于 100 mL 比色管中，将乙醚在 60℃水浴上蒸干。另取 50 mL 乙醚，置于 100 mL 比色管中，在水浴上缓慢蒸干为空白管。

将标准管与乙醚空白管置于 100℃干燥箱干燥 20 min，取出，加入 5.0 mL 苯酚—硫酸，旋转比色管使苯酚硫酸与管壁充分接触，在（175±2)℃油浴中加热 2 h（温度达到 175℃时计时)。取出冷却后加入 20 mL 水，振摇均匀，再加入 10 mL 20%氢氧化钠，加水至 100 mL，混匀。然后通过 5 g 碱性氧化铝柱层并接收流出液，以乙醚空白管为零管，于 558 nm 处测定吸光度值，绘制标准曲线。

（3）试样的测定。

取一定量试样乙醚提取液（15～25 mL，含糖精钠 0.2～0.6 mg）于 100 mL 比色管中，在 60℃水浴上蒸干乙醚，然后置于 100℃干燥箱干燥 20 min 后，按标准液的处理方法操作，最后于 558 nm 测定吸光度值。在标准曲线上查出被测试样中糖精钠的质量。

6. 实验结果的分析与计算

试样中糖精钠的含量按下式计算：

$$X = \frac{c_1 - c_0}{m \times V_2 / V_1}$$

式中，X——试样中糖精钠的含量，单位为克/千克或克/升（g/kg 或 g/L）；

c_1——测定用样液中糖精的质量，单位为毫克（mg）；

c_2——空白溶液中糖精钠的质量，单位为毫克（mg）；

m——试样的质量，单位为克或毫升（g 或 mL）；

V_1——试样乙醚提取液的总体积，单位为毫升（mL）；

V_2——比色用试样乙醚提取液的体积，单位为毫升（mL）。

7. 注意事项

（1）本法受温度影响较大，要使糖精钠与酚在硫酸作用下生成酚磺酞的反应充分，应严格控制在（175±2)℃温度下反应 2 h。

（2）苯甲酸等有机物对测定有干扰，故要通过碱性氧化铝层析柱以排除干扰。

8. 思考题

（1）除了酚磺酞比色法外，还有哪些方法可用于食品中糖精钠含量的测定？
（2）在本法的操作当中，糖精钠与酚反应的温度显著高于或低于（175±2）℃会对测定结果带来怎样的影响？

实验 54　高效液相色谱法测定糖果中阿斯巴甜的含量

1. 实验目的

（1）掌握高效液相色谱法测定阿斯巴甜含量的原理与操作。
（2）掌握高效液相色谱仪的使用方法。

2. 实验原理

根据阿斯巴甜易溶于水、甲醇和乙醇等极性溶剂而不溶于脂溶性溶剂的特点，除胶基糖果以外的糖果试样用水提取，胶基糖果（口香糖、泡泡糖）用正己烷溶解胶基并用水提取。各提取液在液相色谱 C_{18} 反相柱上进行分离，在波长 200 nm 处检测，以色谱峰的保留时间定性，外标法定量。

3. 实验材料与试剂

糖果，市售；甲醇、乙醇、阿斯巴甜标准品，均为色谱纯；水，为 GB/T 6682 规定的一级水。

阿斯巴甜标准储备液（0.5 mg/mL）：称取 0.025 g 阿斯巴甜（精确至 0.0001 g），用水溶解并转移至 50 mL 容量瓶中并定容至刻度，置于 4℃左右的冰箱保存，有效期为 90 d。

阿斯巴甜混合标准系列工作液：将阿斯巴甜标准储备液用水逐级稀释成混合标准系列工作液，阿斯巴甜的浓度分别为 100.0 μg/mL，50.0 μg/mL，25.0 μg/mL，10.0 μg/mL，5.0 μg/mL。置于 4 ℃左右的冰箱保存，有效期为 30 d。

4. 实验仪器

高效液相色谱仪、超声波振荡器、分析天平、离心机。

5. 实验步骤

（1）试样的制备及前处理。
①除胶基糖果以外的糖果。
称取约 1 g 磨碎的糖果试样（精确至 0.001 g），置于 50 mL 烧杯中，加 10 mL 水后超声波振荡 20 min，将提取液移入 25 mL 容量瓶中，烧杯中再加入 10 mL 水超声波振荡提取 10 min，提取液移入同一 25 mL 容量瓶，备用。将上述容量瓶的液体用水定

容，混匀，4000 r/min 离心 5 min，上清液经 0.45 μm 水系滤膜过滤后用于色谱分析。

②胶基糖果。

用剪刀将胶基糖果（如口香糖）剪成细条状，称取约 3 g 剪细的口香糖试样（精确至 0.001 g），转入 100 mL 分液漏斗中，加入 25 mL 水剧烈振摇约1 min，再加入 30 mL正己烷，继续振摇直至口香糖全部溶解（约5 min），静置分层约5 min，将下层水相放入 50 mL 容量瓶，然后加入 10 mL 水到分液漏斗中，轻轻振摇约10 s，静置分层约 1 min，再将下层水相放入同一容量瓶中，加入 10 mL 水重复 1 次操作，最后用水定容至刻度，摇匀后经 0.45 μm 水系滤膜过滤，用于色谱分析。

（2）液相色谱仪的条件。

色谱柱：C_{18}，柱长 250 mm，内径 4.6 mm，粒径 5 μm。

柱温：30℃。

流动相：甲醇—水（40+60）或乙腈—水（20+80）。

流速：0.8 mL/min。

进样量：20 μL。

检测器：二极管阵列检测器或紫外检测器。

检测波长：200 nm。

（3）标准曲线的绘制。

分别在上述色谱条件下测定标准系列工作液相应的峰面积（峰高），以标准工作液的浓度为横坐标，以峰面积（峰高）为纵坐标，绘制标准曲线。

（4）试样溶液的测定。

在相同的液相色谱条件下，将试样溶液注入高效液相色谱仪中，以保留时间定性，以试样峰高或峰面积与标准溶液比较定量。

6. 实验结果的分析与计算

试样中阿斯巴甜的含量按下式计算：

$$X = \frac{\rho \times V}{m \times 1000}$$

式中，X——试样中阿斯巴甜的含量，单位为克/千克（g/kg）；

ρ——由标准曲线计算出进样液中阿斯巴甜的浓度，单位为微克/毫升(μg/mL)；

V——试样的定容体积，单位为毫升（mL）；

m——试样的质量，单位为克（g）；

1000——由 μg/g 换算成 g/kg 的换算因子。

计算结果保留三位有效数字。

7. 注意事项

（1）在重复性条件下获得的两次独立测定结果的绝对差值不得超过算术平均值的 10%。

（2）糖果中阿斯巴甜含量的检出限和定量限见表 10−1。

表 10－1　糖果中阿斯巴甜的检出限和定量限

种类	称样量（g）	定容体积（mL）	进样量（μL）	定量限（mg/kg）	检出限（mg/kg）
糖果（除胶基糖果外）	1.0	25.0	20	15	5.0
胶基糖果	3.0	50.0	20	10	3.3

8. 思考题

本法是否适用于巧克力、乳制品中阿斯巴甜含量的测定？该对实验样品采取怎样的处理方法？

实验 55　离子色谱法测定果冻中安赛蜜的含量

1. 实验目的

（1）了解安赛蜜在食品中的用途及使用量。
（2）掌握离子色谱法测定食品中安赛蜜含量的操作。
（3）掌握离子色谱仪的使用方法。

2. 实验原理

纯水浸提食品中的安赛蜜，经过 C_{18} 固相小柱除杂后，利用安赛蜜在水中电离产生乙酰磺胺酸根离子的性质，用 KOH 水溶液作为淋洗液进行离子色谱法检测。

3. 实验材料与试剂

果冻，市售；甲醇、氢氧化钾、安赛蜜（纯度均≥98%），均为色谱纯；水，为 GB/T 6682规定的一级水。

4. 实验仪器

离子色谱仪（配备 KOH 淋洗液发生器、自动进样器以及电导检测器）、半自动固相萃取仪、超声清洗器等。

5. 实验步骤

（1）标准曲线的绘制。

安赛蜜标准储备溶液：精确称取 0.1000 g 安赛蜜固体粉末，置于 100 mL 容量瓶中，用超纯水溶解、稀释并定容至刻度，摇匀。临用时用纯水稀释成 0.01 mg/mL 的安赛蜜标准工作液。

安赛蜜标准系列溶液：分别准确移取安赛蜜标准工作液 0 mL，1.00 mL，2.00 mL，3.00 mL，4.00 mL，5.00 mL 于 10 mL 容量瓶中，用超纯水定容至刻度，摇匀。配制成质量浓度分别为 0 mg/L，1.00 mg/L，2.00 mg/L，3.00 mg/L，4.00 mg/L，5.00 mg/L 的安赛蜜标准系列溶液，经 0.22 μm 的微孔滤膜过滤，待测。以峰面积对标准溶液浓度进行线性拟合，绘制标准曲线。

（2）样品前处理。

称取 50.0 g 果冻样品进行搅碎，再从中称取 1.00 g 置于 100 mL 烧杯中，加纯水 50 mL，用超声波浸提 15 min，过滤后滤渣用纯水洗涤 3 次后弃去，合并滤液于 100 mL容量瓶中，用超纯水定容至刻度并摇匀。

（3）净化。

将半自动固相萃取仪装上 C_{18} 固相小柱，用 5 mL 甲醇活化固相小柱，用 10 mL 超纯水清洗并调节流速至每分钟 10 滴，将定容后的样品溶液上柱，弃去前 2 mL 流出液，收集 5 mL 流出液，经 0.22 μm 的微孔滤膜过滤后，装入自动进样器样品管中，供离子色谱分析。

（4）测定。

色谱参考条件：进样体积为 50 μL；柱温选择为 30℃；淋洗液为 20 mmol/L KOH；流速为 1.0 mL/min；自循环模式；抑制电流选择 70 mA；检测器采用电导检测器（检测池温度为 30℃）。

6. 实验结果的分析与计算

试样中安赛蜜的含量按下式计算：

$$X = \frac{c \times V \times 1000}{m \times 1000}$$

式中，X——试样中安赛蜜的含量，单位为毫克/千克（mg/kg）；

c——从标准曲线中查得的样液中被测物的浓度，单位为毫克/升（mg/L）；

V——试样溶液的定容体积，单位为毫升（mL）；

m——试样的质量，单位为克（g）；

1000——单位换算系数。

计算结果保留两位有效数字。

7. 注意事项

在重复性条件下获得的两次独立测定结果的绝对差值不得超过算术平均值的 10%。

8. 思考题

（1）安赛蜜在现代食品工业中是否可以完全替代白砂糖？为什么？

（2）离子色谱法是否可用于食品中其他甜味剂含量的测定？检测原理是什么？

（任尧）

10.2 常用防腐剂的测定

实验56 紫外分光光度法测定豆腐干中苯甲酸及其钠盐的含量

1. 实验目的

(1) 了解常见食品添加剂苯甲酸(钠)在食品中的作用及用量。
(2) 掌握紫外分光光度法测定苯甲酸及其钠盐含量的原理与操作。

2. 实验原理

样品中苯甲酸在酸性溶液中可以随水蒸气蒸馏出来，与样品中非挥发成分分离，然后用重铬酸钾溶液和硫酸溶液进行激烈氧化，使除苯甲酸以外的其他有机物氧化分解，将此氧化后的溶液再次蒸馏，用碱液吸收苯甲酸，第二次所得的蒸馏液中基本不含除苯甲酸以外的其他杂质。苯甲酸在225 nm波长处有最大吸收，故测定吸光度值可计算出苯甲酸的含量。

3. 实验材料与试剂

豆腐干，市售；无水硫酸钠、正磷酸、氢氧化钠、重铬酸钾、硫酸溶液，均为分析纯；水，为GB/T 6682规定的二级水。

苯甲酸标准溶液(0.1 mol/L)：准确称取100 mg苯甲酸(预先经105℃烘干)，加入0.1 mol/L氢氧化钠溶液100 mL，溶解后用水稀释至1000 mL。

4. 实验仪器

紫外分光光度计、蒸馏装置、恒温水浴锅、分析天平等。

5. 实验步骤

(1) 试样的测定。

准确称取均匀的豆腐干样品10.0 g，捣碎，置于250 mL蒸馏瓶中，加磷酸1 mL、无水硫酸钠20 g、水70 mL、玻璃珠3粒进行蒸馏。用预先加有5 mL 0.1 mol/L氢氧化钠的50 mL容量瓶接收馏出液，当蒸馏液收集到45 mL时停止蒸馏，用少量蒸馏水洗涤冷凝器，最后用水稀释至刻度。

吸取上述蒸馏液25 mL，置于250 mL蒸馏瓶中，加入1/30 mol/L重铬酸钾溶液25 mL，2 mol/L硫酸溶液6.5 mL，100℃水浴上加热10 min，冷却，加入磷酸1 mL、无水硫酸钠20 g、水40 mL、玻璃珠3粒进行蒸馏，接收同上。

根据样品中苯甲酸的含量，取第二次蒸馏液5～20 mL，置于50 mL容量瓶中，用0.01 mol/L氢氧化钠定容，以0.01 mol/L氢氧化钠作为对照液，用紫外分光光度计于

225 nm波长处测定苯甲酸的吸光度值。

（2）空白实验。

在步骤（1）中用5 mL 1 mol/L氢氧化钠代替1 mL磷酸，测定空白溶液的吸光度值。

（3）标准曲线的绘制。

取苯甲酸标准溶液50 mL，置于250 mL蒸馏瓶中，然后按步骤（1）测定。将全部蒸馏液50 mL置于250 mL蒸馏瓶中，然后按步骤（2）进行。取第二次蒸馏液2.0 mL，4.0 mL，6.0 mL，8.0 mL，10.0 mL，分别置于50 mL容量瓶中，用0.01 mol/L氢氧化钠溶液稀释至刻度。以0.01 mol/L氢氧化钠为对照液，在225 nm处测定吸光度值，绘制标准曲线。

6. 实验结果的分析与计算

试样干中苯甲酸及其钠盐的含量按下式计算：

$$X_1 = \frac{(c - c_0) \times 1000}{m \times 25/50 \times V/50 \times 1000}$$

$$X_2 = X_1 \times 1.18$$

式中，X_1——试样中苯甲酸的含量，单位为克/千克（g/kg）；

X_2——试样中苯甲酸钠的含量，单位为克/千克（g/kg）；

c——测定用样品溶液中苯甲酸的质量，单位为毫克（mg）；

c_0——测定用空白溶液中苯甲酸的质量，单位为毫克（mg）；

V——测定用第二次蒸馏液的体积，单位为毫升（mL）；

m——试样的质量，单位为克（g）。

7. 注意事项

（1）在重复性条件下获得的两次独立测定结果的绝对差值不得超过算术平均值的10%。

（2）本法代替了传统的乙醚萃取苯甲酸的方法，消除了其他有机物的干扰，更为准确可靠。

8. 思考题

除了紫外分光光度法外，还有哪些方法可用于快速测定食品中苯甲酸钠的含量？分别有何优缺点？

实验57　硫代巴比妥酸比色法测定果蔬汁中山梨酸及其钾盐的含量

1. 实验目的

（1）了解常见食品添加剂山梨酸及其钾盐在食品中的作用及用量。

（2）掌握硫代巴比妥酸比色法测定山梨酸及其钾盐含量的原理与操作。

2. 实验原理

提取出样品中山梨酸及其盐类，在硫酸和重铬酸钾的氧化作用下形成丙二醛。该物与硫代巴比妥酸形成红色化合物，其红色深浅与丙二醛含量成正比，符合比尔定律，于530 nm处测吸光度值。

3. 实验材料与试剂

果蔬汁，市售；重铬酸钾、硫酸、硫代巴比妥酸、氢氧化钠、山梨酸钾，均为分析纯；水，为GB/T 6682规定的二级水。

重铬酸钾—硫酸溶液：1/60 mol/L重铬酸钾与0.15 mol/L硫酸按1∶1的比例混合均匀，备用。

硫代巴比妥酸溶液：准确称取0.5 g硫代巴比妥酸，置于100 mL容量瓶中，加入20 mL水，再加入10 mL 1 mol/L氢氧化钠溶液，充分摇匀，再加入11 mL 1 mol/L盐酸，用水定容（现用现配）。

山梨酸钾标准溶液：准确称取250 mg山梨酸钾，置于250 mL容量瓶中，用蒸馏水溶解并定容，此液含山梨酸钾1 mg/mL，使用时再稀释成0.1 mg/mL。

4. 实验仪器

紫外分光光度计、分析天平等。

5. 实验步骤

（1）标准曲线的绘制。

吸取0.0 mL，2.0 mL，4.0 mL，6.0 mL，8.0 mL，10.0 mL山梨酸钾标准溶液于250 mL容量瓶中，用水定容，分别吸取2.0 mL于相应的10 mL比色管中，加入2 mL重铬酸钾硫酸溶液，于100℃水浴中加热7 min，立即加入2.0 mL硫代巴比妥酸，继续加热10 min，立即用冷水冷却，在530 nm处测吸光度值，绘制标准曲线。

（2）试样的测定。

吸取果蔬汁试样10 mL于250 mL容量瓶中定容，摇匀，再从中取2 mL于10 mL比色管中，按标准曲线绘制操作，于530 nm处测定吸光度值，从标准曲线上查相应浓度。

6. 实验结果的分析与计算

试样中山梨酸及钾盐的含量按下式计算：

$$X_1 = \frac{c \times 250}{10}$$

$$X_2 = \frac{X_1}{1.34}$$

式中，X_1——试样中山梨酸钾的含量，单位为毫克/毫升（mg/mL）；

X_2——试样中山梨酸的含量，单位为毫克/毫升（mg/mL）；

c——试样中山梨酸钾的浓度，单位为毫克/毫升（mg/mL）；

10——吸取试样体积，单位为毫升（mL）；

250——容量瓶的体积，单位为毫升（mL）；

1.34——单位换算系数。

7. 注意事项

（1）样品处理也可采用水蒸气蒸馏，但该操作复杂。本实验选用直接提取后进行比色的方法，回收率可达90%～104%。

（2）硫代巴比妥酸需随用随配，山梨酸标准液应储于冰箱，可使用数日。

（3）应根据实际操作中样品的山梨酸钾含量来调整标准曲线的绘制。

8. 思考题

（1）当测得试样吸光度值大于1时，代入标准曲线公式进行计算，是否准确？为什么？

（2）除了本法，还有哪些方法可用于食品中山梨酸钾含量的测定？

（任尧）

10.3 常用发色剂的测定

实验58 盐酸萘乙二胺法测定火腿肠中亚硝酸盐的含量

1. 实验目的

（1）了解食品中亚硝酸盐含量测定的意义。

（2）熟悉样品制备、提取、比色等基本操作技术。

（3）掌握食品中亚硝酸盐含量测定的原理及方法。

2. 实验原理

试样经沉淀蛋白质、除去脂肪后，在弱酸条件下，亚硝酸盐与对氨基苯磺酸重氮化后，再与盐酸萘乙二胺耦合形成紫红色染料，外标法测得亚硝酸盐的含量。

3. 实验材料与试剂

火腿肠，市售；试剂均为分析纯；水，为GB/T 6682规定的二级水。

亚铁氰化钾溶液（106 g/L）：称取106.0g亚铁氰化钾，用水溶解并稀释至1000 mL。

乙酸锌溶液（220 g/L）：称取220.0 g乙酸锌，先加30 mL冰乙酸溶解，再用水稀释至1000 mL。

饱和硼砂溶液（50 g/L）：称取5.0 g硼酸钠，溶于100 mL热水中，冷却后备用。

盐酸（20%）：量取20 mL盐酸，用水稀释至100 mL。

对氨基苯磺酸溶液（4 g/L）：称取0.4 g对氨基苯磺酸，溶于100 mL盐酸（20%）中，混匀，置于棕色瓶中，避光保存。

盐酸萘乙二胺溶液（2 g/L）：称取0.2 g盐酸萘乙二胺，溶于100 mL水中，混匀，置于棕色瓶中，避光保存。

亚硝酸钠标准溶液（200 μg/mL，以亚硝酸钠计）：准确称取0.1000 g于110℃～120℃干燥恒重的亚硝酸钠（CAS号：7632−00−0，基准试剂，或采用具有标准物质证书的亚硝酸盐标准溶液）。加水溶解，移入500 mL容量瓶中，加水稀释至刻度，混匀。

亚硝酸钠标准溶液（5.0 μg/mL）：吸取2.50 mL亚硝酸钠标准溶液，置于100 mL容量瓶中，加水稀释至刻度（现用现配）。

4. 实验仪器

分析天平、组织捣碎机、分光光度计等。

5. 实验步骤

（1）亚硝酸盐的提取。

称取5 g匀浆试样（精确至0.001 g，如果制备过程中加了水，应按加水量折算），置于250 mL具塞锥形瓶中，加12.5 mL饱和硼砂溶液（50 g/L），加入70℃左右的水约150 mL，混匀，于沸水浴中加热15min，取出置冷水浴中冷却，并放置至室温。定量转移上述提取液至200 mL容量瓶中，加入5 mL亚铁氰化钾溶液（106 g/L），摇匀，再加入5 mL乙酸锌溶液（220 g/L）以沉淀蛋白质。加水至刻度，摇匀，放置30 min，除去上层脂肪，上清液用滤纸过滤，弃去初滤液30 mL，滤液备用。

（2）亚硝酸盐的测定。

吸取40.0 mL上述滤液于50 mL带塞比色管中，另吸取0.00 mL，0.20 mL，0.40 mL，0.60 mL，0.80 mL，1.00 mL，1.50 mL，2.00 mL，2.50 mL亚硝酸钠标准使用液（相当于0.0 μg，1.0 μg，2.0 μg，3.0 μg，4.0 μg，5.0 μg，7.5 μg，10.0 μg，12.5 μg亚硝酸钠），分别置于50 mL带塞比色管中，于标准管与试样管中分别加入2 mL对氨基苯磺酸溶液（4 g/L），混匀，静置3～5 min后各加入1 mL盐酸萘乙二胺溶液（2 g/L），加水至刻度，混匀，静置15 min，用1 cm比色杯，以零管调节零点，于波长538 nm处测定吸光度值，绘制标准曲线。同时做试剂空白实验。

6. 实验结果的分析与计算

试样中亚硝酸盐的含量按照下式计算：

$$X_1 = \frac{m_2 \times 1000}{m_3 \times \dfrac{V_1}{V_0} \times 1000}$$

式中，X_1——试样中亚硝酸钠的含量，单位为毫克/千克（mg/kg）；

m_2——测定用样液中亚硝酸钠的质量，单位为微克（μg）；

1000——单位换算系数；

m_3——试样的质量，单位为克（g）

V_1——测定用样液的体积，单位为毫升（mL）；

V_0——试样处理液总体积，单位为毫升（mL）。

注：计算结果保留两位有效数字。在重复性条件下获得的两次独立测定结果的绝对差值不得超过算术平均值的10%。

7. 注意事项

（1）本方法适用于各类食品中亚硝酸盐含量的测定，其他测定方法参考《食品安全国家标准 食品中亚硝酸盐与硝酸盐的测定》(GB 5009.33)。

（2）本方法测定火腿肠中亚硝酸盐的检出限为1 mg/kg。

（3）亚铁氰化钾和乙酸锌溶液作为蛋白质沉淀剂，使产生的亚铁氰化锌沉淀与蛋白质产生共同沉淀。

（4）蛋白质沉淀剂也可采用硫酸锌溶液（30%）。

（5）饱和硼砂溶液作为亚硝酸盐提取剂，同时作为蛋白质沉淀剂。

（6）本实验用水应为重蒸馏水，以减少误差。

8. 思考题

沸水浴中加热15 min的目的是什么？

实验59 镉柱比色法测定泡菜中硝酸盐的含量

1. 实验目的

（1）了解食品中硝酸盐含量测定的意义。

（2）理解并掌握镉柱比色法测定食品中硝酸盐含量的原理与操作。

2. 实验原理

试样经沉淀蛋白质、除去脂肪后，在弱酸条件下，亚硝酸盐与对氨基苯磺酸重氮化后，再与盐酸萘乙二胺耦合形成紫红色染料，外标法测得亚硝酸盐含量。采用镉柱将硝酸盐还原成亚硝酸盐，测得亚硝酸盐总量，由测得的亚硝酸盐总量减去试样中亚硝酸盐含量，即得试样中硝酸盐的含量。

3. 实验材料与试剂

泡菜，市售，用水冲洗，晾干后切碎混匀，将切碎的样品用四分法取适量，用食物粉碎机制成匀浆，备用，如需加水，应记录加水量；试剂均为分析纯；水，为GB/T

6682 规定的二级水。

氨缓冲溶液（pH=9.6～9.7）：量取 30 mL 盐酸，加 100 mL 水，混匀后加 65 mL 氨水，再加水稀释至 1000 mL，混匀，调节 pH=9.6～9.7。

氨缓冲溶液的稀释液：量取 50 mL pH=9.6～9.7 的氨缓冲溶液，加水稀释至 500 mL，混匀。

盐酸（0.1 mol/L）：量取 8.3 mL 盐酸，用水稀释至 1000 mL。

盐酸（2 mol/L）：量取 167 mL 盐酸，用水稀释至 1000 mL。

硫酸铜溶液（20 g/L）：称取 20 g 硫酸铜，加水溶解并稀释至 1000 mL。

硫酸镉溶液（40 g/L）：称取 40 g 硫酸镉，加水溶解并稀释至 1000 mL。

乙酸溶液（3%）：量取冰乙酸 3 mL 于 100 mL 容量瓶中，以水稀释至刻度，混匀。

硝酸钠标准溶液（200 μg/mL，以亚硝酸钠计）：准确称取 0.1232 g 于 110℃～120℃干燥恒重的硝酸钠（CAS 号：7631－99－4。基准试剂，或采用具有标准物质证书的硝酸盐标准溶液），加水溶解，移入 500 mL 容量瓶中，并稀释至刻度。

硝酸钠标准使用液（5.0 μg/mL，以亚硝酸钠计）：吸取 2.50 mL 硝酸钠标准溶液，置于 100 mL 容量瓶中，加水稀释至刻度（现用现配）。

其他试剂同亚硝酸盐测定。

4. 实验仪器

超声波清洗器、电热恒温干燥箱、分析天平等，镉柱或镀铜镉柱。

（1）海绵状镉的制备：镉粒直径 0.3～0.8 mm。

将适量的锌棒放入烧杯中，用 40 g/L 硫酸镉溶液浸没锌棒。在 24 h 之内，不断将锌棒上的海绵状镉轻轻刮下。取出残余锌棒，使镉沉底，倾去上层溶液。用水冲洗海绵状镉 2～3 次后，将镉转移至搅拌器中，加 400 mL 盐酸（0.1 mol/L），搅拌数秒，以得到所需粒径的镉颗粒。将制得的海绵状镉倒回烧杯中，静置 3～4 h，期间搅拌数次，以除去气泡。倾去海绵状镉中的溶液，待用。

（2）镉粒镀铜。

将制得的镉粒置于锥形瓶中（所用镉粒的量以达到要求的镉柱高度为准），加足量的盐酸（2 mol/L）浸没镉粒，振荡 5 min，静置分层，倾去上层溶液，用水多次冲洗镉粒。在镉粒中加入 20 g/L 硫酸铜溶液（每克镉粒约需 2.5 mL），振荡 1 min，静置分层，倾去上层溶液后，立即用水冲洗镀铜镉粒（注意镉粒要始终用水浸没），直至冲洗的水中不再有铜沉淀。

（3）镉柱的装填。

如图 10－1 所示，用水装满镉柱玻璃管，并装入约 2 cm 高的玻璃丝棉作垫，将玻璃丝棉压向柱底时，应将其中所包含的空气全部排出，再轻轻敲击下，加入海绵状镉至 8～10 cm或 15～20 cm，上面用 1 cm 高的玻璃丝棉覆盖。

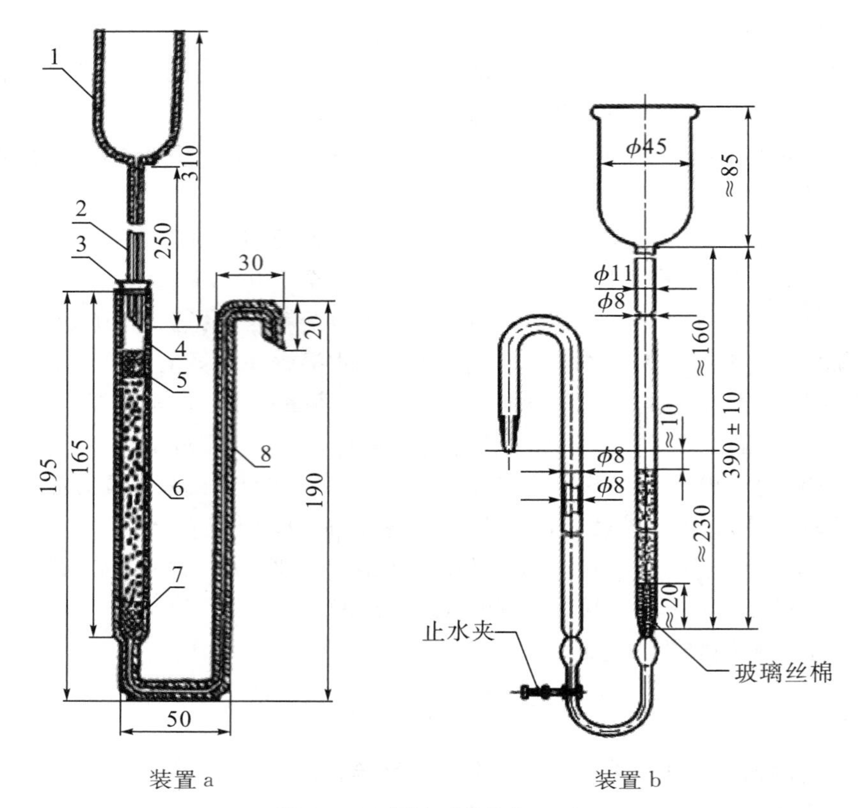

图 10－1　镉柱（单位为 mm）

1—储液漏斗，内径 35 mm，外径 37 mm；2—进液毛细管，内径 0.4 mm，外径 6 mm；
3—橡皮塞；4—镉柱玻璃管，内径 12 mm，外径 15 mm；5、7—玻璃丝棉；6—海绵状镉；
8—出液毛细管，内径 2 mm，外径 8 mm

如无上述镉柱玻璃管时，可以 25 mL 酸式滴定管代用，但过柱时要注意始终保持液面在镉层之上。

当镉柱填装好后，先用 25 mL 盐酸（0.1 mol/L）洗涤，再以水洗 2 次，每次 25 mL，镉柱不用时用水封盖，随时都要保持水平面在镉层之上，不得使镉层夹有气泡。

（4）镉柱每次使用完毕后，应先以 25 mL 盐酸（0.1 mol/L）洗涤，再以水洗 2 次，每次 25 mL，最后用水覆盖镉柱。

（5）镉柱还原效率的测定。

吸取 20 mL 硝酸钠标准使用液，加入 5 mL 氨缓冲液的稀释液，混匀后注入储液漏斗，使其流经镉柱还原，用一个 100 mL 的容量瓶收集洗提液。洗提液的流量不应超过 6 mL/min，在储液杯将要排空时，用约 15 mL 水冲洗杯壁。冲洗水流尽后，用 15 mL 水重复冲洗。第 2 次冲洗水也流尽后，将储液杯灌满水，并使其以最大流量流过柱子。当容量瓶中的洗提液接近 100 mL 时，从柱子下取出容量瓶，用水定容至刻度，混匀。取 10.0 mL 还原后的溶液（相当于 10 μg 亚硝酸钠）于 50 mL 比色管中，以下按亚硝酸盐测定自“吸取 0.00 mL，0.20 mL，0.40 mL，0.60 mL，0.80 mL，1.00 mL，…”起操作，根据标准曲线计算测得结果，与加入量一致，还原效率大于95%为符合要求。

（6）还原效率按下式计算：

$$X = \frac{m_1}{10} \times 100\%$$

式中，X——还原效率，单位为%；

m_1——测得亚硝酸钠的含量，单位为微克（μg）；

10——测定用溶液相当于亚硝酸钠的含量，单位为微克（μg）。

如果还原率小于95%，将镉柱中的镉粒倒入锥形瓶中，加入足量的盐酸（2 mol/L），振荡数分钟，再用水反复冲洗。

5. 实验步骤

（1）提取。

方法同亚硝酸盐测定。

（2）镉柱还原样液的制备。

①先以25 mL氨缓冲溶液的稀释液冲洗镉柱，流速控制在3～5 mL/min（以滴定管代替的可控制在2～3 mL/min）。

②吸取20 mL滤液于50 mL烧杯中，加5 mL pH=9.6～9.7氨缓冲溶液，混合后注入储液漏斗，使其流经镉柱还原。当储液杯中的样液流尽后，加15 mL水冲洗烧杯，再倒入储液杯中。冲洗水流尽后，用15 mL水重复1次。第2次冲洗水也流尽后，将储液杯装满水，以最大流速过柱。当容量瓶中的洗提液接近100 mL时，取出容量瓶，用水定容至刻度，混匀。

（3）还原样液中亚硝酸盐总量的测定。

吸取10～20 mL还原后的样液于50 mL比色管中。以下按亚硝酸盐测定自“吸取0.00 mL，0.20 mL，0.40 mL，0.60 mL，0.80 mL，1.00 mL，…”起操作。

（4）未还原样液中亚硝酸盐含量的测定。

吸取40 mL未经镉柱还原的样品处理液于50 mL比色管中，以下按亚硝酸盐测定自“加入2 mL 4 g/L对氨基苯磺酸溶液”起操作，从标准曲线上查出亚硝酸盐的质量。试样中亚硝酸盐（以亚硝酸钠计）的含量按照下式计算：

$$X_1 = \frac{m_2 \times 1000}{m_3 \times \frac{V_1}{V_0} \times 1000}$$

式中，X_1——试样中亚硝酸钠的含量，单位为毫克/千克（mg/kg）；

m_2——测定用样液中亚硝酸钠的质量，单位为微克（μg）；

1000——单位换算系数；

m_3——试样的质量，单位为克（g）

V_1——测定用样液的体积，单位为毫升（mL）；

V_0——试样处理液总体积，单位为毫升（mL）。

6. 实验结果的分析与计算

试样中硝酸盐（以硝酸钠计）的含量按下式计算：

$$X_2 = \left(\frac{m_4 \times 1000}{m_5 \times \frac{V_3}{V_2} \times \frac{V_5}{V_4} \times 1000} - X_1\right) \times 1.232$$

式中，X_2——试样中硝酸钠的含量，单位为毫克/千克（mg/kg）；

m_4——经镉粉还原后测得总亚硝酸钠的质量，单位为微克（μg）；

1000——单位换算系数；

m_5——试样的质量，单位为克（g）；

V_3——总亚硝酸钠的测定用样液体积，单位为毫升（mL）；

V_2——试样处理液总体积，单位为毫升（mL）；

V_5——经镉柱还原后样液的测定用体积，单位为毫升（mL）；

V_4——经镉柱还原后样液总体积，单位为毫升（mL）；

X_1——由前式计算出的试样中亚硝酸钠的含量，单位为毫克/千克（mg/kg）；

1.232——亚硝酸钠换算成硝酸钠的系数。

注：计算结果保留两位有效数字。在重复性条件下获得的两次独立测定结果的绝对差值不得超过算术平均值的10%。

7. 注意事项

该方法测定硝酸盐的检出限：液体乳 0.6 mg/kg，乳粉 5 mg/kg，干酪及其他 10 mg/kg。

（何贵萍）

10.4 常用漂白剂的测定

实验 60 滴定法测定竹笋干中二氧化硫的含量

1. 实验目的

（1）了解食品中二氧化硫含量测定的意义。

（2）学会标准溶液的配制。

（3）理解并掌握滴定法测定食品中二氧化硫含量的原理与操作。

2. 实验原理

在密闭容器中对样品进行酸化、蒸馏，蒸馏物用乙酸铅溶液吸收。吸收后的溶液用盐酸酸化，碘标准溶液滴定，根据所消耗的碘标准溶液量计算出样品中二氧化硫的含量。

3. 实验材料与试剂

竹笋干，市售，剪成小块，再用剪切式粉碎机剪碎，搅匀，备用；试剂均为分析纯；水，为GB/T 6682规定的二级水。

盐酸溶液（1+1）：量取50 mL盐酸，缓缓倾入50 mL水中，边加边搅拌。

硫酸溶液（1+9）：量取10 mL盐酸，缓缓倾入90 mL水中，边加边搅拌。

淀粉指示液（10 g/L）：称取1 g可溶性淀粉，用少许水调成糊状，缓缓倾入100 mL沸水中，边加边搅拌，煮沸2 min，放冷备用，现用现配。

乙酸铅溶液（20 g/L）：称取2 g乙酸铅，溶于少量水中并稀释至100 mL。

硫代硫酸钠标准溶液（0.1 mol/L）：称取25 g含结晶水的硫代硫酸钠或16 g无水硫代硫酸钠溶于1000 mL新煮沸过放冷的水中，加入0.4 g氢氧化钠或0.2 g硫酸铜，摇匀，储存于棕色瓶内，放置两周后过滤，用重铬酸钾标准溶液标定其准确浓度。或购买具有标准物质证书的硫代硫酸钠标准溶液。

碘标准溶液 [$c(\frac{1}{2}I_2)=0.1000$ mol/L]：称取13 g碘和35 g碘化钾，加水约100 mL，溶解后加入3滴盐酸，用水稀释至1000 mL，过滤后转入棕色瓶。使用前用硫代硫酸钠标准溶液标定。

重铬酸钾标准溶液 [$c(\frac{1}{6}K_2Cr_2O_7)=0.1000$ mol/L]：准确称取4.9031 g已于(120±2)℃电烘箱中干燥至恒重的重铬酸钾标准品（优级纯，纯度≥99%），溶于水并转移至1000 mL容量瓶中，定容至刻度。或购买具有标准物质证书的重铬酸钾标准溶液。

碘标准溶液 [$c(\frac{1}{2}I_2)=0.01000$ mol/L]：将0.1000 mol/L碘标准溶液用水稀释10倍。

4. 实验仪器

全玻璃蒸馏器、酸式滴定管、剪切式粉碎机、碘量瓶、分析天平等。

5. 实验步骤

(1) 样品蒸馏。

称取5 g均匀竹笋干样品（精确至0.001 g，取样量可视含量高低而定），或直接吸取5.00～10.00 mL液体样品，置于蒸馏烧瓶中，加入250 mL水，装上冷凝装置，冷凝管下端插入预先备有25 mL乙酸铅吸收液的碘量瓶的液面下，然后在蒸馏瓶中加入10 mL盐酸溶液，立即盖塞，加热蒸馏。当蒸馏液约200 mL时，使冷凝管下端离开液面，再蒸馏1 min。用少量蒸馏水冲洗插入乙酸铅溶液的装置部分。同时做空白实验。

(2) 滴定。

向取下的碘量瓶中依次加入10 mL盐酸、1 mL淀粉指示液，摇匀之后用碘标准溶液滴定至溶液颜色变蓝且30 s内不褪色为止，记录消耗的碘标准滴定溶液的体积。

6. 实验结果的分析与计算

试样中二氧化硫的含量按下式计算：

$$X = \frac{(V - V_0) \times 0.032 \times c \times 1000}{m}$$

式中，X——试样中二氧化硫的含量，单位为克/千克或克/升(g/kg或g/L)；

V——滴定样液所用的碘标准溶液的体积，单位为毫升（mL）；

V_0——空白实验所用的碘标准溶液的体积，单位为毫升（mL）；

0.032——与1 mL碘标准溶液［$c(\frac{1}{2}I_2)$ =1.0 mol/L］相当的二氧化硫的质量，单位为克（g）；

c——碘标准溶液的浓度，单位为摩尔/升（mol/L）；

m——试样称取质量或移取体积，单位为克或毫升（g或mL）。

注：计算结果以重复性条件下获得的两次独立测定结果的算术平均值表示。当二氧化硫含量≥1 g/kg（或1 g/L）时，结果保留三位有效数字；当二氧化硫含量<1 g/kg（或1 g/L）时，结果保留两位有效数字。在重复性条件下获得的两次独立测试结果的绝对差值不得超过算术平均值的10%。

7. 注意事项

（1）本方法适用于果脯、干菜、米粉类、粉条、砂糖、食用菌和葡萄酒等食品中二氧化硫含量的测定。

（2）当取5 g固体样品时，方法的检出限为3.0 mg/kg，定量限为10.0 mg/kg；当取10 mL液体样品时，方法的检出限为1.5 mg/L，定量限为5.0 mg/L。

（3）为防止二氧化硫氧化，试剂和样液用水均须是新煮沸过的蒸馏水。

（何贵萍）

10.5 食用合成色素的测定

实验61 薄层层析法测定彩虹糖中合成色素的含量

1. 实验目的

（1）了解合成色素在食品中的作用及用量。

（2）掌握薄层层析法测定食品中合成色素含量的原理与操作。

2. 实验原理

在酸性条件下用聚酰胺吸附水溶性合成色素，而与天然色素、蛋白质、脂肪、淀粉等物质分离，然后在碱性条件下用适当的溶液将其解吸，再用薄层层析法进行分离鉴定，与标准比较定性、定量。

3. 实验材料与试剂

彩虹糖，市售；聚酰胺粉（尼龙6，过200目筛）、硫酸、甲醇、甲醛、柠檬酸、氢氧化钠、盐酸，试剂均为分析纯；水，为GB/T 6682规定的二级水。

乙醇—氨溶液：吸取1 mL氨水，移入100 mL容量瓶中，用70%乙醇定容。

pH=6的水：利用20%柠檬酸调节水的pH值至6。

展开剂：甲醇—乙二胺—氨水（7+3+3），甲醇—氨水—乙醇（10+3+2），2.5%柠檬酸—氨水—乙醇（8+1+2）。

色素标准溶液：分别准确称取各种单元色素0.100 g，用pH=6的水溶解，然后移入100 mL容量瓶，并用pH=6的水定容（靛蓝溶液暗处存放）。

4. 实验仪器

紫外分光光度计、微量注射器、展开槽（25 cm×6 cm×4 cm）、层析缸、滤纸、薄层板（5 cm×20 cm）、电吹风、水泵等。

5. 实验步骤

（1）样品处理。

称取粉碎样品5～10 g，加水30 mL，加热溶解，用20%柠檬酸溶液调节pH值至4。

（2）吸附分离。

①吸附：处理过的样液加热至70℃后，加入0.5～1.0 g聚酰胺粉，充分混匀，然后用20%柠檬酸溶液调节pH值至4，使色素吸附完全（如溶液中仍有颜色，可再加入少量的聚酰胺粉）。

②洗涤：将吸附色素的聚酰胺全部转入玻璃漏斗中过滤，用经20%柠檬酸调节到pH=4的70℃水反复洗涤，每次20 mL，若含天然色素，可再用甲醇—甲酸洗涤1～3次，每次20 mL，直至洗涤无色为止，再用70℃水洗涤至中性，洗涤过程中必须充分搅拌。

③解吸：用乙醇—氨溶液20 mL分次解吸全部色素，收集解吸液，水浴驱氨，再浓缩至2 mL左右（若是单元色，用水定容至50 mL，用紫外分光光度计比色），转入5 mL容量瓶，用50%乙醇洗涤，洗液并入容量瓶中，用50%乙醇定容。

（3）薄层层析法定性。

①薄层层析板的制备：称取1.6 g聚酰胺粉、0.4 g可溶性淀粉及2 g硅胶G，置于研钵中，加水15 mL研匀后，立即置涂布器中铺成0.3 mm厚的板。在室温下晾干后，于80℃干燥1 h，置于燥器中备用。

②点样：用点样管吸取浓缩定容后的样液0.5 mL，在离底边2 cm处从左至右点成与底边平行的条状，在板的右边点2 μL色素标准溶液。

③展开：取适量的展开剂［苋菜红与胭脂红用甲醇—乙二胺—氨水（7+3+3），靛蓝、亮蓝用甲醇—氨水—乙醇（10+3+2），柠檬黄与其他色素用2.5%柠檬酸钠—氨

水—乙醇（8+1+2)］倒入展开槽中，将薄层层析板放入展开，待色素明显分开后，取出晾干，与标准色斑比较其比移值，确定色素种类。

（4）测定。

①单元色样品溶液的制备：将薄层层析板上的条状色斑剪下，用刀刮下移入漏斗中，用乙醇—氨溶液解吸色素（少量多次至解吸液无色），收集解吸液于蒸发皿中水浴驱氨后转入 10 mL 比色管中，用水定容备用。

②标准曲线的绘制：分别吸取 0 mL，0.5 mL，1.0 mL，2.0 mL，3.0 mL，4.0 mL胭脂红、苋菜红、柠檬黄、日落黄色素标准使用液，或 0 mL，0.2 mL，0.4 mL，0.6 mL，0.8 mL，1.0 mL 亮蓝、靛蓝色素标准使用液，分别置于 10 mL 带塞比色管中，加水至刻度，在特定波长处（胭脂红 510 nm、苋菜红 520 nm、柠檬黄 430 nm、日落黄 482 nm，亮蓝 627 nm、靛蓝 620 nm）测定吸光度值，绘制标准曲线。

③样品测定：取制备好的单元色样品液在对应波长下测定吸光度值，在标准曲线上查得色素的质量。

6. 实验结果的分析与计算

试样中合成色素的含量按下式计算：

$$X = \frac{c \times 1000}{m \times V_2/V_1 \times 1000} \times 100\%$$

式中，X——试样中合成色素的含量，单位为%；

c——测定用样液中色素的浓度，单位为毫克/毫升（mg/mL)；

m——试样的质量，单位为克（g)；

V_2——样液点板体积，单位为毫升（mL)；

V_1——样品解吸后样液总体积，单位为毫升（mL)。

7. 注意事项

（1）样品色素浓度太高，要用水适当稀释，因为浓溶液中色素钠盐的钠离子不容易解离，不利于聚酰胺粉吸附。

（2）样液中的色素被聚酰胺粉吸附后，当用热水洗涤聚酰胺粉以除去可溶性杂质时，要求水偏酸性，防止吸附的色素被洗脱下来，使定量结果偏低。

（3）在点样时，最好用吹风机边点边吹干，在原线上点，直至点完一定量。点样线缝宽不得超过 2 mm。

8. 思考题

（1）本法是否适用于天然色素的分离测定？为什么？

（2）除了本法，还有哪些常用方法可用于合成色素的检测？天然色素的检测方法有哪些？

（任尧）

第 11 章　食品中限量元素的测定

实验 62　二硫腙比色法测定食品中铅的含量

1. 实验目的

(1) 了解食品中铅含量测定的意义。

(2) 理解并掌握二硫腙比色法测定食品中铅含量的原理与操作。

2. 实验原理

试样经消化后，在 pH=8.5～9.0 时，铅离子与二硫腙生成红色络合物，溶于三氯甲烷。加入柠檬酸铵、氰化钾和盐酸羟胺等，防止铁、铜、锌等离子干扰。于波长 510 nm处测定吸光度值，与标准系列溶液比较定量。

3. 实验材料与试剂

除特别说明外，实验所用试剂均为分析纯；水，为 GB/T 6682 规定的二级水。

硝酸溶液（5+95）：量取 50 mL 硝酸，缓慢加入 950 mL 水中，混匀。

硝酸溶液（1+9）：量取 50 mL 硝酸，缓慢加入 450 mL 水中，混匀。

氨水溶液（1+1）：量取 100 mL 氨水（优级纯），加入 100 mL 水，混匀。

氨水溶液（1+99）：量取 10 mL 氨水（优级纯），加入 990 mL 水，混匀。

盐酸溶液（1+1）：量取 100 mL 盐酸（优级纯），加入 100 mL 水，混匀。

酚红指示液（1 g/L）：称取 0.1 g 酚红，用少量多次乙醇（优级纯）溶解后移入 100 mL 容量瓶中并定容至刻度，混匀。

二硫腙—三氯甲烷溶液（0.5 g/L）：称取 0.5 g 二硫腙，用三氯甲烷（不应含有氧化物）溶解并定容至 1000 mL，混匀，保存于 0℃～5℃下，必要时用下述方法纯化。

称取 0.5 g 研细的二硫腙，溶于 50 mL 三氯甲烷中，如不全溶，可用滤纸过滤于 250 mL 分液漏斗中，用氨水溶液（1+99）提取三次，每次 100 mL，将提取液用棉花过滤至 500 mL 分液漏斗中，用盐酸溶液（1+1）调至酸性，将沉淀出的二硫腙用三氯甲烷提取 2～3 次，每次 20 mL，合并三氯甲烷层，用等量水洗涤两次，弃去洗涤液，在 50℃水浴上蒸去三氯甲烷。精制的二硫腙置于硫酸干燥器中，干燥备用。或将沉淀出的二硫腙用 200 mL，200 mL，100 mL 三氯甲烷提取三次，合并三氯甲烷层为二硫腙—三氯甲烷溶液。

盐酸羟胺溶液（200 g/L）：称取 20 g 盐酸羟胺，加水溶解至 50 mL，加 2 滴酚红指示液（1 g/L），加氨水溶液（1+1），调节 pH 值至 8.5～9.0（由黄变红，再多加 2 滴），用二硫腙—三氯甲烷溶液（0.5 g/L）提取至三氯甲烷层绿色不变为止，再用三氯甲烷洗二次，弃去三氯甲烷层，水层加盐酸溶液（1+1）至呈酸性，加水稀释至 100 mL，混匀。

柠檬酸铵溶液（200 g/L）：称取 50 g 柠檬酸铵，溶于 100 mL 水中，加 2 滴酚红指示液（1 g/L），加氨水溶液（1+1），调节 pH 值至 8.5～9.0，用二硫腙—三氯甲烷溶液（0.5 g/L）提取数次，每次 10～20 mL，至三氯甲烷层绿色不变为止，弃去三氯甲烷层，再用三氯甲烷洗两次，每次 5 mL，弃去三氯甲烷层，加水稀释至 250 mL，混匀。

氰化钾溶液（100 g/L）：称取 10 g 氰化钾，用水溶解后稀释至 100 mL，混匀。

二硫腙使用液：吸取 1.0 mL 二硫腙—三氯甲烷溶液（0.5 g/L），加三氯甲烷至 10 mL，混匀。用 1 cm 比色杯，以三氯甲烷调节零点，于波长 510 nm 处测定吸光度值（A），用下式算出配制 100 mL 二硫腙使用液（70%透光率）所需二硫腙—三氯甲烷溶液（0.5 g/L）的体积（V）：

$$V = \frac{10 \times (2 - \lg 70)}{A} = \frac{1.55}{A}$$

量取计算所得体积的二硫腙—三氯甲烷溶液，用三氯甲烷稀释至 100 mL。

铅标准储备液（1000 mg/L）：准确称取 1.5985 g 硝酸铅标准品（CAS 号：10099−74−8，纯度>99.99%。或经国家认证并授予标准物质证书的一定浓度的铅标准溶液。精确至 0.0001 g），用少量硝酸溶液（1+9）溶解，移入 1000 mL 容量瓶，加水至刻度，混匀。

铅标准使用液（10.0 mg/L）：准确吸取铅标准储备液（1000 mg/L）1.00 mL 于 100 mL 容量瓶中，加硝酸溶液（5+95）至刻度，混匀。

4. 实验仪器

紫外分光光度计、分析天平、可调式电热炉、可调式电热板等。

5. 实验步骤

（1）试样的制备。

在采样和试样制备过程中，应避免试样污染。

粮食、豆类样品：样品去除杂物后，粉碎，储于塑料瓶中。

蔬菜、水果、鱼类、肉类等样品：样品用水洗净，晾干，取可食部分制成匀浆，储于塑料瓶中。

饮料、酒、醋、酱油、食用植物油、液态乳等液体样品：将样品摇匀。

（2）试样前处理。

湿法消解：称取固体试样 0.2～3 g（精确至 0.001 g）或准确移取液体试样 0.500～

5.00 mL 于带刻度消化管中，加入 10 mL 硝酸和 0.5 mL 高氯酸，在可调式电热板上消解（参考条件：120℃/0.5～1 h，升至 180℃/2～4 h，升至 200℃～220℃/1～2 h）。若消化液呈棕褐色，再加少量硝酸，消解至冒白烟，消化液呈无色透明或略带黄色，取出消化管，冷却后用水定容至 10 mL，混匀备用。同时做试剂空白实验。也可采用锥形瓶，于可调式电热板上按上述操作方法进行湿法消解。

（3）标准曲线的绘制。

吸取 0.000 mL，0.100 mL，0.200 mL，0.300 mL，0.400 mL，0.500 mL 铅标准使用液（相当于 0.00 μg，1.00 μg，2.00 μg，3.00 μg，4.00 μg，5.00 μg 铅），分别置于125 mL分液漏斗中，各加硝酸溶液（5+95）至 20 mL。再各加 2 mL 柠檬酸铵溶液(200 g/L)、1 mL 盐酸羟胺溶液（200 g/L）和 2 滴酚红指示液（1 g/L），用氨水溶液(1+1)调至红色，然后各加 2 mL 氰化钾溶液（100 g/L），混匀。各加 5 mL 二硫腙使用液，剧烈振摇 1 min，静置分层后，三氯甲烷层经脱脂棉滤入 1 cm 比色杯中，以三氯甲烷调节零点于波长 510 nm 处测定吸光度值，以铅的质量为横坐标，吸光度值为纵坐标，绘制标准曲线。

（4）试样溶液的测定。

将试样溶液及空白溶液分别置于 125 mL 分液漏斗中，各加入硝酸溶液至 20 mL。于消解液及空白溶液中各加入 2 mL 柠檬酸铵溶液（200 g/L），1 mL 盐酸羟胺溶液(200 g/L)和 2 滴酚红指示液（1 g/L），用氨水溶液（1+1）调至红色，再各加 2 mL 氰化钾溶液（100 g/L），混匀。各加 5 mL 二硫腙使用液，剧烈振摇 1 min，静置分层后，三氯甲烷层经脱脂棉滤入 1 cm 比色杯中，于波长 510 nm 处测定吸光度值，与标准系列溶液比较定量。

6. 实验结果的分析与计算

试样中铅的含量按下式计算：

$$X = \frac{m_1 - m_0}{m_2}$$

式中，X——试样中铅的含量，单位为毫克/千克或毫克/升（mg/kg 或 mg/L）；

m_1——试样溶液中铅的质量，单位为微克（μg）；

m_0——空白溶液中铅的质量，单位为微克（μg）；

m_2——试样称样量或移取体积，单位为克或毫升（g 或 mL）。

注：当铅含量≥10.0 mg/kg（或 10.0 mg/L）时，计算结果保留三位有效数字；当铅含量<10.0 mg/kg（或 10.0 mg/L）时，计算结果保留两位有效数字。在重复性条件下获得的两次独立测定结果的绝对差值不得超过算术平均值的 10%。

7. 注意事项

（1）本方法适用于各类食品中铅含量的测定。

（2）以称样量 0.5 g（或 0.5 mL）计算，方法的检出限为 1 mg/kg（或 1 mg/L），定量限为 3 mg/kg（或 3 mg/L）。

（3）柠檬酸铵是含有一个羟基的三元酸盐，在广泛 pH 范围内有较强络合能力的掩蔽剂。它的主要作用是络合钙、镁、铅、铁等阳离子，防止在碱性溶液中形成氢氧化物沉淀。

（4）盐酸羟胺作为还原剂，保护二硫腙不被高价离子、过氧化物等所氧化，防止溶液中三价铁与氰化钾生成赤血盐。

（5）氰化钾是较强的配位体，可掩蔽铜、锌等多种金属的干扰，同时也能提高 pH 值并使之稳定在 9 左右。

8. 思考题

二硫腙可与许多金属元素反应，可与元素周期表中的 20 多种金属反应，所以测试时就应该排除干扰离子，否则会影响测定效果。举例说明排除干扰离子的方法并解释原因。

实验 63　苯芴酮比色法测定食品中锡的含量

1. 实验目的

（1）了解食品中锡含量测定的意义。

（2）理解并掌握苯芴酮比色法测定食品中锡含量的原理与操作。

2. 实验原理

试样经消化后，在弱酸性溶液中四价锡离子与苯芴酮形成微溶性橙红色络合物，在保护性胶体存在下与标准系列溶液比较定量。

3. 实验材料与试剂

除特别说明外，实验所用试剂均为分析纯；水，为 GB/T 6682 规定的二级水。

酒石酸溶液（100 g/L）：称取 100 g 酒石酸溶于 1 L 水中。

抗坏血酸溶液（10.0 g/L）：称取 10.0 g 抗坏血酸溶于 1 L 水中，临用时配制。

动物胶溶液（5.0 g/L）：称取 5.0 g 动物胶溶于 1 L 水中，临用时配制。

氨溶液（1+1）：量取 100 mL 氨水加入 100 mL 水中，混匀。

硫酸溶液（1+9）：量取 10 mL 硫酸，搅拌下缓缓倒入 90 mL 水中，混匀。

苯芴酮溶液（0.1 g/L）：称取 0.01 g 苯芴酮（精确至 0.001 g），加少量甲醇及硫酸数滴溶解，以甲醇稀释至 100 mL。

酚酞指示液（10.0 g/L）：称取 1.0 g 酚酞，用乙醇溶解至 100 mL。

锡标准溶液（1.0 mg/mL）：准确称取 0.1 g 金属锡标准品（纯度为 99.99%或经国家认证并授予标准物质证书的标准物质，精确至 0.0001 g），置于小烧杯中，加入 10 mL硫酸，盖以表面皿，加热至锡完全溶解。移去表面皿，继续加热至产生浓白烟，冷却，慢慢加入 50 mL 水，移入 100 mL 容量瓶中，用硫酸溶液（1+9）多次洗涤烧杯，洗液并入容量瓶中，并用水稀释至刻度，混匀。

锡标准使用液：吸取 10.0 mL 锡标准溶液，置于 100 mL 容量瓶中，以硫酸溶液（1+9）稀释至刻度，混匀。如此再次稀释至每毫升相当于 10.0 μg 锡。

4. 实验仪器

紫外分光光度计、电子天平等。

5. 实验步骤

（1）试样的制备。

①试样消化：称取试样 1.0～5.0 g，置于锥形瓶中，加入 20.0 mL 硝酸—高氯酸混合溶液（4+1），加入 1.0 mL 硫酸、3 粒玻璃珠，放置过夜。次日置于电热板上加热消化，如果酸液过少，可适当补加硝酸，继续消化至冒白烟，待液体体积近 1 mL 时取下冷却。用水将消化试样转入 50 mL 容量瓶中，加水定容至刻度，摇匀备用。同时做空白实验（如果样液中锡的含量超出标准曲线范围，则用水进行稀释，并补加硫酸，使最终定容后的硫酸浓度与标准系列溶液相同）。

②吸取 1.00～5.00 mL 试样消化液和同量的空白溶液，分别置于 25 mL 比色管中。于试样消化液、空白溶液中各加入 0.5 mL 酒石酸溶液（10 g/L）及 1 滴酚酞指示液（10.0 g/L），混匀，各加氨溶液（1+1）中和至淡红色，加 3.0 mL 硫酸溶液(1+9)、1.0 mL 动物胶溶液（5.0 g/L）及 2.5 mL 抗坏血酸溶液（10.0 g/L），再加水至 25 mL，混匀，各加入 2.0 mL 苯芴酮溶液（0.1 g/L），混匀，放置 1 h 后测量。

（2）标准曲线的绘制。

吸取 0.00 mL，0.20 mL，0.40 mL，0.60 mL，0.80 mL，1.00 mL 锡标准使用液（相当于 0.00 μg，2.00 μg，4.00 μg，6.00 μg，8.00 μg，10.00 μg 锡），分别置于 25 mL比色管中，各加入 0.5 mL 酒石酸溶液（100 g/L）及 1 滴酚酞指示液（10.0 g/L），混匀，各加入氨溶液（1+1）中和至淡红色，加入 3.0 mL 硫酸溶液（1+9）、1.0 mL 动物胶溶液（5.0 g/L）及 2.5 mL 抗坏血酸溶液（10.0 g/L），再加水至 25 mL，混匀，各加入 2.0 mL 苯芴酮溶液，混匀，放置 1 h 后测量。

用 2 cm 比色杯于波长 490 nm 处测定吸光度值，标准各点减去零管吸光度值后，以标准系列溶液的浓度为横坐标，以吸光度值为纵坐标，绘制标准曲线或计算直线回归方程。

（3）试样溶液的测定。

用 2 cm 比色杯以标准系列溶液零管调节零点，于波长 490 nm 处分别对空白溶液和试样溶液测定吸光度值，所得吸光度值与标准曲线比较或代入直线回归方程求出锡的质量。

6. 实验结果的分析与计算

试样中锡的含量按下式计算：

$$X = \frac{(m_1 - m_2) \times V_1}{m_3 \times V_2}$$

式中，X——试样中锡的含量，单位为毫克/千克或毫克/升（mg/kg 或 mg/L）；

m_1——测定用试样消化液中锡的质量，单位为微克（μg）；

m_2——空白溶液中锡的质量，单位为微克（μg）；

V_1——试样消化液的定容体积，单位为毫升（mL）；

m_3——试样的质量，单位为克（g）；

V_2——测定用试样消化液的体积，单位为毫升（mL）。

注：计算结果保留两位有效数字。在重复性条件下获得的两次独立测定结果的绝对差值不得超过算术平均值的 10%。

7. 注意事项

（1）本方法适用于罐装固体食品、罐装饮料、罐装果酱、罐装婴幼儿配方奶粉及辅助食品中锡含量的测定。

（2）当取样量为 1.0 g，消化液为 5.0 mL 时，本方法的定量限为 20 mg/kg。

（3）在 pH 为 1 左右的酸性介质中，锡与苯芴酮反应生成一种微溶的配合物。锡的浓度低时，配合物以溶胶的形式存在于溶液中，在有动物胶存在下，此红色胶体能长时间稳定，可用于比色测定。由于显色反应比较缓慢，故应放置一段时间再比色。温度较低时可置于 37℃恒温箱中 30 min 后再比色。

8. 思考题

测定时，试样消化液、空白溶液及标准管液为什么要加入氨溶液（1+1）中和？

实验 64　原子荧光光谱法测定食品中总汞的含量

1. 实验目的

（1）了解食品中总汞含量测定的意义。

（2）理解并掌握原子荧光光谱法测定食品中总汞含量的原理和操作。

2. 实验原理

试样经酸加热消解后，在酸性介质中，试样中的汞被硼氢化钾或硼氢化钠还原成原子态汞，由载气（氩气）带入原子化器中，在汞空心阴极灯照射下，基态汞原子被激发至高能态，在由高能态回到基态时，发射出特征波长的荧光，其荧光强度与汞含量成正比，与标准系列溶液比较定量。

3. 实验材料与试剂

除特别说明外，实验所用试剂均为分析纯；水，为 GB/T 6682 规定的二级水。

硝酸溶液（1+9）：量取50 mL硝酸，缓缓加入450 mL水中。

硝酸溶液（5+95）：量取5 mL硝酸，缓缓加入95 mL水中。

氢氧化钾溶液（5 g/L）：称取5.0 g氢氧化钾，用纯水溶解并定容至1000 mL，混匀。

硼氢化钾溶液（5 g/L）：称取5.0 g硼氢化钾，用氢氧化钾溶液（5 g/L）溶解并定容至1000 mL，混匀。现用现配。

重铬酸钾—硝酸溶液（0.5 g/L）：称取0.05 g重铬酸钾，溶于100 mL硝酸溶液(5+95)中。

硝酸—高氯酸混合溶液（5+1）：量取500 mL硝酸、100 mL高氯酸，混匀。

汞标准储备液（1.00 mg/mL）：准确称取0.1354 g经干燥过的氯化汞标准品（纯度≥99%），用重铬酸钾—硝酸溶液（0.5 g/L）溶解并转移至100 mL容量瓶中，稀释至刻度，混匀。于4℃冰箱中避光保存，可保存2年。或购买经国家认证并授予标准物质证书的标准溶液物质。

汞标准中间液（10 μg/mL）：吸取1.00 mL汞标准储备液（1.00 mg/mL）于100 mL容量瓶中，用重铬酸钾—硝酸溶液（0.5 g/L）稀释至刻度，混匀。于4℃冰箱中避光保存，可保存2年。

汞标准使用液（50 ng/mL）：吸取0.50 mL汞标准中间液（10 μg/mL）于100 mL容量瓶中，用重铬酸钾—硝酸溶液（0.5 g/L）稀释至刻度，混匀。现用现配。

4. 实验仪器

原子荧光光谱仪、分析天平、微波消解系统、压力消解器、恒温干燥箱、控温电热板、超声水浴箱。

5. 实验步骤

（1）试样预处理。

在采样和制备过程中，应注意不使试样被污染。粮食、豆类等样品去杂物后粉碎均匀，装入洁净聚乙烯瓶中，密封保存备用。蔬菜、水果、鱼类、肉类及蛋类等新鲜样品，洗净晾干，取可食部分匀浆，装入洁净聚乙烯瓶中，密封，于4℃冰箱冷藏备用。

（2）试样的消解。

①压力罐消解法。

称取固体试样0.2～1.0 g（精确至0.001 g）、新鲜样品0.5～2.0 g（精确至0.001 g），或吸取液体试样1～5 mL，置于消解内罐中，加入5 mL硝酸浸泡过夜。盖好内盖，旋紧不锈钢外套，放入恒温干燥箱，140℃～160℃下保持4～5 h，在箱内自然冷却至室温，然后缓慢旋松不锈钢外套，将消解内罐取出，用少量水冲洗内盖，放在控温电热板上或超声水浴箱中，于80℃或超声脱气2～5 min赶去棕色气体。取出消解内罐，将消化液转移至25 mL容量瓶中，用少量水分3次洗涤内罐，洗涤液合并于容量瓶中并定容至刻度，混匀备用。同时做空白实验。

②微波消解法。

称取固体试样0.2～0.5 g（精确至0.001 g）、新鲜样品0.2～0.8 g（精确至

0.001 g），或吸取液体试样 1～3 mL，置于消解内罐中，加入 5～8 mL 硝酸，加盖放置过夜，旋紧罐盖，按照微波消解仪的标准操作步骤进行消解（消解参考条件见表 11－1 及表 11－2）。冷却后取出，缓慢打开罐盖排气，用少量水冲洗内盖，将消解罐放在控温电热板上或超声水浴箱中，于 80℃加热或超声脱气 2～5 min 赶去棕色气体。取出消解内罐，将消化液转移至 25 mL 塑料容量瓶中，用少量水分 3 次洗涤内罐，洗涤液合并于容量瓶中并定容至刻度，混匀备用。同时做空白实验。

表 11－1　粮食、蔬菜、鱼肉类试样微波消解参考条件

步骤	功率（1600W）变化（%）	温度（℃）	升温时间（min）	保温时间（min）
1	50	80	30	5
2	80	120	30	7
3	100	160	30	5

表 11－2　油脂、糖类试样微波消解参考条件

步骤	功率（1600W）变化（%）	温度（℃）	升温时间（min）	保温时间（min）
1	50	50	30	5
2	70	75	30	5
3	80	100	30	5
4	100	140	30	7
5	100	180	30	5

③回流消解法。

a. 粮食：称取 1.0～4.0 g 试样（精确至 0.001 g），置于消化装置锥形瓶中，加玻璃珠数粒，加 45 mL 硝酸、10 mL 硫酸，转动锥形瓶防止局部炭化。装上冷凝管后，小火加热，待开始发泡即停止加热。发泡停止后，加热回流 2 h。如果加热过程中溶液变为棕色，再加 5 mL 硝酸，继续回流 2 h，消解到样品完全溶解，一般呈淡黄色或无色。放冷后从冷凝管上端小心加入 20 mL 水，继续加热回流 10 min 放冷，用适量水冲洗冷凝管，冲洗液并入消化液中，将消化液经玻璃棉过滤于 100 mL 容量瓶内，用少量水洗涤锥形瓶、滤器，洗涤液并入容量瓶内，加水至刻度，混匀。同时做空白实验。

b. 植物油及动物油脂：称取 1.0～3.0 g 试样（精确至 0.001 g），置于消化装置锥形瓶中，加玻璃珠数粒，加入 7 mL 硫酸，小心混匀至溶液颜色变为棕色，然后加 40 mL硝酸。以下按 a. 粮食中“装上冷凝管后，小火加热……同时做空白实验”步骤操作。

c. 薯类、豆制品：称取 1.0～4.0 g 试样（精确至 0.001 g），置于消化装置锥形瓶中，加玻璃珠数粒及 30 mL 硝酸、5 mL 硫酸，转动锥形瓶防止局部炭化。以下按 a. 粮食中“装上冷凝管后，小火加热……同时做空白实验”步骤操作。

d. 肉、蛋类：称取 0.5～2.0 g 试样（精确至 0.001 g），置于消化装置锥形瓶中，加玻璃珠数粒及 30 mL 硝酸、5 mL 硫酸，转动锥形瓶防止局部炭化。以下按 a. 粮食中“装上冷凝管后，小火加热……同时做空白实验”步骤操作。

e. 乳及乳制品：称取 1.0～4.0 g 乳或乳制品（精确至 0.001 g），置于消化装置锥形瓶中，加玻璃珠数粒及 30 mL 硝酸，乳加 10 mL 硫酸，乳制品加 5 mL 硫酸，转动锥形瓶防止局部炭化。以下按 a. 粮食中“装上冷凝管后，小火加热……同时做空白实验”步骤操作。

（3）标准曲线的绘制。

分别吸取 50 ng/mL 汞标准使用液 0.00 mL，0.20 mL，0.50 mL，1.00 mL，1.50 mL，2.00 mL，2.50 mL 于 50 mL 容量瓶中，用硝酸溶液（1+9）稀释至刻度，混匀。分别相当于汞浓度为 0.00 ng/mL，0.20 ng/mL，0.50 ng/mL，1.00 ng/mL，1.50 ng/mL，2.00 ng/mL，2.50 ng/mL。

（4）试样溶液的测定。

设定好仪器最佳条件，连续用硝酸溶液（1+9）进样，待读数稳定之后，转入标准系列溶液测量，绘制标准曲线。转入试样测量，先用硝酸溶液（1+9）进样，使读数基本回零，再分别测定空白溶液和试样消化液，每次测定不同的试样前都应清洗进样器。

（5）仪器参考条件。

光电倍增管负高压：240 V；汞空心阴极灯电流：30 mA；原子化器温度：300℃；载气流速：500 mL/min；屏蔽气流速：1000 mL/min。

6. 实验结果的分析与计算

试样中汞的含量按下式计算：

$$X=\frac{(c-c_0)\times V\times 1000}{m\times 1000\times 1000}$$

式中，X——试样中汞的含量，单位为毫克/千克或毫克/升（mg/kg 或 mg/L）；

c——测定样液中汞的含量，单位为纳克/毫升（ng/mL）；

c_0——空白溶液中汞含量，单位为纳克/毫升（ng/mL）；

V——试样消化液定容总体积，单位为毫升（mL）；

1000——单位换算系数；

m——试样的质量，单位为克或毫升（g 或 mL）。

注：计算结果保留两位有效数字。在重复性条件下获得的两次独立测定结果的绝对差值不得超过算术平均值的 20%。

7. 注意事项

当样品称样量为 0.5 g，定容体积为 25 mL 时，本方法的检出限为 0.003 mg/kg，定量限为 0.010 mg/kg。

8. 思考题

（1）为什么用原子荧光光谱法测定食品中总汞含量时需要做空白实验？

（2）测定食品中总汞含量还有哪些方法？各有什么优缺点？

实验65　石墨炉原子吸收光谱法测定食品中铬、铜、镉的含量

1. 实验目的

（1）了解食品中铬、铜、镉含量测定的意义。

（2）掌握石墨炉原子吸收光谱法测定食品中铬、铜、镉含量的基本原理和操作要点。

（3）根据各元素的分析特性，试样的含量、组成及可能的干扰因素，选取合适的分析条件，学习试样的制备、预处理，标准溶液的配制。

2. 实验原理

石墨炉原子吸收光谱法测定食品中的铬、铜、镉，是国家标准第一法。其基本原理：试样经灰化或消解处理后，注入原子吸收分光光度计石墨炉中，光源辐射出的待测元素的特征光谱通过样品的蒸气时，被蒸气中待测元素的基态原子所吸收，在一定浓度范围内，吸光度值与待测元素含量成正比，采用标准曲线法定量。镉电热原子化后吸收228.8 nm共振线，铜吸收324.8 nm共振线，铬吸收357.9 nm共振线。

3. 实验材料与试剂

除特别说明外，实验所用试剂均为分析纯；水，为GB/T 6682规定的二级水。

硝酸溶液（5+95）：量取50 mL硝酸，慢慢倒入950 mL水中，混匀。

硝酸溶液（1%）：量取10.0 mL硝酸，加入100 mL水中，用水稀释至1000 mL。

硝酸溶液（1+1）：量取250 mL硝酸慢慢倒入250 mL水中，混匀。

硝酸—高氯酸混合溶液（9+1）：取9份硝酸与1份高氯酸，混合。

磷酸二氢铵溶液（20 g/L）：称取2.0 g磷酸二氢铵，溶于水中，并用水定容至100 mL，混匀。

磷酸二氢铵—硝酸钯溶液：称取0.02 g硝酸钯，加少量硝酸溶液（1+1）溶解后，再加入2 g磷酸二氢铵，溶解后用硝酸溶液（5+95）定容至100 mL，混匀。

磷酸二氢铵溶液（10 g/L）：称取10.0 g磷酸二氢铵，用100 mL硝酸溶液（1%）溶解后定量移入1000 mL容量瓶中，用硝酸溶液（1%）定容至刻度。

标准溶液的配制方法详见表11-3。

表11－3　待测元素标准溶液的配制

	铬	铜	镉
标准品	重铬酸钾，纯度>99.5%	五水硫酸铜，纯度>99.99%	金属镉，纯度为99.99%
标准储备液	准确称取重铬酸钾标准品（110℃烘2 h）1.4315 g（精确至0.0001 g），溶于水中，移入500 mL容量瓶中，用硝酸溶液（5+95）稀释至刻度，混匀。此溶液每毫升含1.000 mg铬	准确称取3.9289 g五水硫酸铜（精确至0.0001 g），用少量硝酸溶液（1+1）溶解，移入1000 mL容量瓶中，加水至刻度，混匀。此溶液每升含1.000 mg铜	准确称取1 g金属镉标准品（精确至0.0001 g），置于小烧杯中，分次加入20 mL盐酸溶液（1+1）溶解，加2滴硝酸，移入1000 mL容量瓶中，用水定容至刻度，混匀。此溶液每升含1000 mg镉
标准使用液	将铬标准储备液用硝酸溶液（5+95）逐级稀释至每毫升含100 ng铬	准确吸取1.00 mL铜标准储备液于1000 mL容量瓶中，加硝酸溶液（5+95）至刻度，混匀。此溶液每升含1.000 mg铜	吸取10.0 mL镉标准储备液于100 mL容量瓶中，用硝酸溶液（1%）定容至刻度，如此经多次稀释成每毫升含100.0 ng镉的标准使用液
标准工作液	分别吸取铬标准使用液（100 ng/mL）0.00 mL，0.50 mL，1.00 mL，2.00 mL，3.00 mL，4.00 mL于25 mL容量瓶中，用硝酸溶液（5+95）稀释至刻度，混匀。各容量瓶中每毫升分别含铬0.00 ng，2.00 ng，4.00 ng，8.00 ng，12.00 ng，16.00 ng。或采用石墨炉自动进样器自动配制	分别吸取铜标准使用液（1.000 mg/L）0.00 mL，0.50 mL，1.00 mL，2.00 mL，3.00 mL和4.00 mL于100 mL容量瓶中，加硝酸溶液（5+95）至刻度，混匀，即得到含铜量分别为0.00 μg/L，5.00 μg/L，10.00 μg/L，20.00 μg/L，30.00 μg/L，40.00 μg/L的标准系列溶液	准确吸取镉标准使用液0.00 mL，0.50 mL，1.00 mL，1.50 mL，2.00 mL，3.00 mL于100 mL容量瓶中，用硝酸溶液（1%）定容至刻度，即得到含镉量分别为0.00 ng/mL，0.50 ng/mL，1.00 ng/mL，1.50 ng/mL，2.00 ng/mL，3.00 ng/mL的标准系列溶液

4. 实验仪器

原子吸收光谱仪、微波消解系统、可调式电热炉、可调式电热板、压力消解器、马弗炉、恒温干燥箱、分析天平等。

5. 实验步骤

（1）试样预处理。

①干试样：粮食、豆类等去除杂物后，磨碎成均匀的样品，颗粒度不大于0.425 mm，装入洁净的塑料瓶中。密封并标明标记，于室温下或按样品保存条件保存备用。

②鲜（湿）试样：蔬菜、水果、鱼类、肉类及蛋类等水分含量高的鲜样，用食品加工机打成匀浆或碾磨成匀浆，装入洁净的塑料瓶中。密封并标明标记，于冰箱冷藏室保存。

③液态试样：按样品保存条件保存备用。含气样品使用前应除气。

(2) 试样的消解。

测定各元素含量时样品的消解方法参照表 11—4，可任选其一。

表 11—4　测定食品中铬、铜、镉含量时样品的消解方法

<table>
<tr><th>消解方法</th><th>铬</th><th>铜</th><th>镉</th></tr>
<tr><td>微波消解</td><td colspan="2">准确称取试样 0.2～0.6 g（精确至 0.001 g），置于微波消解罐中，加入 5 mL硝酸，按照微波消解的操作步骤消解试样（消解条件参见表 11—3）。冷却后取出消解罐，放在可调式电热板上，于140℃～160℃赶酸至 0.5～1.0 mL。消解罐放冷后，将消化液转移至 10 mL 容量瓶中，用少量水洗涤消解罐 2～3 次，合并洗涤液，用水定容至刻度。同时做试剂空白实验</td><td>准确称取干试样 0.2～0.8 g（精确至 0.0001 g）或鲜（湿）试样 1～2 g（精确至 0.001 g），置于微波消解罐中，加入 5 mL 硝酸和 2 mL 过氧化氢，微波消化程序可以根据仪器型号调制最佳条件消解完毕，待冷却后取出消解罐，放在可调式电热板上，于 140℃～160℃ 赶酸至 1.0 mL左右。消解罐放冷后，将消化液转移至 10 mL 或 25 mL 容量瓶中，用少量硝酸溶液（1%）洗涤消解罐 2～3 次，合并洗涤液，用硝酸溶液（1%）定容至刻度。同时做试剂空白实验</td></tr>
<tr><td>高压消解</td><td colspan="2">准确称取试样 0.3～1 g（精确至 0.001 g），置于消解内罐中，加入 5 mL 硝酸。盖好内盖，旋紧不锈钢外套，放入恒温干燥箱，于 140℃～160℃下保持 4～5 h。在箱内自然冷却至室温，缓慢旋松外罐，取出消解内罐，放在可调式电热板上，于 140℃～160℃ 赶酸至 0.5～1.0 mL。冷却后将消化液转移至 10 mL 容量瓶中，用少量水洗涤内罐和内盖 2～3 次，合并洗涤液于容量瓶中并用水定容至刻度。同时做试剂空白实验</td><td>准确称取干试样 0.3～0.5 g（精确至 0.0001 g）、鲜（湿）试样或液体试样 1～2 g（精确至 0.001 g）于消解内罐中，加入 5 mL 硝酸浸泡过夜。再加入过氧化氢溶液（30%）入 2～3 mL（总量不能超过罐容积的 1/3）。盖好内盖，旋紧不锈钢外套，放入恒温干燥箱中，于 140℃～160℃下保持 4～6 h。在箱内自然冷却至室温，缓慢旋松外罐，取出消解内罐，放在可调式电热板上，于 140℃～160℃赶酸至 0.5～1.0 mL。将消化液转移至 10 mL 或 25 mL 容量瓶中，用少量硝酸溶液（1%）洗涤消解罐 2～3 次，合并洗涤液于容量瓶中，用硝酸溶液（1%）定容至刻度。同时做试剂空白实验</td></tr>
<tr><td>干法灰化</td><td colspan="2">准确称取试样 0.5～3 g（精确至 0.0001 g）或准确移取液体试样 0.500～10 mL 于坩埚中，小火在可调式电热炉上加热，炭化至无烟，转移至马弗炉中，于 550℃恒温 3～4 h。取出冷却，对于灰化不彻底的试样，加数滴硝酸，小火加热，小心蒸干，再转入 550℃高温炉中，继续灰化 1～2 h，至试样呈白灰状，从高温炉中取出冷却，用硝酸溶液（1+1）溶解并用水定容至 10 mL。同时做试剂空白实验</td><td>准确称取干试样 0.3～0.5 g（精确至 0.0001 g）、鲜（湿）试样或液体试样 1～2 g（精确至 0.001 g）于坩埚中，小火在可调式电热炉上加热，炭化至无烟，转移至马弗炉中，于 550℃恒温 6～8 h。取出冷却，对于灰化不彻底的试样，加 1 mL 硝酸—高氯酸混合溶液（9+1），小火加热，小心蒸干，再转入 550℃高温炉中，继续灰化 1～2 h，至试样呈白灰状，从高温炉中取出冷却，用硝酸溶液（1%）溶解，将消化液转移至 10 mL 或 25 mL 容量瓶中，用少量硝酸溶液（1%）洗涤消解罐 2～3 次，合并洗涤液（于容量瓶中），用硝酸溶液（1%）定容至刻度。同时做试剂空白实验</td></tr>
</table>

(3) 仪器测试条件设置。

根据各自仪器性能调至最佳状态。各元素测定参数的设定参照如表 11—5 所示的石墨炉原子吸收法参考条件。

表11—5　石墨炉原子吸收法参考条件

元素	波长（nm）	狭缝（nm）	灯电流（mA）	干燥（℃/s）	灰化（℃/s）	原子化（℃/s）
铬	357.9	0.2	5～7	5～120，40～50	900，20～30	2700，4～5
铜	324.8	0.5	8～12	85～120，40～50	800，20～30	2350，4～5
镉	228.8	0.2～1.0	2～10	105，20	400～700，20～40	1300～2300，3～5

6. 实验结果的分析与计算

（1）铬含量测定的数据与计算。

①标准曲线的绘制。

将铬标准溶液按浓度由低到高的顺序分别取10 μL（可根据使用仪器选择最佳进样量），注入石墨管，原子化后测定其吸光度值，以浓度为横坐标，吸光度值为纵坐标，绘制标准曲线。

②试样的测定。

在与测定标准溶液相同的实验条件下，分别取10 μL（可根据使用仪器选择最佳进样量）空白溶液和样品溶液，注入石墨管，原子化后测定其吸光度值，与标准系列溶液比较定量。

对有干扰的试样，应注入5 μL（可根据使用仪器选择最佳进样量）磷酸二氢铵溶液（20 g/L）（标准系列溶液的测定应按“②试样的测定”操作）。

③结果计算。

试样中铬的含量按下式计算：

$$X = \frac{(c - c_0) \times V}{m \times 1000}$$

式中，X——试样中铬的含量，单位为毫克/千克（mg/kg）；

c——试样溶液中铬的浓度，单位为纳克/毫升（ng/mL）；

c_0——空白溶液中铬的浓度，单位为纳克/毫升（ng/mL）；

V——试样消化液的定容体积，单位为毫升（mL）；

m——试样称样量，单位为克（g）；

1000——单位换算系数。

注：当铬的含量≥1 mg/kg时，保留三位有效数字；当铬的含量<1 mg/kg时，保留两位有效数字。在重复性条件下获得的两次独立测定结果的绝对差值不得超过算术平均值的20%。

（2）铜含量测定的数据与计算。

①标准曲线的绘制。

将铜标准溶液按质量浓度由低到高的顺序分别导入火焰原子化器，原子化后测定其吸光度值，以浓度为横坐标，吸光度值为纵坐标，绘制标准曲线。

②试样的测定。

在与测定标准溶液相同的实验条件下，将空白溶液和试样溶液分别导入火焰原子化器，原子化后测定其吸光度值，与标准系列溶液比较定量。

③结果计算。

试样中铜的含量按下式计算：

$$X = \frac{(\rho - \rho_0) \times V}{m}$$

式中，X——试样中铜的含量，单位为毫克/千克或毫克/升（mg/kg 或 mg/L）；

ρ——试样溶液中铜的浓度，单位为毫克/升（mg/L）；

ρ_0——空白溶液中铜的浓度，单位为毫克/升（mg/L）；

V——试样消化液的定容体积，单位为毫升（mL）；

m——试样称样量或移取体积，单位为克或毫升（g 或 mL）。

注：当铜的含量≥10.0 mg/kg（或 10.0 mg/L）时，计算结果保留三位有效数字；当铜的含量<10.0 mg/kg（或 10.0 mg/L）时，计算结果保留两位有效数字。

（3）镉含量测定的数据与计算。

①标准曲线的绘制。

将标准溶液按浓度由低到高的顺序各取 20 μL 注入石墨炉，测定其吸光度值，以浓度为横坐标，吸光度值为纵坐标，绘制标准曲线并求出吸光度值与浓度关系的一元线性回归方程。

标准系列溶液应是不少于 5 个点的不同浓度的镉标准溶液，相关系数不应小于 0.995。如果有自动进样装置，也可用程序稀释来配制标准系列溶液。

②试样测定。

在与测定标准溶液相同的实验条件下，吸取样品消化液 20 μL（可根据使用仪器选择最佳进样量）注入石墨炉，测定其吸光度值。代入标准系列溶液的一元线性回归方程中求试样消化液中镉的含量，平行测定次数不少于两次。若测定结果超出标准曲线范围，用硝酸溶液（1%）稀释后再行测定。

对有干扰的试样，和试样消化液一起注入石墨炉 5 μL 基体改进剂磷酸二氢铵溶液（10 g/L），绘制标准曲线时也要加入与试样测定时等量的基体改进剂。

③试样中镉含量按下式计算：

$$X = \frac{(c - c_0) \times V}{m \times 1000}$$

式中，X——试样中镉的含量，单位为毫克/千克或毫克/升（mg/kg 或 mg/L）；

c——试样溶液中镉的浓度，单位为纳克/毫升（ng/mL）；

c_0——空白溶液中镉的浓度，单位为纳克/毫升（ng/mL）；

V——试样消化液的定容体积，单位为毫升（mL）；

m——试样称样量，单位为克（g）；

1000——单位换算系数。

注：以重复性条件下获得的两次独立测定结果的算术平均值表示，结果保留两位有

效数字。

7. 注意事项

(1) 铜、铬、镉的检测属痕量分析，要求整个实验空白要低，对整个实验要严格控制污染，玻璃仪器要用酸浸泡，其他设备也要尽可能洁净。

(2) 原子吸收法不适合测定金属含量极高的样品，因稀释倍数过大会增加误差，特别是石墨炉法，一旦炉体被严重污染，记忆效应将影响以后样品的测定，必须空烧几次后才能彻底清除。

8. 思考题

(1) 石墨炉原子吸收光谱法如何表示检出限？影响准确度和精密度的因素有哪些？

(2) 分析铜、铬、镉的测定条件有哪些主要的不同点。

(3) 食品中铜、铬、镉含量的测定除了采用石墨炉原子吸收光谱法外，还可以采用哪些分析方法？简要说明其优缺点。

实验 66　银盐法测定食品中砷的含量

1. 实验目的

(1) 了解食品中砷含量测定的意义。

(2) 掌握银盐法测定食品中砷含量的原理与操作。

2. 实验原理

试样经消化后，以碘化钾、氯化亚锡将高价砷还原为三价砷，然后与锌粒和酸产生的新生态氢生成砷化氢，经银盐溶液吸收后形成红色胶态物，与标准系列溶液比较定量。

3. 实验材料与试剂

除特别说明外，实验所用试剂均为分析纯；水，为 GB/T 6682 规定的二级水。

硝酸—高氯酸混合溶液 (4+1)：量取 80 mL 硝酸，加入 20 mL 高氯酸，混匀。

硝酸镁溶液 (150 g/L)：称取 15 g 硝酸镁，加水溶解并稀释至 100 mL。

碘化钾溶液 (150 g/L)：称取 15 g 碘化钾，加水溶解并稀释至 100 mL，储存于棕色瓶中。

酸性氯化亚锡溶液：称取 40g 氯化亚锡，加盐酸溶解并稀释至 100 mL，加入数颗金属锡粒。

盐酸溶液 (1+1)：量取 100 mL 盐酸，缓缓倒入 100 mL 水中，混匀。

乙酸铅溶液 (100 g/L)：称取 11.8 g 乙酸铅，用水溶解，加入 1～2 滴乙酸，用水稀释至 100 mL。

乙酸铅棉花：用乙酸铅溶液（100 g/L）浸透脱脂棉后，压除多余溶液，并使之疏松，在100℃以下干燥后，储存于玻璃瓶中。

氢氧化钠溶液（200 g/L）：称取20 g氢氧化钠，溶于水并稀释至100 mL。

硫酸溶液（6+94）：量取6.0 mL硫酸，慢慢加入80 mL水中，冷却后再加水稀释至100 mL。

二乙基二硫代氨基甲酸银—三乙醇胺—三氯甲烷溶液：称取0.25 g二乙基二硫代氨基甲酸银，置于乳钵中，加少量三氯甲烷研磨，移入100 mL量筒中，加入1.8 mL三乙醇胺，再用三氯甲烷分次洗涤乳钵，洗涤液一并移入量筒中，用三氯甲烷稀释至100 mL，放置过夜，滤入棕色瓶中储存。

砷标准储备液（100 mg/L，按As计）：准确称取于100℃干燥2 h的三氧化二砷标准品（纯度≥99.5%）0.1320 g，加入5 mL氢氧化钠溶液（200 g/L），溶解后加25 mL硫酸溶液（6+94），移入1000 mL容量瓶中，加入新煮沸过冷却的水稀释至刻度，储存于棕色玻塞瓶中，于4℃避光保存，保存期为一年。或购买经国家认证并授予标准物质证书的标准物质。

砷标准使用液（1.00 mg/L，按As计）：吸取1.00 mL砷标准储备液（100 mg/L）于100 mL容量瓶中，加入1 mL硫酸溶液（6+94），加水稀释至刻度。现用现配。

4. 实验仪器

紫外分光光度计、测砷装置（图11—1）等。

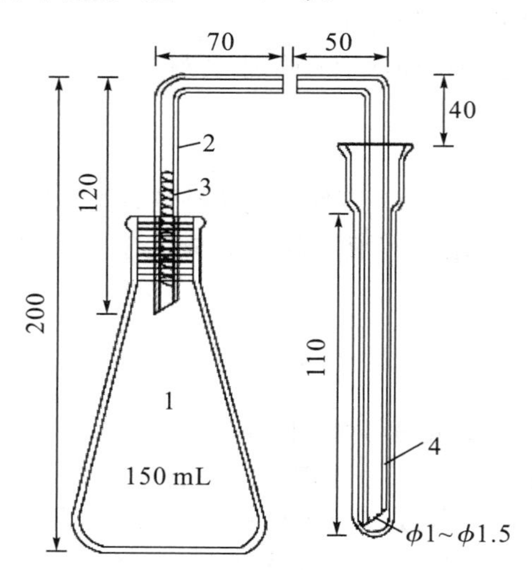

图11—1　测砷装置（单位为mm）

1—150 mL锥形瓶；2—导气管；3—乙酸铅棉花；4—10 mL刻度离心管

5. 实验步骤

（1）试样预处理。

①在采样和制备过程中，应注意不使试样被污染。

②粮食、豆类等样品：去杂物后粉碎均匀，装入洁净聚乙烯瓶中，密封保存备用。

③蔬菜、水果、鱼类、肉类及蛋类等新鲜样品：洗净晾干，取可食部分匀浆，装入洁净聚乙烯瓶中，密封，于4℃冰箱冷藏备用。

（2）试样溶液制备。

①硝酸—高氯酸—硫酸法。

a. 粮食、粉丝、粉条、豆干制品、糕点、茶叶等及其他水分含量低的固体食品。

称取5.0～10.0 g试样（精确至0.001 g），置于250～500 mL定氮瓶中，先加少许水湿润，再加数粒玻璃珠、10～15 mL硝酸—高氯酸混合液，放置片刻，小火缓缓加热，待作用缓和，放冷。沿瓶壁加入5 mL或10 mL硫酸，再加热，至瓶中液体开始变成棕色时，不断沿瓶壁滴加硝酸—高氯酸混合液至有机质分解完全。加大火力，至产生白烟，待瓶口白烟冒净后，瓶内液体再产生白烟为消化完全，该溶液应澄清透明无色或微带黄色，放冷。（在操作过程中应注意防止爆沸或爆炸）加20 mL水煮沸，除去残余的硝酸至产生白烟为止，如此处理两次，放冷。将放冷后的溶液移入50 mL或100 mL容量瓶中，用水洗涤定氮瓶，洗涤液并入容量瓶中，放冷，加水至刻度，混匀。定容后的溶液每10 mL相当于1 g试样，相当于加入硫酸1 mL。取与消化试样相同量的硝酸—高氯酸混合液和硫酸，按同一操作方法做空白实验。

b. 蔬菜、水果。

称取25.0～50.0 g试样（精确至0.001g），置于250～500 mL定氮瓶中，加数粒玻璃珠、10～15 mL硝酸—高氯酸混合液，以下按硝酸—高氯酸—硫酸法中步骤a自“放置片刻”起依法操作，但定容后的溶液每10 mL相当于5 g试样，相当于加入硫酸1 mL。按同一操作方法做空白实验。

c. 酱、酱油、醋、冷饮、豆腐、腐乳、酱腌菜等。

称取10.0～20.0 g试样（精确至0.001 g），或吸取10.0～20.0 mL液体试样，置于250～500 mL定氮瓶中，加数粒玻璃珠、5～15 mL硝酸—高氯酸混合液。以下按硝酸—高氯酸—硫酸法中步骤a自“放置片刻”起依法操作，但定容后的溶液每10 mL相当于2 mL试样。按同一操作方法做空白实验。

d. 含酒精性饮料或含二氧化碳饮料。

吸取10.00～20.00 mL试样，置于250～500 mL定氮瓶中，加数粒玻璃珠，先用小火加热除去乙醇或二氧化碳，再加5～10 mL硝酸—高氯酸混合液，混匀后，以下按硝酸—高氯酸—硫酸法中步骤a自“放置片刻”起依法操作，但定容后的溶液每10 mL相当于2 mL试样。按同一操作方法做空白实验。

e. 含糖量高的食品。

称取5.0～10.0 g试样（精确至0.001 g），置于250～500 mL定氮瓶中，先加少许水使湿润，再加数粒玻璃珠、5～10 mL硝酸—高氯酸混合后，摇匀。缓缓加入5 mL或10 mL硫酸，待作用缓和停止起泡沫后，先用小火缓缓加热（糖分易炭化），不断沿瓶壁补加硝酸—高氯酸混合液，待泡沫全部消失后，再加大火力，至有机质分解完全，产生白烟，溶液应澄明无色或微带黄色，放冷。以下按硝酸—高氯酸—硫酸法中步骤a自“加20 mL水煮沸”起依法操作。按同一操作方法做空白实验。

f. 水产品。

称取试样 5.0~10.0 g（精确至 0.001 g，海产藻类、贝类可适当减少取样量），置于 250~500 mL 定氮瓶中，加数粒玻璃珠、5~10 mL 硝酸—高氯酸混合液，混匀后，以下按硝酸—高氯酸—硫酸法中步骤 a 自“沿瓶壁加入 5 mL 或 10 mL 硫酸”起依法操作。按同一操作方法做空白实验。

②硝酸—硫酸法。

以硝酸代替硝酸—高氯酸混合液进行操作。

③灰化法。

a. 粮食、茶叶及其他水分含量低的食品。

称取试样 5.0 g（精确至 0.001 g），置于坩埚中，加 1 g 氧化镁及 10 mL 硝酸镁溶液，混匀，浸泡 4 h。于低温或置水浴锅上蒸干，用小火炭化至无烟后移入马弗炉中加热至 550℃，灼烧 3~4 h，冷却后取出。加 5 mL 水湿润后，用细玻璃棒搅拌，再用少量水洗下玻璃棒上附着的灰分至坩埚内。放水浴上蒸干后移入马弗炉 550℃灰化 2 h，冷却后取出。加 5 mL 水湿润灰分，再慢慢加入 10 mL 盐酸溶液（1+1），然后将溶液移入 50 mL 容量瓶中，坩埚用盐酸溶液（1+1）洗涤 3 次，每次 5 mL，再用水洗涤 3 次，每次 5 mL，洗涤液均并入容量瓶中，再加水至刻度，混匀。定容后的溶液每 10 mL相当于 1 g 试样，相当于加入盐酸不少于 1.5 mL（中和需要量除外）。全量供银盐法测定时，不必再加盐酸。按同一操作方法做空白实验。

b. 植物油。

称取 5.0 g 试样（精确至 0.001 g），置于 50 mL 瓷坩埚中，加 10 g 硝酸镁，再在上面覆盖 2 g 氧化镁，将坩埚置于小火上加热，至刚冒烟，立即将坩埚取下，以防内容物溢出，待烟小后再加热至炭化完全。将坩埚移至马弗炉中，550℃以下灼烧至灰化完全，冷后取出。加 5 mL 水湿润灰分，再缓缓加入 15 mL 盐酸溶液（1+1），然后将溶液移入 50 mL 容量瓶中，坩埚用盐酸溶液（1+1）洗涤 5 次，每次 5 mL，洗涤液均并入容量瓶中，加盐酸溶液（1+1）至刻度，混匀。定容后的溶液每 10 mL 相当于 1 g 试样，相当于加入盐酸 1.5 mL（中和需要量除外）。按同一操作方法做空白实验。

c. 水产品。

称取 5.0 g 试样（精确至 0.001 g），置于坩埚中，加 1 g 氧化镁及 10 mL 硝酸镁溶液，混匀，浸泡 4 h。以下按灰化法中步骤 a 自“于低温或置水浴锅上蒸干”起依法操作。

（3）试样分析。

吸取一定量的消化后的定容溶液（相当于 5 g 试样）及同量的空白溶液，分别置于 150 mL 锥形瓶中，补加硫酸至总量为 5 mL，加水至 50~55 mL。

①标准曲线的绘制。

吸取 0.0 mL，2.0 mL，4.0 mL，6.0 mL，8.0 mL，10.0 mL 砷标准使用液（相当于 0.0 μg，2.0 μg，4.0 μg，6.0 μg，8.0 μg，10.0 μg 砷），分别置于 6 个 150 mL 锥形瓶中，加水至 40 mL，再加 10 mL 盐酸溶液（1+1）。

②用湿法消化液。

于试样消化液、空白溶液及砷标准溶液中各加 3 mL 碘化钾溶液（150 g/L）、

0.5 mL酸性氯化亚锡溶液，混匀，静置 15 min。各加入 3 g 锌粒，立即分别塞上装有乙酸铅棉花的导气管，并使管尖端插入盛有 4 mL 银盐溶液的离心管的液面下，在常温下反应 45 min 后，取下离心管，加三氯甲烷补至 4 mL。用 1 cm 比色杯，以零管调节零点，于波长 520 nm 处测定吸光度值，绘制标准曲线。

③用灰化法消化液。

取灰化法消化液及空白溶液分别置于 150 mL 锥形瓶中。吸取 0.0 mL，2.0 mL，4.0 mL，6.0 mL，8.0 mL，10.0 mL 砷标准使用液（相当于 0.0 μg，2.0 μg，4.0 μg，6.0 μg，8.0 μg，10.0 μg 砷），分别置于 6 个 150 mL 锥形瓶中，加水至 43.5 mL，再加 6.5 mL 盐酸。以下操作同“②用湿法消化液”。

6. 实验结果的分析与计算

试样中砷的含量按下式计算：

$$X = \frac{(A_1 - A_2) \times V_1 \times 1000}{m \times V_2 \times 1000 \times 1000}$$

式中，X——试样中砷的含量，单位为毫克/千克或毫克/升（mg/kg 或 mg/L）；

A_1——试样消化液中砷的质量，单位为纳克（ng）；

A_2——空白溶液中砷的质量，单位为纳克（ng）；

V_1——试样消化液的总体积，单位为毫升（mL）；

m——试样称样量或移取体积，单位为克或毫升（g 或 mL）；

V_2——测定用试样消化液的体积，单位为毫升（mL）；

1000——单位换算系数。

注：计算结果保留两位有效数字。在重复性条件下获得的两次独立测定结果的绝对差值不得超过算术平均值的 20%。

称样量为 1 g，定容体积为 25 mL 时，方法检出限为 0.2 mg/kg，方法定量限为 0.7 mg/kg。

7. 注意事项

（1）本方法适用于各类食品中砷含量的测定。

（2）氯化亚锡除起还原作用，可将 As^{5+} 还原成 As^{3+}，并还原反应中生产的碘外，还可在锌粒表面沉积锡层，抑制氢气的生成速度，以及抑制某些元素的干扰，如锑的干扰。

（3）砷的反应吸收温度尽量控制在 25℃左右，防止反应过激或过缓。气温较高时，吸收管应放在冰水中，避免吸收液挥发。

（4）锌粒不宜太细，以免反应太激烈。

8. 思考题

举例说明哪些因素会影响砷食品中含量的测定结果，并解释原因。

实验 67　扩散—氟试剂比色法测定食品中氟的含量

1. 实验目的

(1) 了解食品中氟含量测定的意义。

(2) 理解并掌握扩散—氟试剂比色法。

2. 实验原理

食品中的氟化物在扩散盒内与酸作用，产生氟化氢气体，经扩散被氢氧化钠吸收。氟离子与镧（Ⅲ）、氟试剂（茜素氨羧络合剂）在适宜酸碱度下生成蓝色三元络合物，颜色随氟离子浓度的增加而加深，用或不用含胺类有机溶剂提取，与标准系列溶液比较定量。

3. 实验材料与试剂

除特别说明外，实验所用试剂均为分析纯；水，为 GB/T 6682 规定的二级水。

硫酸银—硫酸溶液（20 g/L）：称取 2 g 硫酸银，溶于 100 mL 硫酸（3+1）中。

氢氧化钠—无水乙醇溶液（40 g/L）：取 4 g 氢氧化钠，溶于无水乙醇并稀释至100 mL。

乙酸溶液（1 mol/L）：取 3 mL 冰乙酸，加水稀释至 50 mL。

茜素氨羧络合剂溶液：称取 0.19 g 茜素氨羧络合剂，加少量水及氢氧化钠溶液（40 g/L）使其溶解，加 0.125 g 乙酸钠，用乙酸溶液调节 pH 值为 5.0（红色），加水稀释至 500 mL，置于冰箱内保存。

硝酸镧溶液：称取 0.22 g 硝酸镧，用少量乙酸溶液溶解，加水至 450 mL，用乙酸钠溶液（250 g/L）调节 pH 值为 5.0，再加水稀释至 500 mL，置于冰箱内保存。

缓冲液（pH=4.7）：称取 30 g 无水乙酸钠，溶于 400 mL 水中，加 22 mL 冰乙酸，再缓缓加冰乙酸调节 pH 值为 4.7，然后加水稀释至 500 mL。

二乙基苯胺—异戊醇溶液（5+100）：量取 25 mL 二乙基苯胺，溶于 500 mL 异戊醇中。

氢氧化钠溶液（40 g/L）：称取 4 g 氢氧化钠，溶于水并稀释至 100 mL。

氟标准溶液：准确称取 0.2210 g 经 95℃～105℃干燥 4 h 冷却的氟化钠，溶于水，移入 100 mL 容量瓶中，加水至刻度，混匀，置于冰箱中保存。此溶液每毫升相当于 1.0 mg 氟。

氟标准使用液：吸取 1.0 mL 氟标准溶液，置于 200 mL 容量瓶中，加水至刻度，混匀。此溶液每毫升相当于 5.0 μg 氟。

4. 实验仪器

塑料扩散盒、恒温箱、可见分光光度计、酸度计、马弗炉等。

5. 实验步骤

（1）扩散单色法。

①试样的处理。

a. 谷类试样：稻谷去壳，其他粮食除去可见杂质，取有代表性的试样50～100 g，粉碎，过40目筛。

b. 蔬菜、水果：取可食部分，洗净、晾干、切碎、混匀，称取100～200 g试样，80℃鼓风干燥，粉碎，过40目筛。结果以鲜重表示，同时要测水分。

c. 特殊试样（含脂肪高、不易粉碎过筛的试样，如花生、肥肉、含糖分高的果实等）：称取研碎的试样1.00～2.00 g于坩埚（镍、银、瓷等）内，加4 mL硝酸镁溶液(100 g/L)，加氢氧化钠溶液（100 g/L）使其呈碱性，混匀后浸泡0.5 h，将试样中的氟固定，然后在水浴上挥干，加热炭化至不冒烟，再于600℃马弗炉内灰化6 h，待灰化完全，取出放冷，取灰分进行扩散。

②测定。

a. 取塑料盒若干个，分别于盒盖中央加入0.2 mL氢氧化钠—无水乙醇溶液(40 g/L)，在圈内均匀涂布，于（55±1)℃恒温箱中烘干，形成一层薄膜，取出备用。或把滤纸片贴于盒内。

b. 称取1.00～2.00 g处理后的试样于塑料盒中，加入4 mL水，使试样均匀分布，不能结块。加入4 mL硫酸银—硫酸溶液（20 g/L），立即盖紧，轻轻摇匀。如试样经灰化处理，则先将灰分全部移入塑料盒内，用4 mL水分数次将坩埚洗净，洗液均倒入塑料盒内，并使灰分均匀分散，如坩埚还未完全洗净，可加4 mL硫酸银—硫酸溶液(20 g/L）于坩埚内继续洗涤，将洗液倒入塑料盒内，立即盖紧，轻轻摇匀，置于(55±1)℃恒温箱内保温20 h。

c. 分别于塑料盒内加0.0 mL，0.2 mL，0.4 mL，0.8 mL，1.2 mL，1.6 mL氟标准使用液（相当于0.0 μg，1.0 μg，2.0 μg，4.0 μg，6.0 μg，8.0 μg氟）。补加水至4 mL，各加4 mL硫酸银—硫酸溶液（20 g/L），立即盖紧，轻轻摇匀（切勿将酸溅在盖上），置于恒温箱内保温20 h。

d. 将盒取出，取下盒盖，分别用20 mL水，少量多次地将盒盖内的氢氧化钠薄膜溶解，用滴管小心完全地移入100 mL分液漏斗中。

e. 分别于分液漏斗中加入3 mL茜素氨羧络合剂溶液、3.0 mL缓冲液、8.0 mL丙酮、3.0 mL硝酸镧溶液、13.0 mL水，混匀，放置10 min，各加入10.0 mL二乙基苯胺—异戊醇（5+100）溶液，振摇2 min，待分层后，弃去水层，分出有机层，并用滤纸过滤于10 mL带塞比色管中。

f. 用1 cm比色杯于580 nm波长处以标准零管调节零点，测定吸光度值，绘制标准曲线，试样吸光度值与标准曲线比较求得含量。

（2）扩散复色法。

①试样的处理。

同扩散单色法。

②测定。

a～c 同扩散单色法。

d. 将盒取出，取下盒盖，分别用 10 mL 水分次将盒盖内的氢氧化钠薄膜溶解，用滴管小心完全地移入 25 mL 带塞比色管中。

e. 分别于带塞比色管中加入 2.0 mL 茜素氨羧络合剂溶液、3.0 mL 缓冲液、6.0 mL丙酮、2.0 mL 硝酸镧溶液，再加水至刻度，混匀，放置 20 min，以 3 cm 比色杯（参考波长 580 nm）用零管调节零点，测定各管吸光度值，绘制标准曲线。

6. 实验结果的分析与计算

试样中氟的含量按下式计算：

$$X = \frac{A \times 1000}{m \times 1000}$$

式中，X——试样中氟的含量，单位为毫克/千克（mg/kg）；

A——测定用试样中氟的质量，单位为微克（μg）；

m——试样的质量，单位为克（g）；

1000——单位换算系数。

注：计算结果保留两位有效数字。在重复性条件下获得的两次独立测定结果的绝对差值不得超过算术平均值的 10%。

7. 注意事项

（1）本方法适用于粮食、蔬菜、水果、豆类及其制品、肉、鱼、蛋等食品中氟含量的测定。

（2）本方法检出限：扩散单色法为 0.10 mg/kg。

（何贵萍）

第 12 章　食品中有毒有害化合物的测定

实验 68　蔬菜中氨基甲酸酯类农药残留量的测定

实验目的

(1) 了解酶抑制率法测定食品中氨基甲酸酯类农药残留量的原理。
(2) 掌握酶抑制率法简单快速测定食品中氨基甲酸酯类农药残留量的原理与操作。
(3) 掌握液相色谱—荧光检测法对氨基甲酸酯类农药残留量的定性和定量。

第一法　酶抑制率法

1. 实验原理

在一定条件下，氨基甲酸酯类农药对胆碱酯酶正常功能有抑制作用，其抑制率与农药的浓度呈正相关。正常情况下，酶催化神经传导代谢产物（乙酰胆碱）水解，其水解产物与显色剂反应，产生黄色物质，用紫外分光光度计在 412 nm 处测定吸光度随时间的变化值，计算出抑制率，通过抑制率可以判断出样品中是否有高剂量氨基甲酸酯类农药的存在。

2. 实验材料与试剂

蔬菜，市售；无水磷酸氢二钾、磷酸二氢钾、二硫代二硝基苯甲酸、碳酸氢钠、硫代乙酰胆碱、乙酰胆碱酯酶，均为分析纯；水，为 GB/T 6682 规定的二级水。

缓冲溶液（pH=8.0）：分别取 11.9 g 无水磷酸氢二钾与 3.2 g 磷酸二氢钾，用 1000 mL蒸馏水溶解。

显色剂：分别取 160 mg 二硫代二硝基苯甲酸（DTNB）和 15.6 mg 碳酸氢钠，用 20 mL 缓冲溶液溶解，置于 4℃冰箱中保存。

底物：取 25.0 mg 硫代乙酰胆碱，加 3.0 mL 蒸馏水溶解，摇匀后置于 4℃冰箱中保存备用，保存期不超过两周。

乙酰胆碱酯酶：根据酶的活性情况，用缓冲溶液溶解，3 min 的吸光度变化值应控制在 0.3 以上。摇匀后置于 4℃冰箱中保存备用，保存期不超过四天。

3. 实验仪器

紫外分光光度计、分析天平、恒温水浴锅等。

4. 实验步骤

（1）样品处理。

选取蔬菜样品，冲掉表面泥土杂质，剪成约1 cm见方碎片，取样品1 g，放入烧杯或提取瓶中，加入5 mL缓冲溶液，振荡1～2 min，倒出提取液，静置3～5 min，待用。

（2）对照溶液测试。

先于试管中加入2.5 mL缓冲溶液，再加入0.1 mL酶液、0.1 mL显色剂，摇匀后于37℃放置15 min以上（每批样品的控制时间应一致），再加入0.1 mL底物，摇匀，此时检液开始显色反应，立即放入仪器比色池中，记录反应3 min的吸光度变化值。

（3）样品溶液测试。

先于试管中加入2.5 mL样品提取液，其他操作与对照溶液测试相同，记录反应3 min的吸光度变化值。

5. 实验结果的分析与计算

试样中的氨基甲酸酯类农药残留量（用酶的抑制率表示）按下式计算：

$$X = \frac{\Delta A_0 - \Delta A_t}{\Delta A_0} \times 100\%$$

式中，X——酶的抑制率，单位为%；

ΔA_0——对照溶液反应3 min的吸光度变化值；

ΔA_t——样品溶液反应3 min的吸光度变化值。

6. 注意事项

（1）本法适用于食品中氨基甲酸酯类农药残留量的快速检测，无法对具体农药种类定性定量。

（2）检测结果以酶被抑制的程度（抑制率）表示。当蔬菜样品提取液对酶的抑制率≥50%时，表示蔬菜中有高剂量氨基甲酸酯类农药存在，样品为阳性结果。阳性结果的样品需要重复检验2次以上。对阳性结果的样品，可用液相色谱—荧光检测法进一步确定农药的品种和含量。

第二法　液相色谱—荧光检测法

1. 实验原理

试样中氨基甲酸酯类农药及其代谢物用乙腈提取，提取液经过滤、浓缩后，采用固相萃取技术分离、净化，淋洗液经浓缩后，使用带荧光检测器和柱后衍生系统的高效液相色谱进行检测。保留时间定性，外标法定量。

2. 实验材料与试剂

蔬菜，市售；乙腈、丙酮、甲醇，均为色谱纯；水，为 GB/T 6682 规定的一级水；农药标准品，见表 12－1。

表 12－1　10 种氨基甲酸酯类农药及其代谢物标准品

序号	名称	纯度	溶剂
1	涕灭威亚砜	≥96%	甲醇
2	涕灭威砜		
3	灭多威		
4	三羟基克百威		
5	涕灭威		
6	速灭威		
7	克百威		
8	甲萘威		
9	异丙威		
10	仲丁威		

柱后衍生试剂：0.05 mol/L NaOH 溶液、邻苯二甲醛（OPA）、OPA 稀释溶液。

固相萃取柱：氨基柱，容积 6 mL，填充物 500 mg。

单个农药标准溶液：准确称取一定量农药标准品（精确至 0.1 mg），用甲醇作溶剂，逐一配制成 1000 mg/L 的单一农药标准储备液，储存在－18℃以下冰箱中。使用时根据各农药在对应检测器上的响应值，吸取适量的标准储备液，用甲醇稀释配制成所需的标准工作液。

农药混合标准溶液：根据各农药在仪器上的响应值，逐一准确吸取一定体积的单个农药储备液分别注入同一容量瓶中，用甲醇稀释至刻度配制成农药混合标准储备溶液，使用前用甲醇稀释成所需质量浓度的标准工作液。

3. 实验仪器

液相色谱仪、匀浆机、氮吹仪等。

4. 实验步骤

（1）提取。

准确称取 25.0 g 蔬菜试样，先切碎，再放入匀浆机中，加入 50.0 mL 乙腈，在匀浆机中高速匀浆 2 min 后用滤纸过滤，滤液收集到装有 5～7 g 氯化钠的 100 mL 具塞量筒中，收集滤液 40～50 mL，盖上塞子，剧烈振荡 1 min，在室温下静置 30 min，使乙腈相和水相分层。

（2）净化。

从100 mL具塞量筒中准确吸取10.00 mL乙腈相溶液，放入150 mL烧杯中，将烧杯放在80℃水浴锅上加热，杯内缓缓通入氮气或空气流，将乙腈蒸发近干。加入2.0 mL甲醇—二氯甲烷（1+99）溶解残渣，盖上铝箔，待净化。

将氨基柱用4.0 mL甲醇—二氯甲烷（1+99）处理，当溶剂液面到达柱吸附层表面时，立即加入上述待净化溶液，用15 mL离心管收集洗脱液，用2 mL甲醇—二氯甲烷（1+99）洗烧杯后过柱，并重复一次。将离心管置于氮吹仪上，水浴温度50℃，氮吹蒸发至近干，用甲醇准确定容至2.5 mL。在混合器上混匀后，用0.22 μm滤膜过滤，待测。

（3）色谱参考条件。

色谱柱：预柱，C_{18}预柱，4.6 mm×4.5 cm；分析柱，C_8，4.6 mm×25 cm，5 μm，或C_{18}，4.6 mm×25 cm，5 μm。

柱温：42℃。

荧光检测器：λ_{ex}=330 nm，λ_{em}=465 nm。

溶剂梯度与流速：见表12—2。

表12—2　溶剂梯度与流速

时间（min）	水（%）	甲醇（%）	流速（mL/min）
0.00	85	15	0.5
2.00	75	25	0.5
8.00	75	25	0.5
9.00	60	40	0.8
10.00	55	45	0.8
19.00	20	80	0.8
25.00	20	80	0.8
26.00	85	15	0.5

柱后衍生：0.05 mol/L氢氧化钠溶液，流速0.3 mL/min；OPA试剂，流速0.3 mL/min。

反应器温度：水解温度，100℃；衍生温度，室温。

（4）色谱分析。

分别吸取20.0 μL标准混合溶液和净化后的样品溶液注入色谱仪中，以保留时间定性，以样品溶液峰面积与标准溶液峰面积比较定量。

5. 实验结果的分析与计算

试样中被测农药残留量（用酶的抑制率表示）按下式计算：

$$X=\frac{V_1\times A\times V_3}{V_2\times A_s\times m}\times\rho\times100\%$$

式中，x——酶的抑制率，单位为%；

ρ——标准溶液中农药的浓度，单位为毫克/升（mg/L）；

A——试样溶液中被测农药的峰面积；

A_s——农药标准溶液中被测农药的峰面积；

V_1——提取溶剂总体积，单位为毫升（mL）；

V_2——吸取出用于检测的提取溶液的体积，单位为毫升（mL）；

V_3——试样溶液定容体积，单位为毫升（mL）；

m——试样的质量，单位为克（g）。

注：计算结果保留两位有效数字；当计算结果>1 mg/kg 时，保留三位有效数字。

6. 注意事项

各种氨基甲酸酯农药检测的保留时间和检出限参考表 12－3。

表 12－3　氨基甲酸酯农药检测的保留时间和检出限参考表

名称	保留时间（min） RRT（C_{18}，FLD）	检出限（mg/kg）
滴灭威亚砜	0.53	0.02
滴灭威砜	0.59	0.02
灭多威	0.66	0.01
三羟基克百威	0.79	0.01
涕灭威	0.90	0.009
速灭威	0.94	0.01
克百威	0.97	0.01
甲萘威	1.00	0.008
异丙威	1.06	0.01
仲丁威	1.13	0.01

7. 思考题

（1）简单快速测定食品中氨基甲酸酯农药残留量的方法有哪些？可以对该类农药定性和定量的检测方法有哪些？

（2）除了氨基甲酸酯类，果蔬中还有哪些农药残留指标是检测的重点？

实验 69　猪肉中氯霉素残留量的测定

1. 实验目的

（1）了解食品中氯霉素残留的危害。

（2）掌握气相色谱—质谱法测定食品中氯霉素残留量的原理与操作。

（3）掌握气相色谱—质谱联用仪的使用方法。

2. 实验原理

样品中氯霉素用乙酸乙酯提取，脂肪用正己烷去除，经 C_{18} 固相萃取柱净化，混合衍生剂 BSTFA+TMCS（99+1）衍生后，用 NCI 源选择 m/z 为 466 的特征离子为目标离子，在 SIM 模式下进行 GC−MS 测定。

3. 实验材料与试剂

猪肉，市售；除非另有说明，本方法所用试剂均为色谱纯；水，为 GB/T 6682 规定的一级水。

甲醇溶液：甲醇+水=2+8。

氯化钠溶液（40 g/L）：称取 4.00 g 氯化钠，用水溶解并定容至 100 mL。

甲醇—氯化钠溶液：量取上述甲醇溶液 20 mL、氯化钠溶液 80 mL，混匀。

混合衍生剂：N，O−双三甲基硅烷三氟乙酰胺+三甲基氯硅烷=99+1。

氯霉素标准储备溶液（c=0.1 mg/mL）：称取氯霉素标准品 0.01 g（精确至 0.0001 g），用丙酮溶解并定容至 100 mL。储备液储存于 4℃冰箱中，可使用两个月。

氯霉素标准工作溶液：根据实验需要，用丙酮稀释标准储备溶液，配成适当浓度的标准工作溶液。

4. 实验仪器

气相色谱—质谱联用仪、分析天平、离心机、涡旋仪、固相萃取装置、旋转蒸发仪、均质器、振荡器、组织捣碎机、氮吹仪、固相萃取柱等。

5. 实验步骤

（1）样液的制备。

①试样的提取。

取猪肉试样进行组织捣碎后，称取 10 g 样品（精确至 0.01 g），置于 50 mL 具塞离心管中，加入少量无水硫酸钠和 30 mL 乙酸乙酯，均质 1 min，以 5000 r/min 离心 5 min后，用吸管吸出上层乙酸乙酯于浓缩瓶中，残渣再加入乙酸乙酯 15 mL 重复提取样品，合并提取液。提取液在 50℃水浴中旋转蒸发，除去乙酸乙酯，加入 1 mL 甲醇—氯化钠溶液和 4 mL 正己烷，充分振摇后，转移至 10 mL 具塞离心管中，用 1 mL 甲醇—氯化钠溶液清洗浓缩瓶，合并清洗液于 10 mL 具塞离心管中。涡旋 0.5 min，经 3000 r/min 离心 3 min 后，用吸管吸去正己烷，加入 4 mL 正己烷，重复上述操作。然后在离心管中加入 4 mL 乙酸乙酯，涡旋 1 min，以 3000 r/min 离心 3 min 后，用吸管吸出乙酸乙酯，加入 4 mL 乙酸乙酯，重复上述操作，合并乙酸乙酯于浓缩瓶中，在 50℃水浴中旋转浓缩至近干，用 5 mL 水溶解残渣。

②净化。

依次用 5 mL 甲醇、5 mL 三氯甲烷、5 mL 甲醇、5 mL 水活化 C_{18} 固相萃取柱，然后加入上述步骤得到的提取液，加 5 mL 甲醇溶液淋洗色谱柱，用 25 mL 甲醇洗脱于浓缩瓶中，洗脱液在 50℃下浓缩至近干。用 100 μL 甲醇溶解残渣，并转移至 10 mL 具塞离心管中，再用甲醇冲洗浓缩瓶，合并洗液，于 50℃下用氮气吹干。

③衍生化。

向吹干的试样残渣中加入 100 μL 甲苯和 100 μL 混合衍生剂，盖紧塞后，涡旋混匀 1 min，60℃下反应 30 min，然后在 50℃下用氮气吹干，加入 1 mL 正己烷溶解残渣。

（2）标准工作液的制备。

配制好的标准工作液按"③衍生化"步骤进行操作。

（3）空白溶液的制备。

除不称取试样外，均按"（1）样液的制备"步骤进行操作。

（4）测定。

①气相色谱—质谱法测定条件。

色谱柱：DB−5MS（30 m×0.25 mm×0.25 μm）石英毛细管柱或相当者；载气：氦气，纯度≥99.999%；流速：1.65 mL/min；进样口温度：250℃；进样量：1 μL；进样方式：无分流进样，保持 1 min；柱温程序：初始 55℃，保持 1 min，以25℃/min 升至 280℃，保持 6 min；NCI 源：70 eV；离子源温度：150℃；接口温度：280℃；溶剂延迟：7 min；反应气：甲烷，纯度≥99.99%；选择离子检测（保留时间/min）：12.58；目标物：CAP−TMS；检测离子 m/z：466，468，376，378。

②定性测定。

进行样品测定时，如果检出的色谱峰保留时间与标准样品一致，并且在扣除背景后的样品质谱图中，所选择的离子均出现，而且所选择的离子比与标准样品衍生物的离子比一致（各相关离子比在相关标准品 10%之内），则可判断样品中存在氯霉素。

③定量测定。

吸取 1 μL 衍生的试样溶液、标准溶液或空白溶液注入气相色谱—质谱联用仪中，以$m/z=466$ 为定量离子，标准工作液中氯霉素的浓度为横坐标，峰面积为纵坐标，绘制标准曲线。根据试样溶液的峰面积，从标准曲线上查出溶液中对应的氯霉素浓度值。用标准工作曲线对试样进行定量，试样溶液中氯霉素衍生物的响应值均应在仪器测定的线性范围内。在上述色谱条件下，氯霉素衍生物的参考保留时间约为 12.58 min。

④平行实验。

按以上步骤，对同一试样进行平行实验测定。

6. 实验结果的分析与计算

试样中氯霉素的含量按下式计算：

$$X=\frac{(c-c_0)\times V\times 10^{-3}}{m\times 10^{-3}}$$

式中，X——试样中氯霉素的含量，单位为微克/千克（μg/kg）；

c——从标准工作曲线上查得的试样溶液中氯霉素的浓度，单位为纳克/毫升（ng/mL）；

c_0——从标准工作曲线上查得的空白溶液中氯霉素的浓度，单位为纳克/毫升（ng/mL）；

V——试样定容体积，单位为毫升（mL）；

m——试样的质量，单位为克（g）；

10^{-3}——单位换算系数。

计算结果取算术平均值，保留三位有效数字。

7. 注意事项

（1）在重复性条件下获得的两次独立测定结果的绝对差值不得超过算术平均值的10%。

（2）本法的检出限为0.2 μg/kg。

8. 思考题

（1）食用含有超标氯霉素残留量的猪肉后，对人体有何危害?

（2）除了气相色谱—质谱联用法，还有哪些方法可用于肉类氯霉素的有效检测?

实验70　鱼肉中喹乙醇残留量的测定

1. 实验目的

（1）了解肉类中喹乙醇残留的来源及危害。

（2）掌握用高效液相色谱法测定食品中喹乙醇残留量的原理与操作。

（3）掌握高效液相色谱仪的使用方法。

2. 实验原理

用乙腈和水提取样品中的喹乙醇，提取液经净化后，浓缩，定容作为待测溶液，取一定量注入高效液相色谱仪，经分离，用紫外检测器检测，与标准系列溶液比较定量。

3. 实验材料与试剂

鱼肉，市售；除非另有说明，本方法所用试剂均为色谱纯；水，为GB/T 6682规定的一级水。

喹乙醇标准溶液：精确称取喹乙醇标准品10 mg，用甲醇溶解并定容至100 mL，配成浓度为0.100 mg/mL的标准储备溶液，使用时逐级稀释成适当浓度的标准工作溶液。标准系列溶液浓度根据实际检测样品中喹乙醇残留量进行调节。

4. 实验仪器

高效液相色谱仪、组织捣碎机、离心机、旋转蒸发仪、分析天平等。

5. 实验步骤

（1）提取和净化。

将鱼肉样品充分搅碎混匀，准确称取混匀的样品20.00 g（精确至0.01 g），置于组织捣碎机中，加入80 mL乙腈和20 mL水，捣碎后将样品离心，将上清液倒入500 mL分液漏斗中，向残留物中加入50 mL乙腈，同样均质、离心后，将上清液合并到分液漏斗中，加入100 mL正己烷，振摇5 min，静置分层。将乙腈层转移到250 mL旋转蒸发仪中，再用20 mL乙腈清洗正己烷层，将乙腈层合并于旋转蒸发仪中。60℃水浴将乙腈蒸至约1 mL，用流动相定容至5 mL，经0.45 μm微孔滤膜过滤后供色谱测定。

（2）测定。

①色谱参考条件：

色谱柱：C_{18}，3.9 mm×150 mm；流动相：乙腈＋水（10＋90）；流速：1.0 mL/min；温度：35℃；检测器：紫外检测器；检测波长：380 nm。

②进样。

根据高效液相色谱仪灵敏度，取标准系列溶液各20 μL分别注入高效液相色谱仪，测得该浓度标准溶液的峰面积（峰高）。以标准溶液浓度为横坐标，峰面积（峰高）为纵坐标，绘制标准曲线。

取样品溶液20 μL注入高效液相色谱仪，测得喹乙醇的峰面积（峰高），从标准曲线中查出相应的浓度。

6. 实验结果的分析与计算

采用外标法用峰面积（峰高）定量，对喹乙醇残留量进行计算：

$$X = \frac{c \times V_0 \times V \times 1000}{m \times V_1 \times 1000}$$

式中，X——试样中喹乙醇的残留量，单位为毫克/千克（mg/kg）；

c——根据试样峰在标准曲线中查得的浓度，单位为微克/毫升（μg/mL）；

V——试样最终定容体积，单位为毫升（mL）；

V_0——标准溶液进样体积，单位为微升（μL）；

V_1——试样溶液进样体积，单位为微升（μL）；

m——试样的质量，单位为克（g）；

1000——单位换算系数。

7. 注意事项

（1）在重复性条件下获得的两次独立测定结果的绝对差值不得超过算术平均值的10%。

（2）本法的最低检出限为0.04 mg/kg，回收率在70%～86%之间。

8. 思考题

（1）喹乙醇是否为抗生素？它是怎样进入鱼体内并残留下来的？

（2）高效液相色谱法对设备要求较高，有没有更为简便快速的方法用于肉制品中喹乙醇残留量的测定？

实验 71 啤酒中甲醛含量的测定

1. 实验目的

（1）了解甲醛在啤酒中的最高限值。
（2）掌握高效液相色谱法测定啤酒中甲醛含量的原理与操作。
（3）掌握高效液相色谱仪的使用方法。

2. 实验原理

用衍生液提取试样中的甲醛，反应生成甲醛衍生物，萃取净化后在 365 nm 波长处用高效液相色谱法测定，外标法定量。

3. 实验材料与试剂

啤酒，市售；除非另有说明，本方法所用试剂均为色谱纯；水，为 GB/T 6682 规定的一级水。

乙腈饱和的正己烷：在 100 mL 乙腈中加入 100 mL 正己烷，充分振荡后，静置分层，取上层液。

缓冲溶液（pH=5）：称取 2.64 g 乙酸钠，用适量水溶解，加入 1.0 mL 冰乙酸，用水定容至 500 mL。

2，4－二硝基苯肼溶液（0.6 g/L）：称取 2，4－二硝基苯肼 300 mg，用乙腈溶解并定容至 500 mL。

衍生液：量取 100 mL 缓冲溶液和 100 mL 2，4－二硝基苯肼溶液，混匀。

甲醛标准溶液：100 μg/mL。密封，置于 10℃以上保存。打开后尽量一次性使用，或将标准溶液移入棕色瓶密封保存。

4. 实验仪器

高效液相色谱仪、捣碎机、涡旋仪、恒温振荡器、分析天平等。

5. 实验步骤

（1）提取。

移取啤酒试样 1.0 mL，置于 10 mL 具塞比色管中，补加缓冲溶液至 5.0 mL，再用 2，4－二硝基苯肼溶液定容至 10.0 mL，盖上塞后混匀，60℃水浴加热 1 h，取出后冷却至室温。

（2）净化。

将上述提取液以不低于 4000 r/min 的速度离心 5 min。离心后溶液澄清，过微孔滤膜后，供高效液相色谱仪测定。离心后溶液混浊或分层，在提取液中加入4 g硫酸铵，混匀，以不低于4000 r/min的速度离心5 min，移取上清液于10 mL具塞比色管，下层溶液用5 mL乙腈重复萃取1次，合并上清液，用乙腈定容至10.0 mL，混匀后过微孔滤膜，用高效液相色谱仪测定。

（3）甲醛衍生物标准溶液的制备。

移取20 μL，50 μL，100 μL，200 μL，500 μL甲醛标准溶液，置于10 mL具塞比色管或刻度试管中，补加缓冲溶液至5.0 mL，再用2，4－二硝基苯肼溶液定容至10.0 mL，盖上塞后混匀，60℃水浴加热1 h，取出冷却至室温。过微孔滤膜，滤液供高效液相色谱仪测定。

（4）试样的测定。

①液相色谱条件。

色谱柱：C_{18}，250 mm×4.6 mm（内径），5 μm；流动相：甲醇—水（70+30）；流速：1.0 mL/min；柱温：40℃；检测波长：365 nm；进样量：20 mL。

②色谱测定。

根据试样溶液中甲醛衍生物浓度的情况选定峰面积相近的标准系列溶液。标准溶液和试样溶液中甲醛衍生物的响应值均应在仪器检测的线性范围内。标准溶液和试样溶液等体积参插进样测定。以峰面积为纵坐标，甲醛衍生物标准溶液对应的甲醛浓度为横坐标，绘制标准工作曲线。用保留时间定性，外标法定量。在上述色谱条件下，甲醛衍生物的保留时间为6.5 min。

③空白实验。

除不加试样外，均按上述操作步骤进行。

6. 实验结果的分析与计算

试样中甲醛的含量采用色谱软件进行计算，或按下式计算：

$$X=\frac{c\times V\times 1000}{V_0\times 1000}$$

式中，X——试样中甲醛的含量，单位为毫克/千克或毫克/升（mg/kg或mg/L）；

c——从标准工作曲线中得到的样液对应的甲醛浓度，单位为毫克/升（mg/L）；

V——样液最终定容体积，单位为毫升（mL）；

V_0——样液所代表的试样体积，单位为毫升（mL）；

1000——单位换算系数。

7. 注意事项

本方法对试样中甲醛的测定最低限为2.0 mg/L。

8. 思考题

（1）食品中甲醛含量的常见测定方法有哪些？各有什么优缺点？

（2）曾经的啤酒工业生产中，甲醛被加入啤酒当中，它有什么作用？

实验72 发霉玉米中黄曲霉毒素 M_1 和 B_1 含量的测定

实验目的

（1）了解食品中 M 族和 B 族黄曲霉毒素的危害。

（2）掌握酶联免疫吸附筛查法测定食品中黄曲霉毒素 M_1（AFT M_1）的原理与操作。

（3）掌握薄层色谱法测定食品中黄曲霉毒素 B_1（AFT B_1）的原理与操作。

第一法 酶联免疫吸附筛查法测定黄曲霉毒素 M_1

1. 实验原理

试样中的黄曲霉毒素 M_1 经均质、冷冻离心、脱脂或有机溶剂萃取等处理获得上清液。利用被辣根过氧化物酶标记或固定在反应孔中的黄曲霉毒素 M_1 与样品或标准品中的黄曲霉毒素 M_1 竞争性结合特异性抗体。在洗涤后加入相应显色剂显色，经无机酸终止反应，于 450 nm 或 630 nm 波长处检测。样品中的黄曲霉毒素 M_1 与吸光度值在一定浓度范围内成反比。

2. 实验材料与试剂

发霉玉米；除非另有说明，本方法所用试剂均为分析纯；水，为 GB/T 6682 规定的一级水。

所用商品化的酶联免疫试剂盒需按照下述方法验证合格后方可使用：选取阴性样品，根据所购酶联免疫试剂盒的检出限，在阴性基质中添加 3 个浓度水平的 AFT M_1 标准溶液（0.1 μg/kg，0.3 μg/kg，0.5 μg/kg）。按照说明书操作方法，用读数仪读数，做三次平行实验。针对每个加标浓度，回收率在 50%～120%范围内的该批次产品方可使用。

3. 实验仪器

微孔板酶标仪、分析天平、离心机、筛网、旋涡混合器、研磨机、酶联免疫试剂盒所要求其他仪器。

4. 实验步骤

（1）样品前处理。

称取至少 100 g 样品，用研磨机粉碎，粉碎后的样品过 1～2 mm 孔径试验筛。称取 5.0 g 样品，置于 50 mL 离心管中，加入试剂盒所要求的提取液，按照试剂盒说明书所述方法进行检测。

（2）定量检测。

按照酶联免疫试剂盒所述操作步骤对待测试样（液）进行定量检测。

（3）酶联免疫试剂盒定量检测的标准工作曲线绘制。

按照酶联免疫试剂盒说明书提供的计算方法或者计算机软件，根据标准品浓度与吸光度值变化关系绘制标准工作曲线。

（4）待测液浓度计算。

按照酶联免疫试剂盒说明书提供的计算方法以及计算机软件，将待测液吸光度值代入上述（3）所获得公式，计算得待测液浓度（ρ）。

5. 实验结果的分析与计算

试样中 AFT M_1 的含量按下式计算：

$$X = \frac{\rho \times V \times f}{m}$$

式中，X——试样中 AFT M_1 的含量，单位为微克/千克（μg/kg）；

ρ——待测液中 AFT M_1 的浓度，单位为微克/升（μg/L）；

V——提取液体积，单位为升（L）；

f——稀释倍数；

m——试样的质量，单位为千克（kg）。

计算结果保留至小数点后两位。

6. 注意事项

在重复性条件下获得的两次独立测定结果的绝对差值不得超过算数平均值的20%。

第二法　薄层色谱法测定黄曲霉毒素 B_1

1. 实验原理

样品经提取、浓缩、薄层分离后，黄曲霉毒素 B_1 在紫外光（波长 365 nm）下产生蓝紫色荧光，根据其在薄层上显示荧光的最低检出量来测定含量。

2. 实验材料与试剂

发霉玉米；除非另有说明，本方法所用试剂均为分析纯；水，为 GB/T 6682 规定的一级水。

苯—乙腈溶液（98+2）：取 2 mL 乙腈加入 98 mL 苯中混匀。

甲醇—水溶液（55+45）：取 550 mL 甲醇加入 450 mL 水中混匀。

甲醇—三氯甲烷（4+96）：取 4 mL 甲醇加入 96 mL 三氯甲烷中混匀。

丙酮—三氯甲烷（8+92）：取 8 mL 丙酮加入 92 mL 三氯甲烷中混匀。

次氯酸钠溶液（消毒用）：取 100 g 漂白粉，加入 500 mL 水，搅拌均匀。另将80 g 工业用碳酸钠（$Na_2CO_3 \cdot 10H_2O$）溶于500 mL温水中，再将两液混合、搅拌，澄清后过滤。此滤液次氯酸钠的浓度约为 25 g/L。若用漂粉精制备，则碳酸钠的量可以加倍。所得溶液的浓度约为50 g/L。污染的玻璃仪器用 10 g/L 氯酸钠溶液浸泡半天或用

50 g/L次氯酸钠溶液浸泡片刻后，即可达到去毒效果。

AFT B_1标准储备溶液（10 μg/mL）：准确称取 1～1.2 mg AFT B_1标准品，先加入 2 mL 乙腈溶解后，再用苯稀释至 100 mL，避光，置于 4℃冰箱中保存，此溶液浓度约为10 μg/mL。纯度的测定：取 5 μL AFT B_1标准储备溶液（10 μg/mL），滴加于涂层厚度为 0.25 mm 的硅胶 G 薄层板上，用甲醇—三氯甲烷与丙酮—三氯甲烷展开剂展开，在紫外光灯下观察荧光的产生，应符合以下条件：①在展开后，只有单一的荧光点，无其他杂质荧光点；②原点上没有任何残留的荧光物质。

AFT B_1标准工作液：准确吸取 1 mL 标准储备溶液（10 μg/mL）于 10 mL 容量瓶中，加苯—乙腈混合液至刻度，混匀。此溶液每毫升相当于 1.0 μg AFT B_1。吸取 1.0 mL此稀释液，置于 5 mL 容量瓶中，加苯—乙腈混合液稀释至刻度，此溶液每毫升相当于 0.2 μg AFT B_1。再吸取 AFT B_1标准溶液（0.2 μg/mL）1.0 mL 置于 5 mL 容量瓶中，加苯—乙腈混合液稀释至刻度，此溶液每毫升相当于 0.04 μg AFT B_1。

3. 实验仪器

圆孔筛（2.0 mm 筛孔孔径）、小型粉碎机、电动振荡器、全玻璃浓缩器、玻璃板（5 cm×20 cm）、薄层板涂布器、展开槽（长 25 cm、宽 6 cm、高 4 cm）、紫外光灯（100～125 W，带 365 nm 滤光片）、微量注射器等。

4. 实验步骤

整个操作过程需在暗室条件下进行。

（1）样品提取。

称取 20.00 g 粉碎过筛玉米试样，置于 250 mL 具塞锥形瓶中，加 30 mL 正己烷或石油醚和 100 mL 甲醇水溶液，在瓶塞上涂上一层水，盖严防漏。振荡 30 min，静置片刻，以叠成折叠式的快速定性滤纸过滤于分液漏斗中，待下层甲醇水带被分清后，放出甲醇水溶液于另一具塞锥形瓶内。取 20.00 mL 甲醇水溶液（相当于 4 g 试样）置于另一 125 mL 分液漏斗中，加 20 mL 三氯甲烷，振摇 2 min，静置分层，如出现乳化现象可滴加甲醇促使分层。放出三氯甲烷层，经盛有约 10 g 预先用三氯甲烷湿润的无水硫酸钠的定量慢速滤纸过滤于 50 mL 蒸发皿中，再加 5 mL 三氯甲烷于分液漏斗中，重复振摇提取，三氯甲烷层一并滤于蒸发皿中，最后用少量三氯甲烷洗过滤器，洗液并于蒸发皿中。将蒸发皿放在通风柜中，于 65℃水浴上挥干，然后放在冰盒上冷却 2～3 min 后，准确加入 1 mL 苯—乙腈混合液（或将三氯甲烷用浓缩蒸馏器减压吹气蒸干后，准确加入 1 mL 苯—乙腈混合液）。用带橡皮头的滴管的管尖将残渣充分混合，若有苯的结晶析出，将蒸发皿从冰盒上取出，继续溶解、混合，晶体即消失，再用此滴管吸取上清液转移至 2 mL 具塞试管中。

（2）测定。

①单向展开法。

薄层板的制备：称取约 3 g 硅胶 G，加相当于硅胶量 2～3 倍的水，用力研磨 1～2 min至成糊状后立即倒于涂布器内，推成 5 cm×20 cm、厚度约 0.25 mm 的薄层板三块。在空气中干燥约 15 min 后，在 100℃活化 2 h，取出，放在干燥器中保存。一般可保存 2～3 d。若放置时间较长，可再活化后使用。

点样：将薄层板边缘附着的吸附剂刮净，在距薄层板下端 3 cm 的基线上用微量注射器或血色素吸管滴加样液。一块板可滴加 4 个点，点距边缘和点间距约为 1 cm，点直径约为 3 mm。在同一块板上滴加点的大小应一致，滴加时可用吹风机用冷风边吹边加。滴加样式如下：

第一点：0 μL AFT B_1 标准工作液（0.04 μg/mL）。

第二点：20 μL 样液。

第三点：20 μL 样液+10 μL 0.04 μg/mL AFT B_1 标准工作液。

第四点：20 μL 样液+10 μL 0.2 μg/mL AFT B_1 标准工作液。

展开与观察：在展开槽内加 10 mL 无水乙醚，预展 12 cm，取出挥干。再于另一展开槽内加 10 mL 丙酮—三氯甲烷（8+92），展开 10～12 cm，取出。在紫外光下观察结果，方法如下。样液点上加滴 AFT B_1 标准工作液，可使 AFT B_1 标准点与样液中的 AFT B_1 荧光点重叠。如果样液为阴性，薄层板上的第三点中 AFT B_1 为 0.0004 μg，可用作检查样液内 AFT B_1 最低检出量是否正常出现；如果样液为阳性，则起定性作用。薄层板上的第四点中 AFT B_1 为 0.002 μg，主要起定位作用。若第二点在与 AFT B_1 标准点的相应位置上无蓝紫色荧光点，表示试样中 AFT B_1 的含量在 5 μg/kg 以下；若在相应位置上有蓝紫色荧光点，则需进行确证实验。

确证实验：为了证实薄层板上样液荧光系是由 AFT B_1 产生的，加滴三氟乙酸，产生 AFT B_1 的衍生物，展开后此衍生物的比移值在 0.1 左右。于薄层板左边依次滴加两个点。

第一点：0.04 μg/mL AFT B_1 标准工作液 10 μL。

第二点：20 μL 样液。

于以上两点各加一小滴三氟乙酸盖于其上，反应 5 min 后，用吹风机吹热风2 min 后，使热风吹到薄层板上的温度不高于 40℃，再于薄层板上滴加以下两个点。

第三点：0.04 μg/mL AFT B_1 标准工作液 10 μL。

第四点：20 μL 样液。

再展开（同前），在紫外光灯下观察样液是否产生与 AFT B_1 标准点相同的衍生物。未加三氟乙酸的第三、四两点，可依次作为样液与标准的衍生物空白对照。

稀释定量：样液中的 AFT B_1 荧光点的荧光强度如果与 AFT B_1 标准点的最低检出量（0.0004 μg）的荧光强度一致，则试样中 AFT B_1 的含量为 5 μg/kg。如果样液中荧光强度比最低检出量强，则根据其强度估计减少滴加微升数或将样液稀释后再滴加不同微升数，直至样液点的荧光强度与最低检出量的荧光强度一致为止。滴加样式如下：

第一点：10 μL AFT B_1 标准工作液（0.04 μg/mL）。

第二点：根据情况滴加 10 μL 样液。

第三点：根据情况滴加 15 μL 样液。

第四点：根据情况滴加 20 μL 样液。

②双向展开法。

如果用单向展开法展开后，薄层色谱由于杂质干扰掩盖了 AFT B_1 的荧光强度，需采用双向展开法。薄层板先用无水乙醚作横向展开，将干扰的杂质展至样液点的一边而 AFT B_1 不动，然后再用丙酮—三氯甲烷（8+92）作纵向展开，试样在 AFT B_1 相应处的杂质底色大量减少，因而提高了方法的灵敏度。

点样：取薄层板三块，在距下端 3 cm 基线上滴加 AFT B_1 标准使用液与样液，即在三块板层左边缘 0.8～1 cm 处各滴加 20 μL 样液，在第二板的点上加滴 10 μL AFT B_1 标准使用液（0.04 μg/mL），在第三板的点上加滴 10 μL AFT B_1 标准溶液（0.2 μg/mL）。

展开：同前。

观察及评定结果：在紫外光灯下观察第一、二板，如果第二板出现最低检出量的 AFT B_1 标准点，而第一板与其相同位置上未出现荧光点，则试样中 AFT B_1 的含量在 5 μg/kg以下。如第一板在与第二板 AFT B_1 相同位置上出现荧光点，则将第一板与第三板比较，看第三板上与第一板相同位置的荧光点是否与 AFT B_1 标准点重叠，如果重叠，再进行以下确证实验。

确证实验：另取两板，于距左边缘 0.8～1 cm 处，第四板滴加 20 μL 样液、1 滴三氟乙酸，第五板滴加 20 μL 样液、10 μL 0.04 μg/mL AFT B_1 标准使用液及 1 滴三氟乙酸。产生衍生物及展开方法同①中步骤。再将以上两板在紫外光灯下观察，以确定样液点是否产生与 AFT B_1 标准点重叠的衍生物，观察时可将第一板作为样液的衍生物空白板。经过以上确证实验定为阳性后，再进行稀释定量，如含 AFT B_1 低，不需稀释或稀释倍数小，杂质荧光仍有严重干扰，可根据样液中 AFT B_1 荧光的强弱，直接用双向展开法定量。

5. 实验结果的分析与计算

将单向展开法和双向展开法中的数据代入下式，计算试样中 AFT B_1 的含量：

$$X = 0.0004 \times \frac{V_1 \times f}{V_2 \times m} \times 1000$$

式中，X——试样中 AFT B_1 的含量，单位为微克/千克（μg/kg）；

0.0004——AFT B_1 的最低检出量，单位为微克（μg）；

V_1——加入苯—乙腈混合液的体积，单位为毫升（mL）；

f——样液稀释倍数；

V_2——出现最低强度荧光时滴加样液的体积，单位为毫升（mL）；

m——加入苯—乙腈混合液溶解时相当于试样的质量，单位为克（g）；

1000——单位换算系数。

计算结果表示到测定值的整数位。

6. 注意事项

（1）每个试样称取两份进行平行测定，以其算术平均值为分析结果，其分析结果的相对差值应不大于60%。

（2）薄层板上黄曲霉毒素 B_1 的最低检出量为0.0004 μg，检出限为5 μg/kg。

7. 思考题

（1）除了本法，还有哪些方法可用于AFT M_1 和AFT B_1 的有效测定？

（2）除了黄曲霉毒素，粮食中还有哪些常见毒素？这些毒素该怎样预防和降解？

实验73　反复煎炸的植物油中苯并（a）芘含量的测定

1. 实验目的

（1）了解食品中含有苯并（a）芘对人体的危害。

（2）掌握高效液相色谱—荧光检测法测定植物油中苯并（a）芘含量的原理与操作。

（3）掌握高效液相色谱仪（荧光检测）的使用方法。

2. 实验原理

试样经过有机溶剂提取，中性氧化铝柱或苯并（a）芘分子印迹柱净化，浓缩至干，乙腈溶解，反相液相色谱分离，荧光检测器检测，根据色谱峰的保留时间定性，外标法定量。

3. 实验材料与试剂

反复煎炸的植物油；除非另有说明，本方法所用试剂均为色谱纯；水，为GB/T 6682规定的一级水。

苯并（a）芘标准储备液（100 μg/mL）：准确称取苯并（a）芘1 mg（精确至0.01 mg）于10 mL容量瓶中，用甲苯溶解并定容。避光保存在0℃～5℃的冰箱中，保存期为1年。

苯并（a）芘标准中间液（1.0 μg/mL）：吸取0.10 mL苯并（a）芘标准储备液（100 μg/mL），用乙腈定容至10 mL。避光保存在0℃～5℃的冰箱中，保存期为1个月。

苯并（a）芘标准工作液：把苯并（a）芘标准中间液（1.0 μg/mL）用乙腈稀释得到0.5 ng/mL，1.0 ng/mL，5.0 ng/mL，10.0 ng/mL，20.0 ng/mL的标准溶液，现用现配。

4. 实验仪器

高效液相色谱仪、分析天平、粉碎机、组织匀浆机、离心机、涡旋振荡器、超声波振荡器、旋转蒸发器或氮气吹干装置、固相萃取装置等。

5. 实验步骤

（1）试样制备、提取及净化。

提取：称取0.4 g试样（精确至0.001 g），加入5 mL正己烷，涡旋混合30 s，待净化。选用以下两种方法之一进行净化。

净化方法 1：采用中性氧化铝柱，用 30 mL 正己烷活化柱子，待液面降至柱床时，关闭底部旋塞。将待净化液转移进柱子，打开旋塞，以 1 mL/min 的速度收集净化液到茄形瓶，再转入 50 mL 正己烷洗脱，继续收集净化液。将净化液在 40℃下旋转蒸至约 1 mL，转移至色谱仪进样小瓶，在 40℃氮气流下浓缩至近干。用 1 mL 正己烷清洗茄形瓶，将洗涤液再次转移至色谱仪进样小瓶并浓缩至干。准确吸取 0.4 mL 乙腈到色谱仪进样小瓶，涡旋复溶 30 s，过微孔滤膜后用高效液相色谱仪测定。

净化方法 2：采用苯并（a）芘分子印迹柱，依次用 5 mL 二氯甲烷及 5 mL 正己烷活化柱子。将待净化液转移进柱子，待液面降至柱床时，用 6 mL 正己烷淋洗柱子，弃去流出液。用 6 mL 二氯甲烷洗脱并收集净化液到试管中。净化液在 40℃下用氮气吹干，准确吸取 0.4 mL 乙腈涡旋复溶 30 s，过微孔滤膜后用高效液相色谱仪测定。

试样制备时，不同试样的前处理需要同时做试样空白实验。

（2）仪器参考条件。

色谱柱：C_{18}，柱长 250 mm，内径 4.6 mm，粒径 5 μm，或性能相当者；流动相：乙腈＋水＝88＋12；流速：1.0 mL/min；荧光检测器：激发波长 384 nm，发射波长 406 nm；柱温：35℃；进样量：20 μL。

（3）标准曲线的绘制。

将标准系列工作液分别注入高效液相色谱仪中，测定相应的色谱峰，以标准系列工作液的浓度为横坐标，以峰面积为纵坐标，得到标准曲线回归方程。

（4）试样溶液的测定。

将待测液进样测定，得到苯并（a）芘色谱峰面积。根据标准曲线回归方程计算试样溶液中苯并（a）芘的浓度。

6. 实验结果的分析与计算

试样中苯并（a）芘的含量按下式计算：

$$X = \frac{\rho \times V \times 1000}{m \times 1000}$$

式中，X——试样中苯并（a）芘的含量，单位为微克/千克（μg/kg）；

ρ——从标准曲线中得到的样品净化溶液的浓度，单位为纳克/毫升（ng/mL）；

V——试样定容体积，单位为毫升（mL）；

m——试样的质量，单位为克（g）；

1000——由 ng/g 换算成 μg/kg 的换算因子。

计算结果保留到小数点后一位。

7. 注意事项

（1）在重复性条件下获得的两次独立测试结果的绝对差值不得超过算术平均值的 20%。

（2）本方法检出限为 0.2 μg/kg，定量限为 0.5 μg/kg。

8. 思考题

（1）反复煎炸的植物油中苯并（a）芘的形成原因是什么？可以采取哪些有效的方法抑制食品中苯并（a）芘的形成？

（2）本法还适用于对哪些食品中苯并（a）芘的含量进行有效测定？

实验 74　牛奶中三聚氰胺含量的测定

1. 实验目的

（1）了解三聚氰胺添加到牛奶中的危害。

（2）掌握高效液相色谱法测定牛奶中三聚氰胺含量的原理与操作。

（3）掌握高效液相色谱仪的使用方法。

2. 实验原理

试样用三氯乙酸—乙腈溶液提取，经阳离子交换固相萃取柱净化后，用高效液相色谱仪测定，外标法定量。

3. 实验材料与试剂

牛奶，市售；除非另有说明，本方法所用试剂均为色谱纯；水，为 GB/T 6682 规定的一级水。

甲醇水溶液：准确量取 50 mL 甲醇和 50 mL 水，混匀。

三氯乙酸溶液（1%）：准确称取 10 g 三氯乙酸，置于 1 L 容量瓶中，用水溶解并定容至刻度，混匀。

氨化甲醇溶液（5%）：准确量取 5 mL 氨水和 95 mL 甲醇，混匀。

离子对试剂缓冲液：准确称取 2.10 g 柠檬酸和 2.16 g 辛烷磺酸钠，加入约 980 mL 水溶解，调节 pH 值至 3.0 后，定容至 1 L。

三聚氰胺标准品：CAS 号为 108－78－01，纯度＞99.0%。

三聚氰胺标准储备液：准确称取 100 mg 三聚氰胺标准品（精确至 0.1 mg），置于 100 mL容量瓶中，用上述甲醇水溶液溶解并定容至刻度，配制成浓度为 1 mg/mL 的标准储备液，于 4℃避光保存。

阳离子交换固相萃取柱：混合型阳离子交换固相萃取柱，基质为苯磺酸化的聚苯乙烯—二乙烯基苯高聚物，填料质量为 60 mg，体积为 3 mL，使用前依次用 3 mL 甲醇、5 mL 水活化。

海砂：化学纯，粒度为 0.65～0.85 mm，二氧化硅的含量为 99%。

微孔滤膜：0.2 μm，有机相。

氮气：纯度≥99.999%。

4. 实验仪器

高效液相色谱仪、分析天平、离心机、超声波水浴、固相萃取装置、氮吹仪、涡旋混合器、具塞塑料离心管等。

5. 实验步骤

(1) 样品处理。

①提取。

量取 2 mL 牛奶试样于 50 mL 具塞塑料离心管中，加入 15 mL 上述三氯乙酸溶液和 5 mL 乙腈，超声提取 10 min，再振荡提取 10 min 后，以不低于 4000 r/min 的速度离心10 min。上清液经三氯乙酸溶液润湿的滤纸过滤后，用三氯乙酸溶液定容至 25 mL，移取 5 mL 滤液，加入 5 mL 水混匀后作待净化液。

②净化。

将待净化液转移至阳离子交换固相萃取柱中，依次用 3 mL 水和 3 mL 甲醇洗涤，抽至近干后，用 6 mL 氨化甲醇溶液洗脱。整个固相萃取过程流速不超过 1 mL/min。洗脱液于 50℃下用氮气吹干，残留物（相当于 0.4 g 样品）用 1 mL 流动相定容，涡旋混合1 min，过微孔滤膜后，供高效液相色谱仪测定。

(2) 测定。

①高效液相色谱仪参考条件。

色谱柱：C_{18}，250 mm×4.6 mm（内径），5 μm；流动相：离子对试剂缓冲液—乙腈（90＋10），混匀；流速：1.0 mL/min；柱温：40℃；波长：240 nm；进样量：20 μL。

②标准曲线的绘制。

用流动相将三聚氰胺标准储备液逐级稀释得到浓度为 0.8 μg/mL，2 μg/mL，20 μg/mL，40 μg/mL，80 μg/mL 的标准工作液，浓度由低到高进样检测，以峰面积—浓度作图，得到标准曲线回归方程。

③定量测定。

待测样液中三聚氰胺的响应值应在标准曲线线性范围内，超过线性范围则应稀释后再进样分析。

④空白实验。

除不称取样品外，均按上述测定条件和步骤进行。

6. 实验结果的分析与计算

试样中三聚氰胺的含量由色谱数据处理软件获得，或按下式计算：

$$X = \frac{A \times c \times V \times 1000}{A_0 \times m \times 1000} \times f$$

式中，X——试样中三聚氰胺的含量，单位为毫克/千克（mg/kg）；

A——样液中三聚氰胺的峰面积；

c——标准溶液中三聚氰胺的浓度，单位为微克/毫升（μg/mL）；

V——样液定容体积，单位为毫升（mL）；

A_0——标准溶液中三聚氰胺的峰面积；

m——试样的质量，单位为克（g）；

f——稀释倍数；

1000——单位换算系数。

7. 注意事项

（1）在重复性条件下获得的两次独立测定结果的绝对差值不得超过算术平均值的 10%。

（2）本法的定量限为 2 mg/kg。

8. 思考题

（1）食品中三聚氰胺含量的常见测定方法有哪些？

（2）本法是否可用于牛奶中三聚氰胺的定性检测？

实验 75　腌鱼中 N－亚硝胺含量的测定

1. 实验目的

（1）了解食品中 N－亚硝胺对人体的危害及最高摄入量。

（2）掌握气相色谱—质谱联用法测定腌鱼中 N－亚硝胺含量的原理与操作。

（3）掌握气相色谱—质谱联用仪的使用方法。

2. 实验原理

试样中的 N－亚硝胺类化合物经水蒸气蒸馏和有机溶剂萃取后，浓缩至一定体积，采用气相色谱—质谱联用仪进行确认和定量。

3. 实验材料与试剂

腌鱼，市售；除非另有说明，本方法所用试剂均为色谱纯；水，为 GB/T 6682 规定的一级水。

二氯甲烷：每批应取 100 mL 在 40℃水浴上用旋转蒸发仪浓缩至 1 mL，在气相色谱—质谱联用仪上应无阳性响应。如有阳性响应，则需经全玻璃装置重蒸后再试，直至阴性。

硫酸溶液（1+3）：量取 30 mL 硫酸，缓缓倒入 90 mL 冷水中，同时搅拌使得散热充分，冷却后小心混匀。

N－亚硝胺标准品（CAS 号：62－75－9）：纯度≥98.0%。

N－亚硝胺标准溶液：用二氯甲烷配制成 1 mg/mL 的溶液。

N－亚硝胺标准使用液：用二氯甲烷配制成 1 μg/mL 的标准使用液。

4. 实验仪器

气相色谱—质谱联用仪、旋转蒸发仪、全玻璃水蒸气蒸馏装置或等效的全自动水蒸气蒸馏装置、氮吹仪、制冰机、电子天平等。

5. 实验步骤

（1）试样的制备。

①提取。

水蒸馏装置蒸馏：准确称取 200 g 腌鱼试样（精确至 0.01 g），加入 100 mL 水和 50 g 氯化钠于蒸馏管中，充分混匀，检查气密性。在 500 mL 平底烧瓶中加入 100 mL 二氯甲烷及少量冰块用以接收冷凝液，冷凝管出口伸入二氯甲烷液面下，并将平底烧瓶置于冰浴中，开启蒸馏装置加热蒸馏，收集 400 mL 冷凝液后关闭加热装置，停止蒸馏。

②萃取净化。

在盛有蒸馏液的平底烧瓶中加入 20 g 氯化钠和 3 mL 硫酸（1+3），搅拌使氯化钠完全溶解。然后将溶液转移至 500 mL 分液漏斗中，振荡 5 min，必要时放气，静置分层后，将二氯甲烷层转移至另一平底烧瓶中，再用 150 mL 二氯甲烷分三次提取水层，合并 4 次二氯甲烷萃取液，总体积约为 250 mL。

③浓缩。

将二氯甲烷萃取液用 10 g 无水硫酸钠脱水后进行旋转蒸发，于 40℃水浴上浓缩至 5～10 mL 改为氮气吹干，并准确定容至 1.0 mL，摇匀后待测定。

（2）气相色谱—质谱测定条件。

①气相色谱条件。

毛细管气相色谱柱：INNOWAX 石英毛细管柱（柱长 30 mm，内径 0.25 mm，膜厚 0.25 μm）；进样口温度：220℃；程序升温条件：初始柱温 40℃，以 10℃/min 的速率升至 80℃，以 1℃/min 的速率升至 100℃，再以 20℃/min 的速率升至 240℃，保持2 min；载气：氦气；流速：1.0 mL/min；进样方式：不分流进样；进样体积：1.0 μL。

②质谱条件。

选择离子检测。9.9 min 开始扫描 N－二甲基亚硝胺，选择离子为 15.0，42.0，43.0，44.0，74.0；电子轰击离子化源（EI），电压：70 eV；离子化电流：300 μA；离子源温度：230℃；接口温度：230℃；离子源真空度：1.33×10^{-4} Pa。

③标准曲线的绘制。

分别准确吸取 N－亚硝胺的混合标准储备液（1 μg/mL）配制浓度为 0.01 μg/mL，0.02 μg/mL，0.05 μg/mL，0.1 μg/mL，0.2 μg/mL，0.5 μg/mL 的混合标准系列溶液，进样分析，用峰面积对浓度进行线性回归，表明在给定的浓度范围内，N－亚硝胺呈线性，回归方程分别以 y 为峰面积，x 为浓度（μg/mL）。

④试样溶液的测定。

将试样溶液注入气相色谱—质谱联用仪中，得到某一特定监测离子的峰面积，根据标准曲线计算得到试样溶液中 N-二甲基亚硝胺的浓度。

6. 实验结果的分析与计算

试样中 N-二甲基亚硝胺的含量按下式计算：

$$X=\frac{h_1}{h_2}\times\rho\times\frac{V}{m}\times 1000$$

式中，X——试样中 N-二甲基亚硝胺的含量，单位为微克/千克或微克/升（μg/kg 或 μg/L）；

h_1——浓缩液中某一 N-亚硝胺化合物的峰面积；

h_2——N-亚硝胺标准溶液的峰面积；

ρ——标准溶液中 N-亚硝胺化合物的浓度，单位为微克/毫升（μg/mL）；

V——试液（浓缩液）的体积，单位为毫升（mL）；

m——试样的质量，单位为克（g）；

1000——单位换算系数。

计算结果保留三位有效数字。

7. 注意事项

（1）在重复性条件下获得的两次独立测定结果的绝对差值不得超过算术平均值的 15%。

（2）当取样量为 200 g，浓缩体积为 1.0 mL 时，本方法的检出限为 0.3 μg/kg，定量限为 1.0 μg/kg。

8. 思考题

选择气相色谱仪是否可以测定腌鱼中 N-亚硝胺的含量？气相色谱—质谱联用法相比于气相色谱法有何优势？

（任尧）

附表 1　随机数表

	00 04	05 09	10 14	15 19	20 24	25 29	30 34	35 39	40 44	45 49
00	53077	21793	64295	23984	90551	51679	63167	32482	89666	13990
01	20897	70444	47840	46688	51514	20048	91887	55268	38294	62177
02	84072	21339	55395	22883	33219	66546	81284	77457	36156	27936
03	56892	60751	97600	37196	55427	98868	67783	57362	21458	93061
04	87353	86324	28391	16845	20449	10026	82613	21211	66655	75039
05	29076	34118	47560	34444	80989	76356	30982	91559	85081	21119
06	25010	65025	56900	75175	36186	80222	25179	62084	44160	33476
07	78287	33806	25850	79913	18671	49216	52396	16536	30142	68089
08	10713	23894	93205	29894	15115	70680	19010	33880	24746	77189
09	12442	54840	80169	59544	35895	95063	64844	73010	95065	77497
10	39351	94196	50294	71534	33957	22836	45943	32649	39050	98267
11	16450	69661	15986	39836	84349	92979	94469	63019	65474	99134
12	46900	98228	49061	44908	11901	44760	39832	71025	36436	38652
13	40133	63950	54937	29262	64959	87732	58918	17402	43523	58810
14	65829	64635	34145	30176	94867	50752	16110	36931	46139	24456
15	94656	78329	21281	31526	66749	70060	17643	81157	20243	34804
16	36845	45847	82409	76246	44269	28794	93601	54657	27698	23451
17	15830	51839	54325	70331	66438	16118	11609	86804	59195	94727
18	50924	52403	25535	52409	14082	74008	10989	11735	68781	95745
19	41778	92905	71063	62169	66502	72243	35963	94404	56093	30392
20	87696	86965	29668	86725	26053	93291	37352	75853	10487	80854
21	83135	28159	61696	64728	76015	40561	72475	40904	25883	71908
22	33003	80489	58638	55732	44565	43069	79792	92517	57895	53870

续表

	00 04	05 09	10 14	15 19	20 24	25 29	30 34	35 39	40 44	45 49
23	35604	15021	25476	50238	47475	36040	25922	56512	71664	40127
24	92615	33662	58567	20194	68347	26826	51092	65887	42759	61733
25	20822	81536	22481	65549	56874	85784	68100	74645	85334	87759
26	76167	77252	68847	66525	27144	38690	80108	75712	91848	56846
27	65829	15729	47706	43594	88522	34624	90512	83101	46598	41754
28	65309	21504	93853	32018	14509	58619	68817	28677	78821	22321
29	11437	24450	91026	99283	11604	11802	30073	82243	44980	90509
30	43972	12898	63931	98231	24249	67248	35856	54734	36790	21948
31	86706	69419	90530	71723	35993	27828	36722	92143	68317	80093
32	73927	18330	32995	37537	37158	94148	94854	93649	64514	27494
33	92915	77947	12229	45221	42120	39488	47537	68126	39211	53170
34	21385	21191	44526	66408	96461	78255	63277	70185	46374	78995
35	29563	50542	38368	23679	54688	59628	80145	14853	66243	15597
36	41137	34841	92094	63481	69546	10820	22532	22419	49426	48949
37	72082	67531	45956	28276	91194	52145	79046	41925	63112	99335
38	94620	97199	80191	24053	97487	95685	67116	33379	12048	19122
39	21156	93171	84511	40642	70415	65851	40261	79269	35071	57572
40	23854	10543	82097	87518	57480	54753	79553	84656	78733	40761
41	38972	26576	91825	43457	30120	75005	51060	48241	85840	26130
42	34742	72384	50070	90135	88421	36456	55298	81493	64076	70638
43	93642	95250	24688	45963	30351	74137	71969	99410	94625	54213
44	20253	36144	69788	43813	60412	29612	98211	82695	38125	50786
45	11525	78737	49488	76629	38242	82447	92038	85300	19775	25321
46	43702	36720	11099	48979	74192	39841	79898	48857	80128	42182
47	17507	53785	58867	79211	95226	95708	47683	17460	18321	59800
48	69575	51238	28671	83355	52072	13355	43254	31316	87909	42792
49	12284	28976	53160	18417	74603	36608	79159	78836	53864	57103

附表 2　常用缓冲溶液的配制方法

1. 甘氨酸—盐酸缓冲液（0.05 mol/L）

X mL 的甘氨酸（0.2 mol/L）+ *Y* mL 的 HCl（0.2 mol/L），加水稀释至 200 mL。

pH	*X*	*Y*	pH	*X*	*Y*
2.0	50	44.0	3.0	50	11.4
2.4	50	32.4	3.2	50	8.2
2.6	50	24.2	3.4	50	6.4
2.8	50	16.8	3.6	50	5.0

2. 邻苯二甲酸—盐酸缓冲液（0.05 mol/L）

X mL 的邻苯二甲酸氢钾（0.2 mol/L）+ *Y* mL 的 HCl（0.2 mol/L），加水稀释到 20 mL。

pH（20℃）	*X*	*Y*	pH（20℃）	*X*	*Y*
2.2	5	4.070	3.2	5	1.470
2.4	5	3.960	3.4	5	0.990
2.6	5	3.295	3.6	5	0.597
2.8	5	2.642	3.8	5	0.263
3.0	5	2.022			

3. 磷酸氢二钠—柠檬酸缓冲液

pH	Na_2HPO_4（0.2 mol/L，mL）	柠檬酸（0.1 mol/L，mL）	pH	Na_2HPO_4（0.2 mol/L，mL）	柠檬酸（0.1 mol/L，mL）
2.2	0.40	10.60	5.2	10.72	9.28
2.4	1.24	18.76	5.4	11.15	8.85
2.6	2.18	17.82	5.6	11.60	8.40

续表

pH	Na_2HPO_4 (0.2 mol/L，mL)	柠檬酸 (0.1 mol/L，mL)	pH	Na_2HPO_4 (0.2 mol/L，mL)	柠檬酸 (0.1 mol/L，mL)
2.8	3.17	16.83	5.8	12.09	7.91
3.0	4.11	15.89	6.0	12.63	7.37
3.2	4.94	15.06	6.2	13.22	6.78
3.4	5.70	14.30	6.4	13.85	6.15
3.6	6.44	13.56	6.6	14.55	5.45
3.8	7.10	12.90	6.8	15.45	4.55
4.0	7.71	12.29	7.0	16.47	3.53
4.2	8.28	11.72	7.2	17.39	2.61
4.4	8.82	11.18	7.4	18.17	1.83
4.6	9.35	10.65	7.6	18.73	1.27
4.8	9.86	10.14	7.8	19.15	0.85
5.0	10.30	9.70	8.0	19.45	0.55

4. 柠檬酸—氢氧化钠—盐酸缓冲液

pH	Na^+ (mol/L)	柠檬酸（一水）(g)	氢氧化钠 (g)	浓盐酸 (mL)	最终体积 (mL)
2.2	0.20	210	84	160	10
3.1	0.20	210	83	116	10
3.3	0.20	210	83	106	10
4.3	0.20	210	83	45	10
5.3	0.35	245	144	68	10
5.8	0.45	285	186	105	10
6.5	0.38	266	156	126	10

5. 柠檬酸—柠檬酸钠缓冲液（0.1 mol/L）

pH	柠檬酸（一水）(0.1 mol/L，mL)	柠檬酸钠（二水）(0.1 mol/L，mL)	pH	柠檬酸（一水）(0.1 mol/L，mL)	柠檬酸钠（二水）(0.1 mol/L，mL)
3.0	18.6	1.4	5.0	8.2	11.8
3.2	17.2	2.8	5.2	7.3	12.7
3.4	16.0	4.0	5.4	6.4	13.6

续表

pH	柠檬酸（一水）（0.1 mol/L，mL）	柠檬酸钠（二水）（0.1 mol/L，mL）	pH	柠檬酸（一水）（0.1 mol/L，mL）	柠檬酸钠（二水）（0.1 mol/L，mL）
3.6	14.9	5.1	5.6	5.5	14.5
3.8	14.0	6.0	5.8	4.7	15.3
4.0	13.1	6.9	6.0	3.8	16.2
4.2	12.3	7.7	6.2	2.8	17.2
4.4	11.4	8.6	6.4	2.0	18.0
4.6	10.3	9.7	6.6	1.4	18.6
4.8	9.2	10.8			

6. 乙酸—乙酸钠缓冲液（0.2 mol/L）

pH（18℃）	乙酸钠（三水）（0.2 mol/L，mL）	乙酸（0.3 mol/L，mL）	pH（18℃）	乙酸钠（三水）（0.2 mol/L，mL）	乙酸（0.3 mol/L，mL）
2.6	0.75	9.25	4.8	5.90	4.10
3.8	1.20	8.80	5.0	7.00	3.00
4.0	1.80	8.20	5.2	7.90	2.10
4.2	2.65	7.35	5.4	8.60	1.40
4.4	3.70	6.30	5.6	9.10	0.90
4.6	4.90	5.10	5.8	9.40	0.60

7. 磷酸盐缓冲液

（1）磷酸氢二钠—磷酸二氢钠缓冲液（0.2 mol/L）。

pH	Na_2HPO_4（0.2 mol/L，mL）	NaH_2PO_4（0.3 mol/L，mL）	pH	Na_2HPO_4（0.2 mol/L，mL）	NaH_2PO_4（0.3 mol/L，mL）
5.8	8.0	92.0	7.0	61.0	39.0
5.9	10.0	90.0	7.1	67.0	33.0
6.0	12.3	87.7	7.2	72.0	28.0
6.1	15.0	85.0	7.3	77.0	23.0
6.2	18.5	81.5	7.4	81.0	19.0
6.3	22.5	77.5	7.5	84.0	16.0
6.4	26.5	73.5	7.6	87.0	13.0
6.5	31.5	68.5	7.7	89.5	10.5

续表

pH	Na_2HPO_4 (0.2 mol/L，mL)	NaH_2PO_4 (0.3 mol/L，mL)	pH	Na_2HPO_4 (0.2 mol/L，mL)	NaH_2PO_4 (0.3 mol/L，mL)
6.6	37.5	62.5	7.8	91.5	8.5
6.7	43.5	56.5	7.9	93.0	7.0
6.8	49.5	51.0	8.0	94.7	5.3
6.9	55.0	45.0			

（2）磷酸氢二钠—磷酸二氢钾缓冲液（1/15 mol/L）。

pH	Na_2HPO_4 (1/15 mol/L，mL)	KH_2PO_4 (1/15 mol/L，mL)	pH	Na_2HPO_4 (1/15 mol/L，mL)	KH_2PO_4 (1/15 mol/L，mL)
4.92	0.10	9.90	7.17	7.00	3.00
5.29	0.50	9.50	7.38	8.00	2.00
5.91	1.00	9.00	7.73	9.00	1.00
6.24	2.00	8.00	8.04	9.50	0.50
6.47	3.00	7.00	8.34	9.75	0.25
6.64	4.00	6.00	8.67	9.90	0.10
6.81	5.00	5.00	8.18	10.00	0
6.98	6.00	4.00			

8. 磷酸二氢钾—氢氧化钠缓冲液（0.05 mol/L，20℃）

X mL KH_2PO_4（0.2 mol/L）+ Y mL NaOH（0.2 mol/L），加水稀释至 29 mL。

pH	X（mL）	Y（mL）	pH	X（mL）	Y（mL）
5.8	5	0.372	7.0	5	2.963
6.0	5	0.570	7.2	5	3.500
6.2	5	0.860	7.4	5	3.950
6.4	5	1.260	7.6	5	4.280
6.6	5	1.780	7.8	5	4.520
6.8	5	2.365	8.0	5	4.680

9. 巴比妥钠—盐酸缓冲液（18℃）

pH	巴比妥钠 (0.04 mol/L，mL)	盐酸 (0.2 mmol/L，mL)	pH	巴比妥钠 (0.04 mol/L，mL)	盐酸 (0.2 mmol/L，mL)
6.8	100	18.4	8.4	100	5.21

续表

pH	巴比妥钠 (0.04 mol/L，mL)	盐酸 (0.2 mmol/L，mL)	pH	巴比妥钠 (0.04 mol/L，mL)	盐酸 (0.2 mmol/L，mL)
7.0	100	17.8	8.6	100	3.82
7.2	100	16.7	8.8	100	2.52
7.4	100	15.3	9.0	100	1.65
7.6	100	13.4	9.2	100	1.13
7.8	100	11.47	9.4	100	0.70
8.0	100	9.39	9.6	100	0.35
8.2	100	7.21		100	

10．Tris—盐酸缓冲液（0.05 mol/L，25℃）

50 mL 三羟甲基氨基甲烷（Tris，0.1 mol/L）+ X mL 盐酸（0.1 mmol/L），加水稀释至100 mL。

pH	X（mL）	pH	X（mL）
7.10	45.7	8.10	26.2
7.20	44.7	8.20	22.9
7.30	43.4	8.30	19.9
7.40	42.0	8.40	17.2
7.50	40.3	8.50	14.7
7.60	38.5	8.60	12.4
7.70	36.6	8.70	10.3
7.80	34.5	8.80	8.5
7.90	32.0	8.90	7.0
8.00	29.2		

11．硼酸—硼砂缓冲液（0.2 mol/L）

pH	硼砂 (0.05 mol/L，mL)	硼酸 (0.2 mol/L，mL)	pH	硼砂 (0.05 mol/L，mL)	硼酸 (0.2 mol/L，mL)
7.4	1.0	9.0	8.2	3.5	6.5
7.6	1.5	8.5	8.4	4.5	5.5
7.8	2.0	8.0	8.7	6.0	4.0
8.0	3.0	7.0	9.0	8.0	2.0

12. 甘氨酸—氢氧化钠缓冲液（0.05 mol/L）

X mL 甘氨酸（0.2 mol/L）+Y mL 氢氧化钠（0.2 mol/L），加水稀释至 200 mL。

pH	X（mL）	Y（mL）	pH	X（mL）	Y（mL）
8.6	50	4.0	9.6	50	22.4
8.8	50	6.0	9.8	50	27.2
9.0	50	8.8	10.0	50	32.0
9.2	50	12.0	10.4	50	38.6
9.4	50	16.8	10.6	50	45.5

13. 硼砂—氢氧化钠缓冲液（0.05 mol/L）

X mL 硼砂（0.05 mol/L）+ Y mL 氢氧化钠（0.2 mol/L），加水稀释至 200 mL。

pH	X（mL）	Y（mL）	pH	X（mL）	Y（mL）
9.3	50	6.0	9.8	50	34.0
9.4	50	11.0	10.0	50	43.0
9.6	50	23.0	10.1	50	46.0

14. 碳酸钠—碳酸氢钠缓冲液（0.1 mol/L）

pH		Na_2CO_3（0.1 mol/L，mL）	$NaHCO_3$（0.1 mol/L，mL）
20℃	37℃		
9.16	8.77	1	9
9.40	9.12	2	8
9.51	9.40	3	7
9.78	9.50	4	6
9.90	9.72	5	5
10.14	9.90	6	4
10.28	10.08	7	3
10.53	10.28	8	2
10.83	10.57	9	1

附表 3　相对密度和酒精浓度对照表

相对密度（20℃/20℃）	酒精度（%，V/V）	酒精度（%，M/M）	相对密度（20℃/20℃）	酒精度（%，V/V）	酒精度（%，M/M）	相对密度（20℃/20℃）	酒精度（%，V/V）	酒精度（%，M/M）
0.99603	2.72	2.14	0.99560	3.02	2.38	0.99517	3.33	2.62
602	2.73	2.15	559	3.03	2.39	516	3.34	2.63
600	2.74	2.16	557	3.05	2.40	514	3.35	2.64
597	2.76	2.17	554	3.06	2.41	511	3.37	2.65
596	2.77	2.18	553	3.07	2.42	510	3.38	2.66
595	2.78	2.19	552	3.09	2.43	509	3.39	2.67
592	2.79	2.20	549	3.10	2.44	506	3.40	2.68
591	2.81	2.21	548	3.11	2.45	505	3.42	2.69
0.99589	2.82	2.22	0.99546	3.12	2.46	0.99503	3.43	2.70
587	2.83	2.23	545	3.14	2.47	502	3.44	2.71
586	2.84	2.24	543	3.15	2.48	500	3.46	2.72
583	2.86	2.25	540	3.16	2.49	497	3.47	2.73
582	2.87	2.26	539	3.17	2.50	496	3.48	2.74
580	2.88	2.27	537	3.19	2.51	495	3.49	2.75
577	2.89	2.28	534	3.20	2.52	492	3.51	2.76
576	2.91	2.29	533	3.21	2.53	491	3.52	2.77
0.99574	2.92	2.30	0.99531	3.22	2.54	0.99489	3.53	2.78
573	2.93	2.31	529	3.24	2.55	488	3.54	2.79
571	2.94	2.32	528	3.25	2.56	486	3.56	2.80
568	2.96	2.33	525	3.26	2.57	483	3.57	2.81
567	2.97	2.34	524	3.28	2.58	482	3.58	2.82
566	2.98	2.35	523	3.29	2.59	481	3.59	2.83
563	3.00	2.36	520	3.30	2.60	478	3.61	2.84
562	3.01	2.37	519	3.31	2.61	477	3.62	2.85

续表

相对密度（20℃/20℃）	酒精度（%，V/V）	酒精度（%，M/M）	相对密度（20℃/20℃）	酒精度（%，V/V）	酒精度（%，M/M）	相对密度（20℃/20℃）	酒精度（%，V/V）	酒精度（%，M/M）
0.99475	3.63	2.86	0.99391	4.26	3.34	0.99308	4.86	3.82
474	3.65	2.87	390	4.27	3.35	307	4.88	3.83
472	3.66	2.88	388	4.28	3.36	305	4.89	3.84
469	3.67	2.89	385	4.29	3.37	303	4.90	3.85
468	3.68	2.90	384	4.31	3.38	302	4.92	3.86
467	3.70	2.91	383	4.32	3.39	300	4.93	3.87
464	3.71	2.92	380	4.33	3.40	298	4.94	3.88
463	3.72	2.93	379	4.34	3.41	297	4.95	3.89
0.99461	3.73	2.94	0.99377	4.36	3.42	0.99295	4.97	3.90
460	3.75	2.95	376	4.37	3.43	294	4.98	3.91
458	3.76	2.96	374	4.38	3.44	292	4.99	3.92
455	3.77	2.97	371	4.39	3.45	289	5.00	3.93
454	3.78	2.98	370	4.41	3.46	288	5.02	3.94
453	3.80	2.99	369	4.42	3.47	287	5.03	3.95
450	3.81	3.00	366	4.43	3.48	284	5.04	3.96
449	3.82	3.01	365	4.44	3.49	283	5.05	3.97
0.99447	3.84	3.02	0.99363	4.45	3.50	0.99281	5.06	3.98
446	3.85	3.03	362	4.47	3.51	280	5.08	3.99
444	3.86	3.04	360	4.48	3.52	278	5.09	4.00
441	3.87	3.05	357	4.49	3.53	276	5.10	4.01
440	3.89	3.06	356	4.50	3.54	275	5.11	4.02
439	3.90	3.07	355	4.52	3.55	273	5.13	4.03
436	3.91	3.08	352	4.53	3.56	271	5.14	4.04
435	3.92	3.09	351	4.54	3.57	270	5.15	4.05
0.99433	3.94	3.10	0.99349	4.55	3.58	0.99268	5.16	4.06
432	3.96	3.11	348	4.56	3.59	267	5.18	4.07
430	3.97	3.12	346	4.58	3.60	265	5.19	4.08
427	3.99	3.13	344	4.59	3.61	263	5.20	4.09
426	4.01	3.14	343	4.60	3.62	262	5.22	4.10
425	4.02	3.15	341	4.61	3.63	260	5.23	4.11

续表

相对密度(20℃/20℃)	酒精度(%, V/V)	酒精度(%, M/M)	相对密度(20℃/20℃)	酒精度(%, V/V)	酒精度(%, M/M)	相对密度(20℃/20℃)	酒精度(%, V/V)	酒精度(%, M/M)
422	4.03	3.16	339	4.63	3.64	258	5.24	4.12
421	4.05	3.17	338	4.64	3.65	257	5.25	4.13
0.99419	4.06	3.18	0.99336	4.65	3.66	0.99255	5.27	4.14
418	4.07	3.19	335	4.66	3.67	254	5.28	4.15
416	4.09	3.20	333	4.68	3.68	252	5.29	4.16
413	4.10	3.21	330	4.69	3.69	249	5.30	4.17
412	4.11	3.22	329	4.70	3.70	248	5.32	4.18
411	4.12	3.23	328	4.71	3.71	247	5.33	4.19
408	4.14	3.24	325	4.73	3.72	244	5.34	4.20
407	4.15	3.25	324	4.75	3.73	243	5.35	4.21
0.99405	4.16	3.26	0.99322	4.76	3.74	0.99241	5.38	4.22
404	4.17	3.27	321	4.78	3.75	240	5.39	4.23
402	4.18	3.28	319	4.79	3.76	238	5.40	4.24
399	4.20	3.29	316	4.80	3.77	236	5.41	4.25
398	4.21	3.30	315	4.81	3.78	235	5.43	4.26
397	4.22	3.31	314	4.83	3.79	233	5.44	4.27
394	4.23	3.32	311	4.84	3.80	231	5.45	4.28
393	4.25	3.33	310	4.85	3.81	230	5.46	4.29
0.99939	0.41	0.32	0.99880	0.81	0.63	0.99823	1.21	0.94
938	0.42	0.33	879	0.82	0.64	821	1.22	0.95
936	0.43	0.34	877	0.83	0.65	820	1.23	0.96
933	0.44	0.35	874	0.85	0.66	818	1.25	0.97
932	0.46	0.36	873	0.86	0.67	815	1.26	0.98
930	0.47	0.37	872	0.87	0.68	814	1.27	0.99
927	0.48	0.38	869	0.89	0.69	813	1.28	1.00
926	0.49	0.39	868	0.90	0.70	0.99810	1.30	1.01
0.99924	0.51	0.40	0.99866	0.91	0.71	809	1.31	1.02
921	0.52	0.41	865	0.93	0.72	807	1.32	1.03
920	0.53	0.42	863	0.94	0.73	806	1.33	1.04
918	0.54	0.43	860	0.95	0.74	804	1.35	1.05

续表

相对密度（20℃/20℃）	酒精度（%，V/V）	酒精度（%，M/M）	相对密度（20℃/20℃）	酒精度（%，V/V）	酒精度（%，M/M）	相对密度（20℃/20℃）	酒精度（%，V/V）	酒精度（%，M/M）
916	0.56	0.44	859	0.96	0.75	801	1.36	1.06
915	0.57	0.45	857	0.98	0.76	800	1.37	1.07
913	0.58	0.46	854	0.99	0.77	798	1.39	1.08
0.99910	0.60	0.47	0.99853	1.00	0.78	0.99795	1.40	1.09
909	0.61	0.48	851	1.01	0.79	794	1.41	1.10
907	0.62	0.49	850	1.03	0.80	792	1.43	1.11
904	0.64	0.50	848	1.04	0.81	791	1.44	1.12
903	0.65	0.51	845	1.05	0.82	789	1.45	1.13
901	0.66	0.52	844	1.06	0.83	786	1.47	1.14
898	0.68	0.53	842	1.08	0.84	785	1.48	1.15
897	0.69	0.54	839	1.09	0.85	783	1.49	1.16
0.99895	0.70	0.55	0.99838	1.10	0.86	0.99780	1.51	1.17
894	0.71	0.56	836	1.11	0.87	779	1.52	1.18
892	0.73	0.57	835	1.13	0.88	777	1.53	1.19
889	0.74	0.58	833	1.14	0.89	776	1.54	1.20
888	0.75	0.59	830	1.16	0.90	774	1.56	1.21
886	0.77	0.60	829	1.17	0.91	771	1.57	1.22
883	0.78	0.61	827	1.18	0.92	770	1.58	1.23
882	0.79	0.62	824	1.20	0.93	769	1.59	1.24

附表4 可溶性固形物含量温度校正值

温度（℃）	可溶性固形物含量读数（%）									
	0	5	10	15	20	25	30	35	40	45
10	0.50	0.54	0.58	0.61	0.64	0.66	0.68	0.70	0.72	0.73
11	0.46	0.46	0.53	0.55	0.58	0.60	0.62	0.64	0.65	0.66
12	0.42	0.45	0.48	0.50	0.52	0.54	0.56	0.57	0.58	0.59
13	0.37	0.40	0.42	0.44	0.46	0.48	0.49	0.50	0.51	0.52
14	0.33	0.35	0.37	0.39	0.40	0.41	0.42	0.43	0.44	0.45
15	0.27	0.29	0.31	0.33	0.34	0.34	0.35	0.36	0.37	0.37
16	0.22	0.24	0.25	0.26	0.27	0.28	0.28	0.29	0.30	0.30
17	0.17	0.18	0.19	0.20	0.21	0.21	0.24	0.22	0.22	0.23
18	0.12	0.13	0.13	0.14	0.14	0.14	0.14	0.15	0.15	0.15
19	0.06	0.06	0.06	0.07	0.07	0.07	0.07	0.08	0.08	0.08
21	0.06	0.07	0.07	0.07	0.07	0.08	0.08	0.08	0.08	0.08
22	0.13	0.13	0.14	0.14	0.15	0.15	0.15	0.15	0.15	0.16
23	0.19	0.20	0.21	0.22	0.22	0.23	0.23	0.23	0.23	0.24
24	0.26	0.27	0.28	0.29	0.30	0.30	0.31	0.31	0.31	0.31
25	0.33	0.35	0.36	0.37	0.38	0.38	0.39	0.40	0.40	0.40
26	0.40	0.42	0.43	0.44	0.45	0.46	0.47	0.48	0.48	0.48
27	0.48	0.50	0.52	0.53	0.54	0.55	0.55	0.56	0.56	0.56
28	0.56	0.57	0.60	0.61	0.62	0.63	0.63	0.64	0.64	0.64
29	0.64	0.66	0.68	0.69	0.71	0.72	0.72	0.73	0.73	0.73
30	0.72	0.74	0.77	0.78	0.79	0.80	0.80	0.81	0.81	0.81

注：测定温度低于20℃时，真实值等于读数减去校正值；测定温度高于20℃时，真实值等于读数加上校正值。

附表 5　相当于氧化亚铜质量的葡萄糖、果糖、乳糖、转化糖质量表

单位：毫克（mg）

氧化亚铜	葡萄糖	果糖	乳糖（含水）	转化糖	氧化亚铜	葡萄糖	果糖	乳糖（含水）	转化糖
11.3	4.5	5.1	7.7	5.2	40.5	17.2	19.0	27.6	18.3
12.4	5.1	5.6	8.5	5.7	41.7	17.7	19.5	28.4	18.9
13.5	5.6	6.1	9.3	6.2	42.8	18.2	20.1	29.1	19.4
14.6	6.0	6.7	10.0	6.7	43.9	18.7	20.6	29.9	19.9
15.8	6.5	7.2	10.8	7.2	45.0	19.2	21.1	30.6	20.4
16.9	7.0	7.7	11.5	7.7	46.2	19.7	21.7	31.4	20.9
18.0	7.5	8.3	12.3	8.2	47.3	20.2	22.2	32.2	21.4
19.1	8.0	8.8	13.1	8.7	48.4	20.7	22.8	32.9	21.9
20.3	8.5	9.3	13.8	9.2	49.5	21.1	23.3	33.7	22.4
21.4	8.9	9.9	14.6	9.7	50.7	21.6	23.8	34.5	22.9
22.5	9.4	10.4	15.4	10.2	51.8	22.1	24.4	35.2	23.5
23.6	9.9	10.9	16.1	10.7	52.9	22.6	24.9	36.0	24.0
24.8	10.4	11.5	16.9	11.2	54.0	23.1	25.4	36.8	24.5
25.9	10.9	12.0	17.7	11.7	55.2	23.6	26.0	37.5	25.0
27.0	11.4	12.5	18.4	12.3	56.3	24.1	26.5	38.3	25.5
28.1	11.9	13.1	19.2	12.8	57.4	24.6	27.1	39.1	26.0
29.3	12.3	13.6	19.9	13.3	58.5	25.1	27.6	39.8	26.5
30.4	12.8	14.2	20.7	13.8	59.7	25.6	28.2	40.6	27.0
31.5	13.3	14.7	21.5	14.3	60.8	26.1	28.7	41.4	27.6
32.6	13.8	15.2	22.2	15.8	61.9	26.5	29.2	42.1	28.1
33.8	14.3	15.8	23.0	15.3	63.0	27.0	29.8	42.9	28.6
34.9	14.8	16.3	23.8	15.8	64.2	27.5	30.3	43.7	29.1

续表

氧化亚铜	葡萄糖	果糖	乳糖（含水）	转化糖	氧化亚铜	葡萄糖	果糖	乳糖（含水）	转化糖
36.0	15.3	16.8	24.5	16.3	65.3	28.0	30.9	44.4	29.6
37.2	15.7	17.4	25.3	16.8	66.4	28.5	31.4	45.2	30.1
38.3	16.2	17.9	26.1	17.3	67.6	29.0	31.9	46.0	30.6
39.4	16.7	18.4	26.8	17.8	68.7	29.5	32.5	46.7	31.2
69.8	30.0	33.0	47.5	31.7	107.0	46.5	51.1	72.8	48.8
70.9	30.5	33.6	48.3	32.2	108.1	47.0	51.6	73.6	49.4
72.1	31.0	34.1	49.0	32.7	109.2	47.5	52.2	74.4	49.9
73.2	31.5	34.7	49.8	33.2	110.3	48.0	52.7	75.1	50.4
74.3	32.0	35.2	50.6	33.7	111.5	48.5	53.3	75.9	50.9
75.4	32.5	35.8	51.3	34.3	112.6	49.0	53.8	76.7	51.5
76.6	33.0	36.6	52.1	34.8	113.7	49.5	54.4	77.4	52.0
77.7	33.5	36.8	52.9	35.3	114.8	50.0	54.9	78.2	52.5
78.8	34.0	37.4	53.6	35.8	116.0	50.6	55.5	79.0	53.0
79.9	34.5	37.9	54.4	36.3	117.1	51.1	56.0	79.7	53.6
81.1	35.0	38.5	55.2	36.8	118.2	51.6	56.6	80.5	54.1
82.2	35.5	39.0	55.9	37.4	119.3	52.1	57.1	81.3	54.6
83.3	36.0	39.6	56.7	37.9	120.5	52.6	57.7	82.1	55.2
84.4	36.5	40.1	57.5	38.4	121.6	53.1	58.2	82.8	55.7
85.6	37.0	40.7	58.2	38.9	122.7	53.6	58.8	83.6	56.2
86.7	37.5	41.2	59.0	39.4	123.8	54.1	59.3	84.4	56.7
87.8	38.0	41.7	59.8	40.0	125.0	54.6	59.9	85.1	57.3
88.9	38.5	42.3	60.5	40.5	126.1	55.1	60.4	85.9	57.8
90.1	39.0	42.8	61.3	41.0	127.2	55.6	61.0	86.7	58.3
91.2	39.5	43.4	62.1	41.5	128.3	56.1	61.6	87.4	58.9
92.3	40.0	43.9	62.8	42.0	129.5	56.7	62.1	88.2	59.4
93.4	40.5	44.5	63.6	42.6	130.6	57.2	62.7	89.0	59.9
94.6	41.0	45.0	64.4	43.1	131.7	57.7	63.2	89.8	60.4
95.7	41.5	45.6	65.1	43.6	132.8	58.2	63.8	90.5	61.0
96.8	42.0	46.1	65.9	44.1	134.0	58.7	64.3	91.3	61.5
97.9	42.5	46.7	66.7	44.7	135.1	59.2	64.9	92.1	62.0
99.1	43.0	47.2	67.4	45.2	136.2	59.7	65.4	92.8	62.6

续表

氧化亚铜	葡萄糖	果糖	乳糖（含水）	转化糖	氧化亚铜	葡萄糖	果糖	乳糖（含水）	转化糖
100.2	43.5	47.8	68.2	45.7	137.4	60.2	66.0	93.6	63.1
101.3	44.0	48.3	69.0	46.2	138.5	60.7	66.5	94.4	63.6
102.5	44.5	48.9	69.7	46.7	139.6	61.3	67.1	95.2	64.2
103.6	45.0	49.4	70.5	47.3	140.7	61.8	67.7	95.9	64.7
104.7	45.5	50.0	71.3	47.8	141.9	62.3	68.2	96.7	65.2
105.8	46.0	50.5	72.1	48.3	143.0	62.8	68.8	97.5	65.8
144.1	63.3	69.3	98.2	66.3	181.3	80.4	87.8	123.7	84.0
145.2	63.8	69.9	99.0	66.8	182.4	81.0	88.4	124.5	84.6
146.4	64.3	70.4	99.8	67.4	183.5	81.5	89.0	125.3	85.1
147.5	64.9	71.0	100.6	67.9	184.5	82.0	89.5	126.0	85.7
148.6	65.4	71.6	101.3	68.4	185.8	82.5	90.1	126.8	86.2
149.7	65.9	72.1	102.1	69.0	186.9	83.1	90.6	127.6	86.8
150.9	66.4	72.7	102.9	69.5	188.0	83.6	91.2	128.4	87.3
152.0	66.9	73.2	103.6	70.0	189.1	84.1	91.8	129.1	87.8
153.1	67.4	73.8	104.4	70.6	190.3	84.6	92.3	129.9	88.4
154.2	68.0	74.3	105.2	71.1	191.4	85.2	92.9	130.7	88.9
155.4	68.5	74.9	106.0	71.6	192.5	85.7	93.5	131.5	89.5
156.5	69.0	75.5	106.7	72.2	193.6	86.2	94.0	132.2	90.0
157.6	69.5	76.0	107.5	72.7	194.8	86.7	94.6	133.0	90.6
158.7	70.0	76.6	108.3	73.2	195.9	87.3	95.2	133.8	91.1
159.9	70.5	77.1	109.0	73.8	197.0	87.8	95.7	134.6	91.7
161.0	71.1	77.7	109.8	74.3	198.1	88.3	96.3	135.3	92.2
162.1	71.6	78.3	110.6	74.9	199.3	88.9	96.9	136.1	92.8
163.2	72.1	78.8	111.4	75.4	200.4	89.4	97.4	136.9	93.3
164.4	72.6	79.4	112.1	75.9	201.5	89.9	98.0	137.7	93.8
165.5	73.1	80.0	112.9	76.5	202.7	90.4	98.6	138.4	94.4
166.6	73.7	80.5	113.7	76.0	203.8	91.0	99.2	139.2	94.9
167.8	74.2	81.1	114.4	77.6	204.6	91.5	99.7	140.0	95.5
168.9	74.7	81.6	115.2	77.1	206.0	92.0	100.3	140.8	96.0
170.0	75.2	82.2	116.0	78.6	207.2	92.6	100.9	141.5	96.6

续表

氧化亚铜	葡萄糖	果糖	乳糖（含水）	转化糖	氧化亚铜	葡萄糖	果糖	乳糖（含水）	转化糖
171.1	75.7	82.8	116.8	78.2	208.3	93.1	101.4	142.3	97.1
172.3	76.3	83.3	117.5	79.7	209.4	93.6	102.0	143.1	97.7
173.4	76.8	83.9	118.3	80.3	210.5	94.2	102.6	143.9	98.2
174.5	77.3	84.4	119.1	80.8	211.7	94.7	103.1	144.6	98.8
175.6	77.8	85.0	119.9	81.3	212.8	95.2	103.7	145.4	99.3
176.8	78.3	85.6	120.6	81.9	213.9	95.7	104.3	146.2	99.9
177.9	78.9	86.1	121.4	82.4	215.0	96.3	104.8	147.0	100.4
179.0	79.4	86.7	122.2	83.0	216.2	96.8	105.4	147.7	101.0
180.1	79.9	87.3	122.9	83.5	217.3	97.3	106.0	148.5	101.5
218.4	97.9	106.6	149.3	102.1	255.6	115.7	125.5	174.9	120.4
219.5	98.4	107.1	150.1	102.6	256.7	116.2	126.1	175.7	121.0
220.7	98.9	107.7	150.8	103.2	257.8	116.7	126.7	176.5	121.6
221.8	99.5	108.3	151.6	103.7	258.9	117.3	127.3	177.3	122.1
222.9	100.0	108.8	152.4	104.3	260.1	117.8	127.9	178.1	122.7
224.0	100.5	109.4	153.2	104.8	261.2	118.4	128.4	178.8	123.3
225.2	101.1	110.0	153.9	105.4	262.3	118.9	129.0	179.6	123.8
226.3	101.6	110.6	154.7	106.0	263.4	119.5	129.6	180.4	124.4
227.4	102.2	111.1	155.5	106.5	264.6	120.0	130.2	181.2	124.9
228.5	102.7	111.7	156.3	107.1	265.7	120.6	130.8	181.9	125.5
229.7	103.2	112.3	157.0	107.6	266.8	121.1	131.3	182.7	126.1
230.8	103.8	112.9	157.8	108.2	268.0	121.7	131.9	183.5	126.6
231.9	104.3	113.4	158.6	108.7	269.1	122.2	132.5	184.3	127.2
233.1	104.8	114.0	159.4	109.3	270.2	122.7	133.1	185.1	127.8
234.2	105.4	114.6	160.2	109.8	271.3	123.3	133.7	185.8	128.3
235.3	105.9	115.2	160.9	110.4	272.5	123.8	134.2	186.6	128.9
236.4	106.5	115.7	161.7	110.9	273.6	124.4	134.8	187.4	129.5
237.6	107.0	116.3	162.5	111.5	274.7	124.9	135.4	188.2	130.0
238.7	107.5	116.9	163.3	112.1	275.8	125.5	136.0	189.0	130.6
239.8	108.1	117.5	164.0	112.6	277.0	126.0	136.6	189.7	131.2
240.9	108.6	118.0	164.8	113.2	278.1	126.6	137.2	190.5	131.7
242.1	109.2	118.6	165.6	113.7	279.2	127.1	137.7	191.3	132.3

续表

氧化亚铜	葡萄糖	果糖	乳糖（含水）	转化糖	氧化亚铜	葡萄糖	果糖	乳糖（含水）	转化糖
243.1	109.7	119.2	166.4	114.3	280.3	127.7	138.3	192.1	132.9
244.3	110.2	119.8	167.1	114.9	281.5	128.2	138.9	192.9	133.4
245.4	110.8	120.3	167.9	115.4	282.6	128.8	139.5	193.6	134.0
246.6	111.3	120.9	168.7	116.0	283.7	129.3	140.1	194.4	134.6
247.7	111.9	121.5	169.5	116.5	284.8	129.9	140.7	195.2	135.1
248.8	112.4	122.1	170.3	117.1	286.0	130.4	141.3	196.0	135.7
249.9	112.9	122.6	171.0	117.6	287.1	131.0	141.8	196.8	136.3
251.1	113.5	123.2	171.8	118.2	288.2	131.6	142.4	197.5	136.8
252.2	114.0	123.8	172.6	118.8	289.3	132.1	143.0	198.3	137.4
253.3	114.6	124.4	173.4	119.3	290.5	132.7	143.6	199.1	138.0
254.4	115.1	125.0	174.2	119.9	291.6	133.2	144.2	199.9	138.6
292.7	133.8	144.8	200.7	139.1	329.9	152.2	164.3	226.5	158.1
293.8	134.3	145.4	201.4	139.7	331.0	152.8	164.9	227.3	158.7
295.0	134.9	145.9	202.2	140.3	332.1	153.4	165.4	228.0	159.3
296.1	135.4	146.5	203.0	140.8	333.3	153.9	166.0	228.8	159.9
297.2	136.0	147.1	203.8	141.4	334.4	154.5	166.6	229.6	160.5
298.3	136.5	147.7	204.6	142.0	335.5	155.1	167.2	230.4	161.0
299.5	137.1	148.3	205.3	142.6	336.6	155.6	167.8	231.2	161.6
300.6	137.7	148.9	206.1	143.1	337.8	156.2	168.4	232.0	162.2
301.7	138.2	149.5	206.9	143.7	338.9	156.8	169.0	232.7	162.8
302.9	138.8	150.1	207.7	144.3	340.0	157.3	169.6	233.5	163.4
304.0	139.3	150.6	208.5	144.8	341.1	157.9	170.2	234.3	164.0
305.1	139.9	151.2	209.2	145.4	342.3	158.5	170.8	235.1	164.5
306.2	140.4	151.8	210.0	146.0	343.4	159.0	171.4	235.9	165.1
307.4	141.0	152.4	210.8	146.6	344.5	159.6	172.0	236.7	165.7
308.5	141.6	153.0	211.6	147.1	345.6	160.2	172.6	237.4	166.3
309.6	142.1	153.6	212.4	147.7	346.8	160.7	173.2	238.2	166.9
310.7	142.7	154.2	213.2	148.3	347.9	161.3	173.8	239.0	167.5
311.9	143.2	154.8	214.0	148.9	349.0	161.9	174.4	239.8	168.0
313.0	143.8	155.4	214.7	149.4	350.1	162.5	175.0	240.6	168.6

续表

氧化亚铜	葡萄糖	果糖	乳糖（含水）	转化糖	氧化亚铜	葡萄糖	果糖	乳糖（含水）	转化糖
314.1	144.4	156.0	215.5	150.0	351.3	163.0	175.6	241.4	169.2
315.2	144.9	156.5	216.3	150.6	352.4	163.6	176.2	242.2	169.8
316.4	145.5	157.1	217.1	151.2	353.5	164.2	176.8	243.0	170.4
317.5	146.0	157.7	217.9	151.8	354.6	164.7	177.4	243.7	171.0
318.6	146.6	158.3	218.7	152.3	355.8	165.3	178.0	244.5	171.6
319.7	147.2	158.9	219.4	152.9	356.9	165.9	178.6	245.3	172.2
320.9	147.7	159.5	220.2	153.5	358.0	166.5	179.2	246.1	172.8
322.0	148.3	160.1	221.0	154.1	359.1	167.0	179.8	246.9	173.3
323.1	148.8	160.7	221.8	154.6	360.3	167.6	180.4	247.7	173.9
324.2	149.4	161.3	222.6	155.2	361.4	168.2	181.0	248.5	174.5
325.4	150.0	161.9	223.3	155.8	362.5	168.8	181.6	249.2	175.1
326.5	150.5	162.5	224.1	156.4	363.6	169.3	182.2	250.0	175.7
327.6	151.1	163.1	224.9	157.0	364.8	169.9	182.8	250.8	176.3
328.7	151.7	163.7	225.7	157.5	365.9	170.5	183.4	251.6	176.9
367.0	171.1	184.0	252.4	177.5	398.5	187.3	201.0	274.4	194.2
368.2	171.6	184.6	253.2	178.1	399.7	187.9	201.6	275.2	194.8
369.3	172.2	185.2	253.9	178.7	400.8	188.5	202.2	276.0	195.4
370.4	172.8	185.8	254.7	179.2	401.9	189.1	202.8	276.8	196.0
371.5	173.4	186.4	255.5	179.8	403.1	189.7	203.4	277.6	196.6
372.7	173.9	187.0	256.3	180.4	404.2	190.3	204.0	278.4	197.2
373.8	174.5	187.6	257.1	181.0	405.3	190.9	204.7	279.2	197.8
374.9	175.1	188.2	257.9	181.6	406.4	191.5	205.3	280.0	198.4
376.0	175.7	188.8	258.7	182.2	407.6	192.0	205.9	280.8	199.0
377.2	176.3	189.4	259.4	182.8	408.7	192.6	206.5	281.6	199.6
378.3	176.8	190.1	260.2	183.4	409.8	193.2	207.1	282.4	200.2
379.4	177.4	190.7	261.0	184.0	410.9	193.8	207.7	283.2	200.8
380.5	178.0	191.3	261.8	184.6	412.1	194.4	208.3	284.0	201.4
381.7	178.6	191.9	262.6	185.2	413.2	195.0	209.0	284.8	202.0
382.8	179.2	192.5	263.4	185.8	414.3	195.6	209.6	285.6	202.6
383.9	179.7	193.1	264.2	186.4	415.4	196.2	210.2	286.3	203.2
385.0	180.3	193.7	265.0	187.0	416.6	196.8	210.8	287.1	203.8

续表

氧化亚铜	葡萄糖	果糖	乳糖（含水）	转化糖	氧化亚铜	葡萄糖	果糖	乳糖（含水）	转化糖
386.2	180.9	194.3	265.8	187.6	417.7	197.4	211.4	287.9	204.4
387.3	181.5	194.9	266.6	188.2	418.8	198.0	212.0	288.7	205.0
388.4	182.1	195.5	267.4	188.8	419.9	198.5	212.6	289.5	205.7
389.5	182.7	196.1	268.1	189.4	421.1	199.1	213.3	290.3	206.3
390.7	183.2	196.7	268.9	190.0	422.2	199.7	213.9	291.1	206.9
391.8	183.8	197.3	269.7	190.6	423.3	200.3	214.5	291.9	207.5
392.9	184.4	197.9	270.5	191.2	424.4	200.9	215.1	292.7	208.1
394.0	185.0	198.5	271.3	191.8	425.6	201.5	215.7	293.5	208.7
395.2	185.6	199.2	272.1	192.4	426.7	202.1	216.3	294.3	209.3
3963	186.2	199.8	272.9	193.0	427.8	202.7	217.0	295.0	209.9
397.4	186.8	200.4	273.7	193.6	428.9	203.3	217.6	295.8	210.5

附表6 硫代硫酸钠的毫摩尔数同葡萄糖质量（m_1）的换算关系

$X_1=10\times(V_{空}-V_1)\times c$	相应的葡萄糖质量	
	m_1/m_g	$\Delta m_1/m_g$
1	2.4	
2	4.8	2.4
3	7.2	2.4
4	9.7	2.5
5	12.2	2.5
6	14.7	2.5
7	17.2	2.5
8	19.8	2.6
9	22.4	2.6
10	25.0	2.6
11	27.6	2.6
12	30.3	2.7
13	33.0	2.7
14	35.7	2.7
15	38.5	2.8
16	41.3	2.8
17	44.2	2.9
18	47.1	2.9
19	50.0	2.9
20	53.0	3.0
21	56.0	3.0
22	59.1	3.1
23	62.2	3.1
24	65.3	3.1
25	68.4	3.1

参考文献

[1] 王永华. 食品分析 [M]. 2版. 北京：化学工业出版社，2010.
[2] 尼尔森. 食品分析 [M]. 3版. 杨严俊，译. 北京：中国轻工业出版社，2012.
[3] 谢笔钧，何慧. 食品分析 [M]. 2版. 北京：科学出版社，2015.
[4] 徐树来，王永华. 食品感官分析与实验 [M]. 2版. 北京：化学工业出版社，2012.
[5] 吴谋成. 食品分析与感官评定 [M]. 2版. 北京：中国农业出版社，2011.
[6] 高向阳，宋莲军. 现代食品分析实验 [M]. 北京：科学出版社，2013.
[7] 黄泽元. 食品分析实验 [M]. 郑州：郑州大学出版社，2013.
[8] 孙汉巨. 食品分析与检测实验 [M]. 合肥：合肥工业大学出版社，2016.
[9] 李和生. 食品分析实验指导 [M]. 北京：科学出版社，2012.
[10] 汤铁伟，赵志磊. 食品仪器分析及实验 [M]. 北京：中国标准出版社，2016.
[11] 中华人民共和国国家卫生和计划生育委员会. GB 5009.3—2016 食品安全国家标准 食品中水分的测定 [S]. 北京：中国标准出版社，2016.
[12] 中华人民共和国国家卫生和计划生育委员会. GB 5009.238—2016 食品安全国家标准 食品水分活度的测定 [S]. 北京：中国标准出版社，2016.
[13] 中华人民共和国国家卫生和计划生育委员会. GB 5009.4—2016 食品安全国家标准 食品中灰分的测定 [S]. 北京：中国标准出版社，2016.
[14] 中华人民共和国国家卫生和计划生育委员会. GB 5009.92—2016 食品安全国家标准 食品中钙的测定 [S]. 北京：中国标准出版社，2016.
[15] 中华人民共和国国家卫生和计划生育委员会. GB 5009.90—2016 食品安全国家标准 食品中铁的测定 [S]. 北京：中国标准出版社，2016.
[16] 中华人民共和国国家卫生和计划生育委员会. GB 5009.267—2016 食品安全国家标准 食品中碘的测定 [S]. 北京：中国标准出版社，2016.
[17] 中华人民共和国国家卫生和计划生育委员会. GB 5009.14—2017 食品安全国家标准 食品中锌的测定 [S]. 北京：中国标准出版社，2017.
[18] 中华人民共和国国家卫生和计划生育委员会. GB 5009.93—2017 食品安全国家标准 食品中硒的测定 [S]. 北京：中国标准出版社，2017.
[19] 中华人民共和国国家卫生和计划生育委员会. GB 5009.239—2016 食品安全国家标准 食品酸度的测定 [S]. 北京：中国标准出版社，2016.
[20] 中华人民共和国国家卫生和计划生育委员会. GB 5009.6—2016 食品安全国家标

准 食品中脂肪的测定 [S]. 北京：中国标准出版社，2016.
[21] 中华人民共和国国家卫生和计划生育委员会. GB 5009.8—2016 食品安全国家标准 食品中果糖、葡萄糖、蔗糖、麦芽糖、乳糖的测定 [S]. 北京：中国标准出版社，2016.
[22] 中华人民共和国国家卫生和计划生育委员会. GB 5009.7—2016 食品安全国家标准 食品中还原糖的测定 [S]. 北京：中国标准出版社，2016.
[23] 中华人民共和国国家卫生和计划生育委员会. GB 5009.9—2016 食品安全国家标准 食品中淀粉的测定 [S]. 北京：中国标准出版社，2016.
[24] 中华人民共和国卫生部，中国国家标准化管理委员会. GB/T 5009.10—2003 植物类食品中粗纤维的测定 [S]. 北京：中国标准出版社，2003.
[25] 中华人民共和国农业部. NY/T 2016—2011 水果及其制品中果胶含量的测定 分光光度法 [S]. 北京：中国标准出版社，2011.
[26] 中华人民共和国国家卫生和计划生育委员会. GB 5009.5—2016 食品安全国家标准 食品中蛋白质的测定 [S]. 北京：中国标准出版社，2016.
[27] 中华人民共和国农业部. NY/T 1678—2008 乳与乳制品中蛋白质的测定 双缩脲比色法 [S]. 北京：中国标准出版社，2008
[28] 中华人民共和国国家卫生和计划生育委员会. GB 5009.124—2016 食品安全国家标准 食品中氨基酸的测定 [S]. 北京：中国标准出版社，2016.
[29] 中华人民共和国国家卫生和计划生育委员会. GB 5009.86—2016 食品安全国家标准 食品中抗坏血酸的测定 [S]. 北京：中国标准出版社，2016.
[30] 中华人民共和国国家卫生和计划生育委员会. GB 5009.85—2016 食品安全国家标准 食品中维生素 B_2 的测定 [S]. 北京：中国标准出版社，2016.
[31] 中华人民共和国国家卫生和计划生育委员会. GB 5009.84—2016 食品安全国家标准 食品中维生素 B_1 的测定 [S]. 北京：中国标准出版社，2016.
[32] 中华人民共和国国家卫生和计划生育委员会. GB 5009.82—2016 食品安全国家标准 食品中维生素 A、D、E 的测定 [S]. 北京：中国标准出版社，2016.
[33] 中华人民共和国国家质量监督检验检疫总局. SN/T 2360—2009 进出口食品添加剂检验规程 [S]. 北京：中国标准出版社，2009.
[34] 中华人民共和国国家卫生和计划生育委员会. GB 31604.9—2016 食品安全国家标准 食品接触材料及制品 食品模拟物中重金属的测定 [S]. 北京：中国标准出版社，2016.
[35] AOAC. Official Methods of Analysis [M]. 16th ed. Arlington：Association of Official Analytical Chemists，1995.